Gerätediagnostik im Rettungsdienst

Zwischen Kabelsalat und Informationsgewinn

Gerätediagnostik im Rettungsdienst

Zwischen Kabelsalat und Informationsgewinn

Hendrik Sudowe

2., überarbeitete und erweiterte Auflage

Verlagsgesellschaft Stumpf + Kossendey mbH, Edewecht 2017

Anmerkungen des Verlags

Die Herausgeber bzw. Autoren und der Verlag haben höchste Sorgfalt hinsichtlich der Angaben von Therapie-Richtlinien, Medikamentenanwendungen und -dosierungen aufgewendet. Für versehentliche falsche Angaben übernehmen sie keine Haftung. Da die gesetzlichen Bestimmungen und wissenschaftlich begründeten Empfehlungen einer ständigen Veränderung unterworfen sind, ist der Benutzer aufgefordert, die aktuell gültigen Richtlinien anhand der Literatur und der Beipackzettel zu überprüfen und sich entsprechend zu verhalten.
Die Angaben von Handelsnamen, Warenbezeichnungen etc. ohne die besondere Kennzeichnung ®/™/© bedeuten keinesfalls, dass diese im Sinne des Gesetzgebers als frei anzusehen wären und entsprechend benutzt werden könnten.
Der Text und/oder das Literaturverzeichnis enthalten Links zu externen Webseiten Dritter, auf deren Inhalt der Verlag keinen Einfluss hat. Deshalb kann er für diese fremden Inhalte auch keine Gewähr übernehmen. Für die Inhalte der verlinkten Seiten ist stets der jeweilige Anbieter oder Betreiber der Seite verantwortlich.
Aus Gründen der Lesbarkeit ist in diesem Buch meist die männliche Sprachform gewählt worden. Alle personenbezogenen Aussagen gelten jedoch stets für Frauen und Männer gleichermaßen.

Bibliografische Information der Deutschen Nationalbibliothek

Die Deutsche Nationalbibliothek verzeichnet diese Publikation in der Deutschen Nationalbibliografie; detaillierte bibliografische Angaben sind im Internet über http://dnb.dnb.de abrufbar.

© Copyright by Verlagsgesellschaft
Stumpf + Kossendey mbH, Edewecht 2017
Satz: Bürger-Verlag GmbH, Edewecht
Umschlagfoto: K. v. Frieling
Druck: M.P. Media-Print Informationstechnologie GmbH, 33100 Paderborn
ISBN 978–3–943174–75–5

Inhalt

Abkürzungen

Abb.	Abbildung
ABCDE	Airway (Atemweg), Breathing (Belüftung und Atmung), Circulation (Kreislauf), Disability (Bewusstsein und Neurologie), Exposure/Examination (Erweiterte Untersuchung/Umgebung) [Beurteilungs- und Maßnahmenschema]
ACE	Angiotensin-Converting-Enzym
ACS	akutes Koronarsyndrom
ACTH	adrenokortikotropes Hormon
AF	Atemfrequenz
AMV	Atemminutenvolumen
AP	Angina pectoris
ASS	Acetylsalicylsäure
ATP	Adenosintriphosphat
BGA	Blutgasanalyse
BZ	Blutzucker
CO_2	Kohlendioxid
COHb	Carboxyhämoglobin
COPD	chronisch-obstruktive Lungenerkrankung
CPPV	Continuous Positive Pressure Ventilation (kontinuierliche Überdruckbeatmung)
CT	Computertomografie
DDG	Deutsche Diabetes Gesellschaft e.V.
dia	diastolisch
DIVI	Deutsche Interdisziplinäre Vereinigung für Intensiv- und Notfallmedizin e.V.
ECMO	extrakorporale Membranoxygenierung/Lungenunterstützung
EKG	Elektrokardiogramm
ERC	European Resuscitation Council (Europäischer Reanimationsrat)
$etCO_2$	endtidale Kohlendioxidkonzentration, endexspiratorischer Kohlendioxidwert
FiO_2	inspiratorische Sauerstoffkonzentration
GCS	Glasgow Coma Scale
ggf.	gegebenenfalls
GOLD	Global Initiative for Chronical Obstructive Lung Disease (Globale Initiative für chronisch-obstruktive Lungenerkrankungen)
Hb	Hämoglobin
HF	Herzfrequenz
HMV	Herzminutenvolumen
IABP	intraaortale Ballonpumpe
ICR	Interkostalraum, Zwischenrippenraum
i.d.R.	in der Regel
I.E.	Internationale Einheit
IPPV	Intermittent Positive Pressure Ventilation (intermittierende Überdruckbeatmung)
i.v.	intravenös
Kap.	Kapitel
KTW	Krankentransportwagen
LSB	Linksschenkelblock
MAD	mittlerer arterieller Druck
mbar	Millibar
MCP	Metoclopramid
MetHb	Methämoglobin
mg/dl	Milligramm pro Deziliter (= Blutzuckerkonzentration)

min	Minute(n)
mmHg	Millimeter Quecksilbersäule
mV	Millivolt
NEF	Notarzteinsatzfahrzeug
NSTEMI	Nicht-ST-Strecken-Hebungs-Myokardinfarkt
OPQRST	Onset (Beginn), Palliation/Provocation (Linderung/Verstärkung), Quality (Qualität), Region/Radiation (Ort/Ausstrahlung), Severity (Schweregrad), Time (zeitlicher Verlauf) [Schema zur Notfallanamnese]
P	Puls
p_aCO_2	arterieller Kohlendioxidpartialdruck
P_{AW}	Atemwegsdruck
pO_2	Sauerstoffpartialdruck
PEA	pulslose elektrische Aktivität
PEEP	Positive Endexpiratory Pressure (positiver endexspiratorischer Druck)
qSOFA	quick Sequential Organ Failure Assessment [Score zur Identifikation von Patienten mit Infektionsverdacht]
ROSC	Return of Spontaneous Circulation (Wiederkehr des Spontankreislaufs)
RR	Blutdruck [Riva-Rocci-Messmethode]
RTW	Rettungswagen
SAMPLER	Symptoms (Symptome), Allergies (Allergien), Medication (Medikation), Past Medical History (medizinische Vorgeschichte des Patienten), Last Meal (letzte Mahlzeit), Events (vorangegangene Ereignisse), Risks (Risikofaktoren) [Schema zur Notfallanamnese]
SaO_2	arterielle Sauerstoffsättigung
sec	Sekunde(n)
SHT	Schädel-Hirn-Trauma
sO_2	Sauerstoffsättigung
SpO_2	pulsoxymetrisch (perkutan = durch die Haut) bestimmte Sauerstoffsättigung
STEMI	ST-Strecken-Hebungs-Myokardinfarkt
SVES	supraventrikuläre Extrasystole
sys	systolisch
T	Temperatur
u.a.	unter anderem
u.U.	unter Umständen
V.a.	Verdacht auf
v.a.	vor allem
VAD	Ventricular Assist Device (ventrikuläres Unterstützungssystem, »Kunstherz«)
VF	Ventricular Fibrillation (Kammerflimmern)
V_T	Tidal Volume (Atemzugvolumen)
WHO	World Health Organization (Weltgesundheitsorganisation)
WPW	Wolff-Parkinson-White (-Syndrom)
z.B.	zum Beispiel
Z.n.	Zustand nach

Statt eines Vorworts:

Bedienungsanleitung und Verwendungszweck

Eine Bedienungsanleitung für ein Buch? Keine Sorge: Obwohl es im vorliegenden Werk um Geräte geht, wird es nicht allzu technologisch-mechanistisch zugehen. Im Gegenteil: Verantwortlich für die Diagnostik im Rettungsdienst sind Notarzt, Rettungsassistent, Rettungs- oder Notfallsanitäter – und die werden sich primär auf ihre Sinne verlassen. Wenn jedoch Anamnese und körperliche Untersuchung abgeschlossen sind, ermöglichen diagnostische Geräte einen heutzutage unverzichtbaren Erkenntniszuwachs hinsichtlich des Zustands des Patienten. Denn es wird auch dem besten Diagnostiker nicht möglich sein, rein klinisch und ohne EKG zwischen einer Schmalkomplex- und einer Breitkomplextachykardie zu unterscheiden. Und trotz aller Erfahrungswerte und Berechnungsformeln wird niemand eine Notfallbeatmung »aus freier Hand« so zuverlässig und individuell patientengerecht einstellen können, wie es derjenige tun kann, der sich zusätzlich von Pulsoxymeter und Kapnografie informieren lässt. Ob Nitrospray bei einem Patienten mit akutem Koronarsyndrom wirklich eine gute Idee ist, hängt nicht unwesentlich vom Ergebnis einer Blutdruckmessung ab. Und ob ein Patient »nur« alkoholintoxikiert oder nebenbefundlich auch hypoglykäm ist, zeigt ausschließlich ein Blutzuckermessgerät. All diese diagnostischen Geräte – und noch einige andere – liefern Werte, die nicht nur von akademischem Interesse sind, sondern für die Mitarbeiter im Rettungsdienst und den ihnen anvertrauten Patienten bedeutende therapeutische Konsequenzen haben.

Doch Vorsicht! Verantwortungsvoll mit diagnostischen Geräten umzugehen, heißt auch, immer die Oberhand zu behalten: Nicht das Gerät diktiert die Therapie, sondern die sinnvolle »Informationssymbiose« aus klinischem Zustand und Messergebnissen. Auf der Grundlage sämtlicher verfügbarer Informationen die Diagnose zu stellen, bleibt Aufgabe des Notarztes, Rettungsassistenten, Rettungs- oder Notfallsanitäters.

Dieses Buch will dabei helfen, geräteabhängig gewonnene Informationen richtig einzuschätzen und ihren Wert als diagnostische Bausteine auszuschöpfen. Um diesem Anspruch für jedes rettungsdienstrelevante Diagnostikgerät gerecht zu werden, wurde ein Fragen- und Aufgabenkatalog entworfen, der für EKG, Pulsoxymeter usw. bearbeitet werden muss. Daraus resultiert die versprochene Bedienungsanleitung. Wie lautet also die Gliederung aus Fragen und Aufgaben, die dabei helfen wird, einen Geräteeinsatz professionell zu gestalten? Wie funktioniert dieses Buch?

1. Power on: Sherlocks Einsatz
Zu Beginn jedes Kapitels geht es in die Praxis. Begleiten Sie Sherlock! Er ist Notfallsanitäter und passionierter Diagnostiker. In seinen Einsätzen wird ihm immer wieder der ultimative Wert eines diagnostischen Geräts vor Augen geführt. Beeindruckend, dass eine einzige Information dem ganzen Einsatz eine dramatische Wende verleihen kann. Sherlocks Fall wird jeweils zur Einleitung für ein wichtiges Diagnostikgerät.

2. Grundlagen: Wie entsteht der Wert?
Auf dem Display des Geräts erscheint lediglich ein scheinbar isolierter Wert. Doch welche physiologischen Mechanismen im Körper des Patienten repräsentiert er? Wie entsteht der Strom im Herzen, den das EKG misst, und woher kommt das Kohlendioxid, das die Kapnografie anzeigt? Um die Aussagekraft eines Werts richtig einschätzen zu können, muss man verstehen, wie er entstanden ist.

3. Technik: Wie funktioniert die Messung?
In diesem Abschnitt geht es nicht darum, wie geräteintern Platine A mit Prozessor B verdrahtet ist, sondern um Grundlagenwissen sowie eine für den Anwender relevante Anleitung, wie das Gerät korrekt angewendet wird.

4. Erkenntniswert: Welchen Informationsgewinn liefert das Gerät?
Was genau sagen die Messergebnisse aus? STEMI oder NSTEMI-ACS, Hypo- oder Hyperkapnie – wie wichtig sind die gewonnenen Werte für die Diagnose (oder auch die Verlaufskontrolle) und daraus folgend für die Therapie? Dort, wo die Information erst entschlüsselt werden muss, weil die angezeigten Werte in einem komplexeren Zusammenhang stehen (z.B. beim EKG), werden systematische und einfache Interpretationsschemata angeboten.

5. Fallstricke: Welche Fehlinformationen sind möglich?
Ein von diagnostischen Skeptikern häufig zitiertes Sprichwort lautet: »Wer viel misst, misst viel Mist!« Um zwischen »echten« und »falschen« Werten differenzieren zu können, muss man wissen, welche Messfehler auftreten können. Wird eine Fehlinformation nicht als solche entlarvt und stattdessen zum »harten« diagnostischen Fakt erklärt, ist die Therapiebasis mehr als brüchig.

6. Einsatz RTW: Ihre Diagnose, bitte!
Jetzt sind Sie dran! Sie werden in verschiedene rettungsdiensttypische Einsatzsituationen versetzt und mit Informationen versorgt, die stimmen können, Sie aber möglicherweise

auch in die Irre leiten. Ihre Aufgabe ist es, die verfügbaren Informationen zu bewerten, das jeweilige Problem zu erkennen und eine Diagnose zu stellen.

7. Lösungen

In diesem Abschnitt finden Sie die Lösungen zu den Fällen. War Ihre Diagnose richtig?

Da jedes Gerät nur einen bestimmten Anteil zur Diagnosefindung und Verlaufskontrolle beitragen kann und die eigentliche Kunst immer in der logischen Zusammenführung der Informationen besteht, wird im folgenden Kapitel zunächst der Prozess der Diagnosefindung dargestellt. Wie werden unter den widrigen Bedingungen der zu Beginn häufig intransparenten Notfallsituation Diagnosen gestellt – sind es überhaupt immer »echte« Diagnosen oder viel eher Verdachtsdiagnosen bzw. zuweilen sogar nur die Feststellung von Leitsymptomen, die im Rettungsdienst zur Basis für die Therapie werden?

Eine letzte Vorbemerkung: Dieses Buch ist für alle Berufsgruppen geschrieben worden, die im Rettungsdienst an der Diagnosestellung und Verlaufskontrolle oder Überwachung beteiligt sind. Der Rettungssanitäter, der erstverantwortlich einen KTW besetzt und mit einem an Atemnot leidenden Patienten konfrontiert wird, braucht genauso wie der Notarzt, der zu diesem Patienten gerufen wird, eine Diagnose, um zielgerichtete gefahrenabwehrende Maßnahmen im Rahmen seiner Möglichkeiten einleiten zu können. Eine Diagnose legt den Versorgungsbedarf fest. Wenn also auf DIVI-Protokollen oder in berufspolitischen oder juristischen Veröffentlichungen dem nicht-ärztlichen Rettungsdienstpersonal keine Kompetenz zur Diagnosestellung zugebilligt wird, so sei die Frage erlaubt, wie eine Entscheidung zur Therapie (auch so basale Maßnahmen wie die geeignete Lagerung, die Sauerstoffgabe oder die Rückatmung mittels Hyperventilationsmaske sind therapeutische Entscheidungen) ohne ein Benennen des Problems – also die Diagnose – funktionieren soll. Auch wenn der Notarzt bereits vor Ort ist, ist es manchmal trotzdem der mitdenkende Rettungssanitäter/-assistent oder Notfallsanitäter, der die kleine, aber wichtige Verknüpfung sieht, die dem Geschehen die entscheidende Wendung geben kann. Rettungsdienstliche Situationen fordern das gesamte Team, daher sollte jedes einzelne Teammitglied optimal vorbereitet sein.

1 Der Weg zur Notfalldiagnose – dem Problem einen vorläufigen Namen geben

»Frag drei Ärzte nach einer Diagnose und du bekommst vier verschiedene Leiden genannt.«

Schulterzuckend nimmt Sherlock die, wie er findet, etwas zynische Antwort seines Kollegen zur Kenntnis, der einen Praktikanten über die Verlässlichkeit medizinischer Diagnosefindung aufklärt. Ganz unrecht hat er natürlich nicht. Es kommt häufig vor, dass sich die Kollegen nicht einig sind, welches Krankheitsbild vorliegt. Und dass eine präklinisch gestellte Diagnose sich nach Abschluss der weiterführenden Untersuchungen in der Klinik als falsch erweist, hat Sherlock auch schon häufiger erlebt.

Besonders unangenehm fand er den Fall eines 50-jährigen Patienten mit Ehlers-Danlos-Syndrom, der über einen plötzlich einschießenden Schmerz von »reißendem« Charakter zwischen den Schulterblättern berichtete. Sherlock hat aufgrund der Symptomatik und der Anamnese sofort an eine Aortendissektion gedacht; Patienten mit einer Bindegewebserkrankung wie dem Ehlers-Danlos-Syndrom neigen zu derartigen Gefäßproblemen. Konsequenterweise hat das Rettungsteam den Blutdruck des Patienten von 180/100 mmHg medikamentös auf 100/60 mmHg gesenkt, was der Patient als ziemlich unangenehm empfunden hat. Auch die Anlage zweier großlumiger Zugänge – für den Fall eines plötzlichen Volumenbedarfs – wird er nicht in guter Erinnerung behalten. Das Morphin hat trotz MCP Übelkeit verursacht. Und dann dieser hektische Transport mit Blaulicht und Sirene ... Im Krankenhaus kehrte dann sehr schnell Ruhe ein. Das CT bestätigte den Verdacht auf eine Aortendissektion nicht. Der Chiropraktiker konnte die tatsächliche Ursache ausmachen, einen »eingeklemmten Nerv«, der rasch wieder mobilisiert werden konnte.

Dass so etwas passiert, liegt in der Natur der Sache: Was ist denn eigentlich eine Diagnose? Eine *Diagnose* gibt der Symptomkonstellation, die der Patient zeigt, einen Namen. Der so definierte Krankheitsbegriff bildet im weiteren Verlauf die Basis für die einzuleitende Therapie. Die Diagnose wird zur notfallmedizinischen Entscheidungsgrundlage. Zu sagen: »Ohne exakte Diagnose keine Therapie!« wäre dennoch, gerade im Rettungsdienst, viel zu kurz gegriffen. Häufig lässt sich nur eine Verdachtsdiagnose stellen, manchmal ist selbst das in der frühen Phase eines Einsatzes nicht möglich. In diesen Fällen werden primär *Leitsymptome* therapiert und nicht das sie verursachende Krankheitsbild, z.B. in folgenden Situationen:

▶ Reanimation beim Leitsymptom »Kreislaufstillstand«
▶ Atemwegssicherung, z.B. durch Kopfreklination und Seitenlagerung beim Leitsymptom »Bewusstlosigkeit«
▶ Sauerstoffgabe und Oberkörperhochlagerung beim Leitsymptom »Atemnot«
▶ Schutz vor Zusatzverletzungen und medikamentöse Krampfdurchbrechung beim Leitsymptom »Krampfanfall«.

In den ersten Minuten eines Einsatzes ist dies sehr sinnvoll, denn das Leitsymptom allein birgt ein Gefahrenpotenzial, das grundsätzlich allgemein gefahrenabwehrende Maßnahmen erfordert – z. B. Aspirationsgefahr bei Bewusstlosigkeit –, unabhängig davon, ob ein Schlaganfall, eine Hypoglykämie oder ein Schock ursächlich ist. Wenn allerdings spezifische und komplikationsbehaftete Maßnahmen die Behandlung ergänzen sollen, muss die Diagnose konkretisiert werden. Niemand würde das Risiko einer Lysetherapie eingehen, bevor eine Hirnblutung als Ursache für die Schlaganfallsymptomatik ausgeschlossen ist, weil diese Therapie ausschließlich bei einem ischämischen Geschehen indiziert ist und bei allen Differenzialdiagnosen eine erhebliche Gefährdung des Patienten darstellt.

Der Abwägungsprozess vor dem Einsatz spezifischer, ggf. kausaler Maßnahmen beinhaltet also immer eine *Einschätzung der Diagnosesicherheit* und damit verknüpft des Risikoprofils einer Intervention. Während eine präklinische Lyse bei V. a. Schlaganfall bei einer verbleibenden Diagnoseunsicherheit einer Nutzen-Risiko-Abwägung niemals standhalten würde, war die Therapie in Sherlocks Beispiel des Patienten mit V. a. Aortendissektion auch bei nicht abschließend gesicherter Diagnose zu rechtfertigen. Hätte eine gedeckte Gefäßruptur vorgelegen, wären Blutdrucksenkung, Analgesie, Gefäßzugänge und ein schneller Transport entscheidend gewesen. Andererseits waren die Maßnahmen nicht geeignet, mit hoher Wahrscheinlichkeit gravierende Schäden zu verursachen, hätte eine der infrage kommenden Differenzialdiagnosen vorgelegen, wie es letztlich der Fall war.

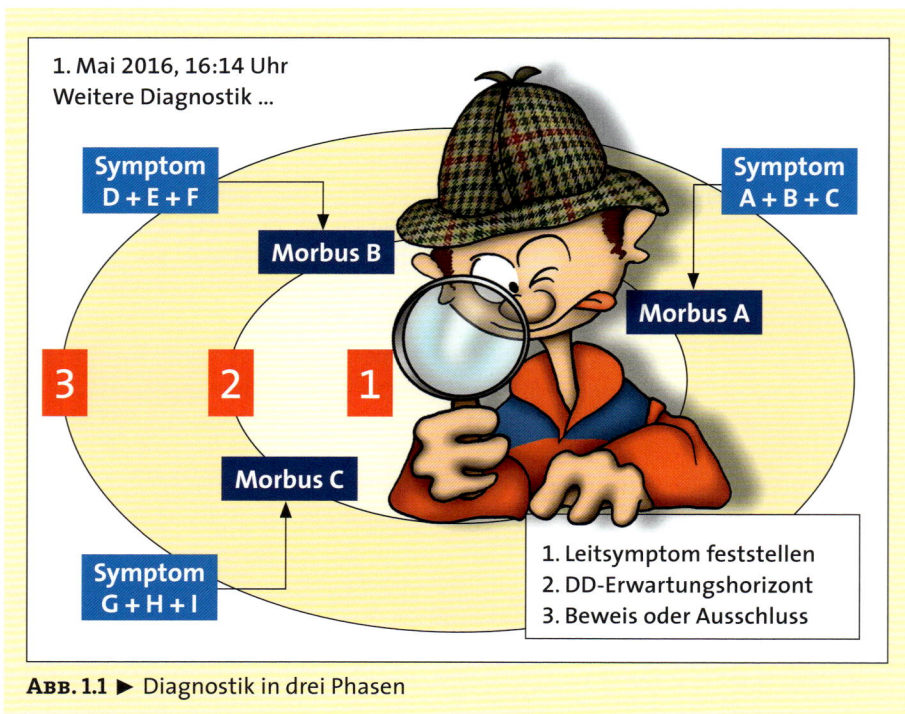

ABB. 1.1 ▶ Diagnostik in drei Phasen

»Es ist besser, unvollkommene Entscheidungen durchzuführen, als beständig nach vollkommenen Entscheidungen zu suchen, die es niemals geben wird«, sagte Charles de Gaulle. Stimmt, denn wer auf vollkommene und zeitunabhängige diagnostische Transparenz besteht, gefährdet den Patienten mehr als derjenige, der allgemeine gefahrenabwehrende Maßnahmen nach der Feststellung eines Leitsymptoms oder auch eines bestimmten Unfallmechanismus (z.B. Sturz aus großer Höhe) einleitet und gleichzeitig fortlaufend an der Diagnose arbeitet, bis sie ausreichend sicher erscheint – und das, ohne übergeordnete Ziele wie z.B. einen schnellen Transport unangemessen zu verzögern.

Um die Kluft zwischen Handlungsdruck und Intransparenz in rettungsdienstlichen Situationen möglichst gering zu halten, hat sich Sherlock ein dreischrittiges diagnostisches Vorgehen angewöhnt (ABB. 1.1):

1. Leitsymptom feststellen
2. differenzialdiagnostischen Horizont eröffnen
3. nach Symptomen zum Beweis oder Ausschluss fahnden.

Das *Leitsymptom* (z.B. Brustschmerzen, Atemnot, Schwindel, Präsynkope/Synkope, Bewusstlosigkeit, Krampfanfall, akutes Abdomen, Kopfschmerzen, Lähmungserscheinungen, Sehstörungen etc.) erkennt er entweder aus der Beobachtung beim Betreten der Szenerie oder aus der Antwort des Patienten auf seine erste Frage: »Was ist passiert?« Auch ein erster Durchlauf des ABCDE-Schemas (TAB. 1.1) kann das Leitsymptom aufdecken.

TAB. 1.1 ▶ ABCDE-Schema

ABCDE-Schema		Auffälligkeiten (exemplarisch)
A	Airway (Atemweg)	z.B. schnarchende, gurgelnde Atemgeräusche; Stridor; Erbrochenes; sichtbare Schwellungen
B	Breathing (Atmung)	z.B. beschleunigte oder verlangsamte, besonders tiefe oder flache, unregelmäßige Atmung; Zyanose; Sauerstoffsättigungsabfall; Atemnebengeräusche; Atemnot
C	Circulation (Kreislauf)	Blutungen, Brady- oder Tachykardie, schwach tastbarer Puls, unregelmäßiger Puls, Hautbeschaffenheit, Rekapillarisierungszeit, Halsvenenfüllung
D	Disability (Neurologie)	GCS < 15, Lähmungserscheinungen, Sprachstörungen, Pupillendifferenz, Hypo-/Hyperglykämie
E	Exposure (etwa: Freilegung, Enttarnung)	Entkleidung und Untersuchung: Verletzungen, Ödeme, niedrige oder hohe Körpertemperatur

Beim ABCDE-Schema stehen die Buchstaben A bis D für je einen vitalbedeutenden Funktionsbereich. Das E umfasst relevante Auffälligkeiten, die sich aus der Umgebungssituation oder der körperlichen Untersuchung ergeben. Das hat neben dem ordnenden Element einen entscheidenden Vorteil: Da Diagnostik und Therapie eng miteinander verzahnt sind, ist eine Prioritätenliste entscheidend. Das ABCDE-Schema zeigt den Bedarf für eine sofortige therapeutische Intervention an. Er besteht, sobald im gerade untersuchten Funktionsbereich ein lebensbedrohliches Problem erkannt wird. Für einen ersten schnellen Check von ABC und D reichen wenige Sekunden und die Sinne des Untersuchers. Weiterführende Informationen werden in nachfolgenden Untersuchungsdurchläufen gesammelt.

Nachdem nun das Leitsymptom feststeht, wird im zweiten Schritt der *differenzialdiagnostische Horizont* eröffnet: Welche Krankheitsbilder können dieses Leitsymptom grundsätzlich erklären? Das Leitsymptom ist Brustschmerz? Dann können Herzinfarkt, Lungenembolie, Aortendissektion, Refluxösophagitis, Interkostalneuralgie, Pleuritis, Rippenbruch etc. zugrunde liegen! Im dritten Schritt erfolgt die gezielte Fahndung nach Symptomen und Befunden, die zum Ausschluss oder Beweis eines Krankheitsbildes führen. Günstigenfalls steht am Ende die Diagnose oder zumindest eine Verdachtsdiagnose fest.

Dieses *Beweis- und Ausschlussverfahren* basiert u.a. auf einer strukturierten Anamnese. Bei internistischen und neurologischen Patienten fragen die Anamnese-Akronyme SAMPLER und OPQRST nach dem Beginn und der Art des Auftretens (Onset) der Beschwerden (Symptoms), nach Verhaltensweisen, die zu einer Linderung oder Verstärkung der Symptome führen (Palliation/Provocation) sowie nach Qualität (Quality), Ort/Ausstrahlung (Region/Radiation), Schweregrad (Severity) und zeitlichem Verlauf (Time). Erweitert wird die Anamneseerhebung durch Informationen bezüglich Allergien (Allergies), Medikation/Drogen (Medication) und Patientenvorgeschichte (Past Medical History). Auch

ABB. 1.2 ▶ Kein Buchstabensalat, sondern Strukturierungshilfe

bzgl. der letzten Mahlzeit und ggf. letzten Ausscheidungen, letzter Menstruation etc. (Last Meal ...) werden Erkundigungen eingezogen. Ebenfalls werden Ereignisse (Events), die dem Notfallgeschehen vorangegangen sind, und Risikofaktoren (Risks), die für bestimmte Krankheiten prädisponieren, erfasst (ABB. 1.2). Es lohnt sich wirklich, diese Art der Anamneseerhebung in AMLS-Kursen zu üben!

Parallel zu OPQRSTSAMPLER vervollständigen eine erweiterte ABCDE-Untersuchung sowie eine sinnvolle Gerätediagnostik die Informationen. Sherlock fasst seinen diagnostischen Pfad zusammen und zeigt in einem Einsatz, wie er beschritten wird:

Diagnostikphase 1: Leitsymptom feststellen

Der 1. Juli 2016 ist ein zwar angenehm warmer Tag, aber die Sonne zeigt sich nur selten zwischen den Wolken. Sherlocks RTW wird um 19.14 Uhr mit dem Stichwort »schlechter Allgemeinzustand« zu einem privaten Grillfest alarmiert. Als er mit seinem Kollegen auf das gerne als Ausflugsziel genutzte Gelände eines alten Steinbruchs einbiegt, wird die RTW-Besatzung bereits von einer jungen Frau erwartet. Sie wirkt sehr aufgeregt und schildert die Situation wie folgt: »Mein Vater bekommt keine Luft mehr. Er ist ganz blau angelaufen. Ich glaube, er stirbt. Kommen Sie schnell. Er ist dahinten in dem Waldstück.« Die Kollegen legen schnell Notfallkoffer, Absauggerät, EKG und die Sauerstoffeinheit auf die Trage und folgen der jungen Frau in das kleine Gehölz. Bereits von Weitem sehen sie den zyanotischen, verzweifelt nach Luft ringenden Patienten auf dem Boden liegen. Ersthelfer betreuen ihn und halten seine Beine hoch. Beim Patienten eingetroffen, ergreift Sherlock dessen Hand, tastet den Radialispuls und fragt: »Was ist passiert?« – »Keine ... Luft!«, bringt der ca. 40-jährige Mann mühsam – aber ohne auf Distanz hörbares pathologisches Atemnebengeräusch – hervor.

Es sind drei Sekunden vergangen. Worin das Problem des Patienten konkret besteht, kann Sherlock noch nicht sagen – entscheidungsfähig ist er jetzt dennoch. Auch wenn er noch keine exakte Diagnose stellen kann, weiß er bereits eine Menge über den Patienten. Das Leitsymptom heißt »Atemnot«. Es besteht ein A- und/oder B-Problem (Atemnot, Lippenzyanose, Sprechdyspnoe), eine C-Störung (regelmäßiger, aber beschleunigter und schwach tastbarer Puls), kein D-Problem (GCS 4–5–6).

Das reicht als Grundlage für wichtige erste Therapieentscheidungen aus: Der Patient wird mit aufrechtem Oberkörper gelagert. Zwei Ersthelfer werden gebeten, ihn in dieser sitzenden Position zu stützen. Sherlock legt ein Pulsoxymeter an und verabreicht Sauerstoff über eine Reservoirmaske mit hohem Flow. Sein Kollege veranlasst die Nachforderung eines Notarztes, misst anschließend den Blutdruck und legt einen i.v. Zugang. Die zum Leitsymptom »Atemnot« passende Basistherapie ist eingeleitet. Egal, ob Asthma oder Spannungspneumothorax, diese Maßnahmen sind immer angezeigt. Bevor jedoch spezifischer therapiert werden kann, muss die Diagnose feststehen – also nochmal: Spannungspneumothorax oder Asthma? Thoraxdrainage oder Salbutamol? Oder doch etwas ganz anderes? Welche Krankheitsbilder oder Verletzungen können grundsätzlich die Atemnot erklären?

Diagnostikphase 2: Differenzialdiagnostischen Horizont eröffnen

Sherlock durchdenkt blitzschnell potenzielle Ursachen für das Leitsymptom »Atemnot«: Asthma, exazerbierte COPD, Pneumonie, Lungenödem, Anaphylaxie, Hyperventilationstetanie, Pneumothorax, Hämatothorax, Spannungspneumothorax, Aspiration/Bolusgeschehen, Lungenembolie …

Das ist einfach! Aufzuzählen, was prinzipiell zu einer Atemnot führen kann, ist reine Wissensreproduktion. Interessant ist der nächste Schritt: Sherlock muss herausfinden, welche dieser Möglichkeiten im konkreten Fall vorliegt; er muss also bestimmte Krankheiten/Verletzungen ausschließen oder beweisen. Das tut er, indem er gezielt nach Symptomen (und auch bewusst nach fehlenden Symptomen!) fahndet, die in diesem Beweis-/Ausschluss-Verfahren hilfreich sind.

Diagnostikphase 3: Nach Symptomen zum Beweis oder Ausschluss fahnden

Das Team komplettiert sukzessive seine Informationen:

OPQRSTSAMPLE-Anamnese: Man habe hier im Wald gegrillt. Plötzlich und ohne Vorzeichen habe der 42-jährige Patient über schwerste Luftnot geklagt. Ein Trauma habe nicht stattgefunden. Allergien oder Vorerkrankungen sind den Familienangehörigen nicht bekannt. Lediglich von einer genetischen Auffälligkeit weiß die Tochter zu berichten: »Ein Faktor-5-Leiden – was immer das heißen mag.« Sie weiß es nicht. Es existiert keine Dauermedikation.

A: *Der Atemweg ist frei. Weder besteht ein inspiratorischer Stridor noch können Fremdkörper oder Blut ausgemacht werden. Die Artikulation der wenigen Worte, die der luftnötige Patient sprechen kann, wirkt nicht durch einen Fremdkörper oder eine Schwellung im oberen Atemweg beeinträchtigt.*

B: *AF: 40/min; SpO_2: 78 %; auskultatorisch seitengleiche normale Atemgeräusche, seitengleicher sonorer Klopfschall, keine inverse oder paradoxe Atmung, keine thorakalen Einziehungen*

C: *HF: 130/min; RR: 85/60 mmHg; EKG: Sinusrhythmus mit einer tiefen S-Zacke in Ableitung I und einer tiefen Q-Zacke in Ableitung III; gestaute Halsvenen*

D: *Der Patient wirkt orientiert, aber panisch. Alle Extremitäten werden spontan und mit normaler Kraft bewegt. BZ: 98 mg/dl*

E: *mäßiger Foetor alcoholicus; T: 36,7 °C; keine Verletzungszeichen; das rechte Bein wirkt im Vergleich zum linken geschwollen und leicht gerötet.*

Okay, das sollte reichen: Ausgeschlossen werden Asthma und COPD, denn es gibt weder anamnestische Hinweise noch liegen typische Atemgeräusche (Giemen, Brummen oder Silent Chest) vor. Eine Pneumonie würde eher subakut verlaufen – der Patient läge vermutlich mit Fieber im Bett, anstatt im Wald zu grillen. Zudem wären *auch hier pathologische Atemgeräusche zu erwarten. Ein Lungenödem mit einer derart schlechten Klinik (Zyanose, SpO$_2$ < 80 %) sollte durch grobblasige Rasselgeräusche zu erkennen sein. Außerdem wäre eine kardiale Anamnese oder zumindest ein kardialer Akutbefund wie ein akutes Koronarsyndrom zu erwarten. Eine Anaphylaxie führt über einen Bronchospasmus oder durch Schwellungen der oberen Atemwege zu Atemnot. Da weder eine Spastik noch ein inspiratorischer Stridor hörbar sind und auch keine Hautreaktionen vorliegen, wird auch dieses Bild ausgeschlossen. Typisch für eine Hyperventilationstetanie ist zwar eine stark beschleunigte Atmung, doch die dramatisch reduzierte Sauerstoffsättigung ist damit definitiv nicht zu vereinbaren. Gegen einen Pneumothorax sprechen das seitengleiche Atemgeräusch, der seitengleiche sonore Klopfschall und der Hergang: kein Trauma (wenngleich ein Spontanpneumothorax auch ohne Trauma auftreten kann!). Hämatothorax und Spannungspneumothorax werden dem gleichen Erklärungsansatz folgend ebenfalls ausgeschlossen.*

Eine Aspiration bzw. ein Bolusgeschehen wäre allein durch die Umgebungssituation naheliegend – hat der Patient ein Stück Würstchen eingeatmet? Nein, hat er nicht. Kein inspiratorischer Stridor, keine Einziehungen, keine inverse Atmung, keine anamnestischen Hinweise. Eine Lungenembolie? Dazu passt das normale Atemgeräusch. Eine Lungenembolie ist primär keine Ventilations-, sondern eine Perfusionsstörung. Gestaute Halsvenen? Ja. Niedriger Blutdruck? Ja. Ein die Rechtsherzbelastung anzeigender S_IQ_{III}-Typ im EKG? Ja. Das rechte Bein mit Thrombosezeichen als wahrscheinliche Emboliequelle? Ja. Und ein anamnestischer Hinweis auf eine erhöhte Thrombose-/Embolieneigung aufgrund der Genmutation Faktor-5-Leiden? Ja. Das passt! Der Patient hat eine Lungenembolie erlitten.

Wenn dieses *Beweis-/Ausschluss-Verfahren* nicht zum Ziel führt, wird man sich mit Verdachtsdiagnosen begnügen müssen. Das bedeutet für die Therapie, dass nur Maßnahmen durchgeführt werden, die bei einer ähnlich wahrscheinlichen Differenzialdiagnose keinen Schaden verursachen. Wenn also in einer konkreten Situation die Diagnosen »Herzinfarkt« und »Aortendissektion« mit gleicher Wahrscheinlichkeit angenommen werden, wird keine Thrombozytenaggregations- und auch keine Gerinnungshemmung vorgenommen werden: Der Herzinfarktpatient würde wahrscheinlich nicht im gleichen Maße davon profitieren, wie der mit einer gedeckt perforierten Aorta darunter leiden würde. In solchen Fälle bleibt die Therapie symptomatisch und beinhaltet immer einen raschen Transport in eine geeignete Klinik, in der die Diagnostik mit anderen Möglichkeiten weitergeführt werden kann.

Je komplikationsbehafteter eine Therapie, desto sicherer muss die Diagnose sein. Das sollte dazu führen, den Aussagewert bestimmter Symptome bzw. Untersuchungen kritisch zu hinterfragen. Wie hoch ist die Ausschluss- bzw. Beweiskraft eines Symptoms oder Tests? Messtheoretisch ausgedrückt: Wie hoch sind Sensitivität und Spezifität? Zur Erklärung: Die *Sensitivität* eines Tests gibt Aufschluss über die »Trefferquote«. Wie hoch ist der

Prozentsatz tatsächlich erkrankter Patienten, bei denen ein bestimmter Test die Krankheit auch erkennen lässt? Beispiel Troponin und Myoglobin beim Herzinfarkt: Wenn ein Patient einen Herzinfarkt hat, dann wird sowohl ein Troponin- als auch ein Myoglobinanstieg erfolgen. Der Test ist also sehr sensitiv. Die *Spezifität* beschreibt hingegen die Wahrscheinlichkeit für ein negatives Testergebnis bei einem nicht erkrankten Patienten. Ein Beispiel: Ein EKG mit infarkttypischen ST-Strecken-Hebungen beweist den Herzinfarkt. Einen Herzinfarkt allerdings nur aufgrund eines negativen EKG-Befundes auszuschließen, ist unzulässig. Wenn der Thoraxschmerz bei unauffälligem EKG durch Druck verstärkbar ist – wie sicher ist dann eine orthopädische Genese gegen den Infarkt abgegrenzt? Nicht ausreichend jedenfalls, um auf eine Enzymdiagnostik im Krankenhaus zu verzichten, denn die Ausschlusskraft des Tests (Schmerzprovokation durch Druck) ist mangelhaft: Zwar spricht das Phänomen eher für eine muskuloskelettale Ursache, aber auch Herzinfarktpatienten können einen durch Druck verstärkbaren Thoraxschmerz angeben. Und noch einmal das Beispiel der Enzymdiagnostik beim Herzinfarkt: Wenn eine hohe Myoglobinkonzentration gemessen wird, könnte ein Herzinfarkt vorliegen – es könnte aber auch sein, dass der Patient eine Muskelverletzung erlitten hat, denn auch geschädigte Skelettmuskulatur würde Myoglobin freisetzen. Die Spezifität der Myoglobinkonzentration zur Herzinfarktdiagnostik ist also nicht sehr hoch. Anders das kardiale Troponin: Da es nur in den Herzmuskelzellen vorkommt, wären andere Ursachen als ein Herzinfarkt für den Enzym-Anstieg sehr unwahrscheinlich. Kurz zusammengefasst: Wenn ein Patient einen Herzinfarkt hat, dann steigt auch das Troponin an (hohe Sensitivität). Und wenn der Patient einen hohen Troponinwert hat, dann hat er auch einen Herzinfarkt – und nicht irgendetwas anderes (hohe Spezifität).

Die Konsequenz: Präklinische Diagnosen sollten im Sinne einer erhöhten Sicherheit immer im Bewusstsein der Grenzen von Beweis- und Ausschlusskraft der zugrunde liegenden Informationen gestellt werden. Zu groß sollte die Sorge um »falsche« Diagnosen jedoch nicht werden: Bei vielen Krankheitsbildern ist die rettungsdienstliche Therapie nicht kausal, sondern symptomatisch ausgerichtet. Eine Differenzierung zwischen einer Appendizitis und einer Divertikulitis ist außerhalb der Klinik von eher akademischem Interesse, denn sie hat keinerlei therapeutische Konsequenz.

Übrigens machen sich nicht nur Notfallsanitäter und Ärzte Gedanken über die Diagnosesicherheit: Jeder Wissenschaftler – egal ob Psychologe, Pädagoge oder Biologe –, der mittels empirischer Untersuchungen nach Erkenntnis sucht, muss seine Messmethoden einer kritischen Überprüfung unterziehen. Die Gütekriterien einer wissenschaftlichen Messung sind: Objektivität, Reliabilität (Verlässlichkeit) und Validität (Gültigkeit). Diese Kriterien lassen sich auch auf eine notfallmedizinische Untersuchung übertragen.

1. Objektivität

Diagnostische Geräte sind grundsätzlich objektiv – bei korrekter Nutzung zeigt z.B. ein Blutzuckermessgerät den Blutzucker unabhängig vom Untersucher wie auch vom Patienten an. Sherlock muss zugeben, dass er das Blutzuckermessgerät nicht bei jedem Patienten einsetzt, der aufgrund seiner eingeschränkten Bewusstseinslage den Hypoglykämieausschluss benötigt. Einige seiner Patienten sieht er mindestens zweimal pro Woche

– immer sturzbetrunken – und fährt sie (leichtsinnigerweise) nach kurzer Untersuchung mit der Diagnose »Alkoholintoxikation« zum Ausschlafen in die Klinik. Sich aber aufgrund von Vorerfahrungen oder Vorurteilen auf eine Diagnose festzulegen und Differenzialdiagnosen gar nicht erst in Betracht zu ziehen, ist nicht objektiv.

Wie sieht es mit Schmerzen aus? »Glaubt« der Notfallsanitäter jedem Patienten, der eine maximale Schmerzintensität angibt, oder wird diese subjektive Empfindung auch schon mal einer eigenen Interpretation nach dem Motto »Ich hab auch manchmal Kopfschmerzen, der soll sich nicht so anstellen!« unterzogen? Sie wird! Um eine subjektive Empfindung gewissermaßen objektiv nachvollziehen zu können, werden daher Scores wie z.B. die numerische Ratingskala verwendet. Der Patient soll seinen Schmerzen einen Punktewert geben – 0 bedeutet Schmerzfreiheit und 10 den schlimmsten vorstellbaren Schmerz.

Vorsicht ist auch bei der Übergabe des Patienten an das ärztliche oder das Pflegepersonal in der Klinik geboten: Wird beispielsweise allein aufgrund zahlreicher Einstichstellen an den Unterarmen und einer unklaren Bewusstseinsstörung ein »drogensüchtiger Patient« angekündigt, ist das eine nicht bewiesene subjektive Schlussfolgerung, die eine falsche Weichenstellung für die weitere Versorgung in der Klinik zur Folge haben kann. Möglicherweise ist der Patient gar nicht drogensüchtig, sondern hat die Einstichstellen, weil er »Premium-Blutspender« ist, und die Bewusstseinsstörungen sind Folge eines akuten Schlaganfalls. Es ist also meistens besser objektiv nachvollziehbar zu beschreiben, als subjektiv zu schlussfolgern. Wenn man bei Übergabe oder Dokumentation dem Ausdruck verleihen möchte, was man glaubt, aber nicht weiß, muss man das deutlich machen.

2. Reliabilität (Zuverlässigkeit)

Reliabel oder zuverlässig sind Messungen dann, wenn sie unter gleichen Bedingungen zu immer gleichen Ergebnissen führen. Doch genau darin liegt ein entscheidendes rettungsdienstliches Problem: Die Bedingungen lassen sich nicht immer normieren. Ein EKG, das entsteht, während der RTW über Stock und Stein fährt, sieht anders aus als ein in Ruhe entstandenes. Eine Blutdruckmessung am bekleideten Oberarm führt zu anderen Ergebnissen als am unbekleideten Arm. Wenn dieselbe Blutdruckmanschette am Arm einer kachektischen Person oder eines kleinen Kindes verwendet wird, die auch am Arm einer adipösen Person zum Einsatz kommt, ist die Messung nicht zuverlässig (Abb. 1.3).

Aufgrund winterlicher Kälte schlecht durchblutete Finger erschweren eine pulsoxymetrische Sättigungsbestimmung und sorgen zuweilen für Messfehler. Soweit es dem Rettungsteam möglich ist, sollten normierte Bedingungen hergestellt werden (z.B. RR-Messung am unbekleideten Oberarm, korrekte Manschettengröße). Wenn das jedoch nicht möglich ist (z.B. Pulsoxymetrie bei Kälte, Schock), muss ein unter fehlerverdächtigen Bedingungen entstandenes Messergebnis angezweifelt werden – es ist besser, an einen suspekten Wert nicht zu glauben, als sich auf einen falschen zu verlassen. Um das Problem zu quantifizieren, führten Sudowe/Böhmer/Sonntag ein Experiment durch, in dem Blutdruck- und Blutzuckermessungen an jeweils ein und demselben Probanden unter sehr unterschiedlichen Bedingungen oder einfach mit unterschiedlichen Messgeräten resp. von verschiedenen Untersuchern durchgeführt wurden. Die »schockierenden« Ergebnisse finden sich in den folgenden beiden Tabellen:

Tab. 1.2 ▶ Reliabilität der Blutdruckmessung (Sudowe/Böhmer/Sonntag 2014: 514)

	Prüfer 1	Prüfer 2	Prüfer 3	Prüfer 4	Prüfer 5
in Ruhe sitzend palpatorisch	145 sys	160 sys	130 sys	150 sys	150 sys
in Ruhe sitzend auskultatorisch	160/100	160/110	130/90	150/85	150/100
nach Bewegung	170 sys	170 sys	160 sys	150 sys	150 sys
bei angewinkeltem Arm	140 sys	140 sys	110 sys	120 sys	130 sys
über zwei Kleidungsschichten	160 sys	190 sys	160 sys	150 sys	190 sys
sitzend am hochgehaltenen Arm	110 sys	100 sys	100 sys	100 sys	110 sys
sitzend am herabhängenden Arm	140 sys	150 sys	140 sys	150 sys	150 sys

Tab. 1.3 ▶ Reliabilität der Blutzuckermessung (Sudowe/Böhmer/Sonntag 2014: 516)

	Kapillar-Messung 1	Kapillar-Messung 2	Venöse Messung 1	Venöse Messung 2
Gerät A	104	114	94	98
Gerät B	101	111	92	97
Gerät C	103	111	100	97
Gerät D	101	112	100	101
Gerät E	112	104	95	96

3. Validität (Gültigkeit)

Eine Messung ist dann valide, wenn das Merkmal, das gemessen werden soll, tatsächlich gemessen wird. Wie belastbar ist die Annahme, dass bei einem SpO_2-Wert von 100 % eine »gute« Sauerstoffsättigung vorliegt, wenn der suizidale Patient zuvor aus einem Pkw mit eingeleiteten Abgasen gerettet wurde? Nicht sonderlich belastbar, denn ein normales Pulsoxymeter misst nicht nur die Sättigung des Hämoglobins mit Sauerstoff, sondern auch mit Kohlenmonoxid – und zwar ohne Angabe des aktuellen »Mischverhältnisses«. Die »gute« Sauerstoffsättigung kann also auch eine »üble« Kohlenmonoxidsättigung sein. Auch wer im Rahmen einer Reanimation beim Wiedereinsetzen eines EKG-Rhythmus sofort die Herzdruckmassage einstellt, hat den vom EKG gelieferten Wert nicht valide interpretiert: Das EKG zeigt ausschließlich die elektrische Aktivität des Herzens, nicht aber die mechanische Umsetzung. Ob der Patient wieder einen Kreislauf hat, zeigt der Puls.

Gefordert ist also ein bewusster Umgang mit den zur Verfügung stehenden Informationsquellen. Dazu gehört eine konkrete Erwartungshaltung darüber, was ein Wert aussagt und was nicht.

Auch die sorgfältigste Diagnostik endet nicht mit der Diagnose. Sonst hätten Sherlock und seine Kollegen während der Schlaganfallversorgung in der vergangenen Woche

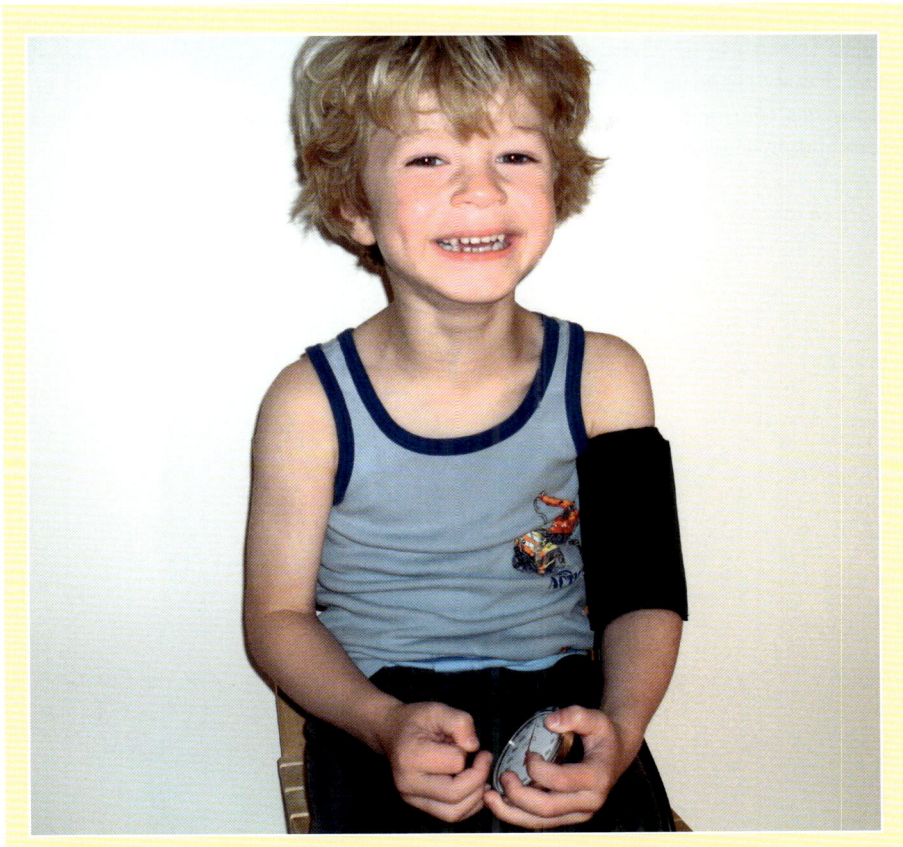

ABB. 1.3 ▶ Blutdruckmessung mit ungeeigneter Manschettengröße

nicht bemerkt, dass der Patient während des Transports plötzlich ateminsuffizient und intubationspflichtig geworden ist. Rettungsdienstliche Situationen zeichnen sich durch eine besondere Dynamik aus. Jederzeit können Zustandsverschlechterungen auftreten, die eine neue Diagnose erforderlich machen, um auf die veränderte Lage adäquat reagieren zu können. Sherlocks Team musste unter diesen neuen Voraussetzungen eine Narkose einleiten und den Patienten beatmen – selbstverständlich wurden auch die Auswirkungen dieses Eingriffs überwacht. EKG, Blutdruck, Pulsoxymetrie, Kapnografie und Beatmungsdruck zeigen engmaschig den Handlungsbedarf an, den der bewusstlose Patient nicht mehr melden kann.

Das Erfassen eines Leitsymptoms und die Erarbeitung einer – zumindest vorläufigen – (Verdachts-)Diagnose sind Bestandteil jeder rettungsdienstlichen Handlung. Rettungssanitäter, Rettungsassistent, Notfallsanitäter und Notarzt schaffen sich damit die Entscheidungsgrundlage für alle therapeutischen Maßnahmen – von der korrekten Lagerung über die einzusetzenden Medikamente bis zur Auswahl der Zielklinik. Ein Teil der diagnostisch

relevanten Informationen wird durch eine gezielte Anamnese und eine gründliche körperliche Untersuchung gewonnen, einen zunehmend wichtigen Beitrag leisten diagnostische Geräte. Darum geht es im Folgenden: Was tragen EKG, Pulsoxymeter etc. zu Krank-
heitsbeweis oder -ausschluss und Überwachung bei und wo lauern Fallstricke bei der
Interpretation der Werte?

2 Elektrokardiogramm

2.1 Power on: Sherlocks Einsatz

»Los, Leute! Vor der Bühne ist schon wieder jemand umgekippt!«

Reine Routine – zum sechsten Mal an diesem Abend. Sherlock ist heute als Notfallsanitäter hauptverantwortlich für die sanitätsdienstliche Versorgung der vornehmlich
jungen und weiblichen Gäste eines Boygroup-Konzerts zuständig. Als die Jungs auf die
Bühne kamen, hatten Sherlock und seine Kollegen schon fünf junge Frauen versorgt: vasovagale Synkopen. Beine hochlegen, ausruhen lassen und etwas trinken – nichts Drama-
tisches. Jetzt also zum sechsten Mal: Nur dieses Mal ist es kein junges Mädchen, sondern
ein etwa 50-jähriger Herr, der seine Nichte zum Konzert begleitet hat. Der Mann liegt
blass am Boden und ist bereits wieder bei Bewusstsein. Die Umstehenden berichten, dass
er einfach umgefallen sei und für ca. 30 Sekunden nicht normal auf Ansprache reagiert
habe. Krampfbewegungen konnten nicht ausgemacht werden. Der Patient berichtet, dass
so etwas noch nie vorgekommen sei. Auch andere Vorerkrankungen oder Allergien seien
ihm nicht bekannt. Ihm sei »schwarz vor Augen« geworden, und er habe ein Herzrasen
verspürt. Er habe sich dann schnell hinlegen müssen. Momentan fühle er sich aber wieder
gut. Ein kompletter Bewusstseinsverlust habe nicht bestanden. Er kann sich an alles erinnern und ist adäquat orientiert. Schmerzen, die auf eine Sturzverletzung hinweisen würden, bestehen nicht, daher wird der Mann zur weiteren Betreuung in den Sanitätsraum
transportiert. Wie bei allen anderen Patienten zuvor werden hier routinemäßig Blutdruck,
Pulsfrequenz, Sauerstoffsättigung und Blutzucker bestimmt. Die Ergebnisse passen zum
aktuellen klinischen Bild – sie sind unauffällig: RR: 120/70 mmHg, P: 62/min, SpO$_2$: 98 %,
BZ: 82 mg/dl, T: 36,8 °C.

Vor Sherlocks innerem Auge eröffnet sich ein differenzialdiagnostischer Horizont zum
Leitsymptom »Synkope/Präsynkope«. Denn eine *Synkope* ist streng genommen keine
abschließende Diagnose, sondern eher ein gemeinsames Symptom verschiedener Patho-
mechanismen. Nach der Klassifikation der European Society of Cardiology sind Synkopen entweder neurogen, orthostatisch oder kardial bedingt. Das Umfeld eines Boygroup-

Konzerts mit den dazugehörenden emotionalen Entgleisungen würde eine vasovagale Synkope als eine Unterform der neurogenen Synkopen nahelegen. Fraglich ist allerdings, ob der 50-jährige Patient für die hier transportierten Emotionen wirklich empfänglich ist. Außerdem hat Sherlock sich angewöhnt, seine Diagnosen erst dann Diagnosen zu nennen, wenn er sie für ausreichend sicher hält. Und um sicher von einer vasovagalen Synkope ausgehen zu können, fehlen ihm zurzeit noch eindeutige Beweise. Unter anderem gehört zur Synkopendiagnostik obligat ein 12-Kanal-EKG. Also lässt er den Patienten verkabeln und schaut sich den Ausdruck an (ABB. 2.1 A+B):

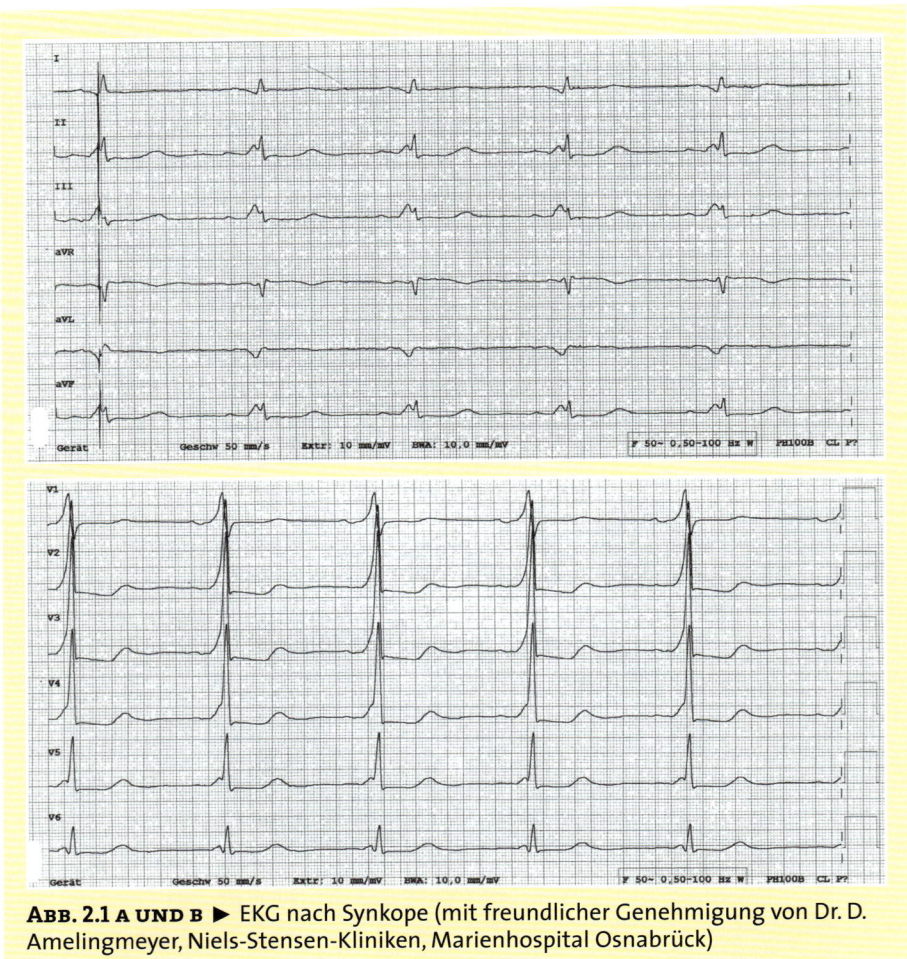

ABB. 2.1 A UND B ▶ EKG nach Synkope (mit freundlicher Genehmigung von Dr. D. Amelingmeyer, Niels-Stensen-Kliniken, Marienhospital Osnabrück)

Nicht auszudenken, wenn Sherlock den Patienten nach kurzer Rekonvaleszenz im San-Raum nach Hause oder gar zurück ins Konzert entlassen hätte. Das EKG bewahrt ihn vor einer krassen Fehldiagnose und der daraus resultierenden falschen Therapie. Die in den R-Aufstieg fallende Delta-Wellen und auch die ST-Strecken sind verändert: Da läuten Sherlocks Alarmglocken. Es liegt keine neurogene – vasovagale –, sondern mit hoher Wahrscheinlichkeit eine kardiale – rhythmogene – Synkope vor. Das nun zu diagnostizierende *WPW-Syndrom* kann anfallsartig zu Tachykardien mit Frequenzen von deutlich über 200/min führen. Von den Patienten wird eine solche Episode im günstigen Fall als störendes Herzrasen wahrgenommen, über eine mangelnde diastolische Füllung kann allerdings auch eine Synkope ausgelöst werden. Diese Attacken können sich spontan zurückbilden, woraufhin sich – wie vom Patienten beschrieben – Symptomfreiheit einstellt. Betroffen sind Menschen in verschiedenen Altersstufen. Zwar ist die Anlage für ein WPW-Syndrom – bei diesem Krankheitsbild existieren zusätzliche Leitungsbahnen zwischen Vorhöfen und Kammern – angeboren, doch zeigen sich erste Manifestationen häufig erst im Erwachsenenalter. Im EKG können sich die typischen Veränderungen auch außerhalb der symptomauslösenden Tachykardieanfälle zeigen.

Welche Bedeutung hat also nun Sherlocks Entdeckung, die er seinem EKG verdankt, für den weiteren Verlauf? Zunächst einmal hat erst das EKG Klarheit gebracht. Die Symptomfreiheit zum Zeitpunkt der sanitätsdienstlichen Untersuchung hat wie so oft bei synkopalen Ereignissen den Hergang verschleiert. Nach jetzt gelungener Rekonstruktion und Ursachenzuschreibung wird dieser Patient natürlich nicht nach Hause geschickt, sondern sofort mit dem Rettungsdienst in die Klinik eingewiesen, um eine weiterführende Diagnostik und ggf. Therapie vorzunehmen – und zwar der Fragestellung »kardiogene/ rhythmogene Synkope bei WPW-Syndrom« folgend.

2.2 Grundlagen: Wie entstehen die Kurven und Zacken?

Diagnostische Geräte, so auch das EKG, ermöglichen eine Aussage über physiologische oder pathologische Prozesse im Körper. Die gelieferten Werte korrekt zu interpretieren, heißt folglich immer, sie auf physiologische oder pathologische Vorgänge zu beziehen. Warum also sieht ein unauffälliges EKG bei einem gesunden Menschen »normal« aus? Und warum sieht es bei einem Kranken manchmal anders aus? Und wenn es anders aussieht, ist der Mensch dann wirklich immer krank, d. h. so krank, dass man etwas dagegen unternehmen muss? Oder kann es sich bei einem veränderten EKG-Bild auch um eine »Normabweichung« ohne therapiebedürftigen Krankheitswert handeln? Lässt sich anhand des EKG auch ersehen, wo genau die Störung oder eben »Normabweichung« lokalisiert ist? Anatomie, Physiologie und Pathophysiologie der elektrischen Reizbildung und -leitung über ein technisches Verfahren bildgebend zu repräsentieren, eine Diagnose zu erstellen, die mit dem klinischen Bild übereinstimmt, und dann auch noch korrekte therapeutische Schritte abzuwägen .. Kompliziert? *»Man sollte alles so einfach wie möglich sehen – aber auch nicht einfacher«*, sagte Albert Einstein über das Verhältnis theoretischer Hintergründe zur praktischen Relevanz. Deshalb nun im Folgenden alles rettungsdienstlich Relevante zu den Grundlagen der EKG-Entstehung – einfach, aber fundiert!

Erregungsbildung und -leitung

Damit Strom fließen kann, ist elektrische Spannung erforderlich. Diese elektrische Spannung entsteht in den Herzmuskeln durch eine unterschiedliche Ladung des Zellinneren im Vergleich zum Zelläußeren mit positiven und negativen Ionen. Komplizierte Prozesse, die auf den Diffusionseigenschaften bestimmter Ionen, der Durchlässigkeit der Zellmembran und auf aktiven Transportmechanismen über Ionenpumpen beruhen, bewirken einen Überschuss positiver Stoffe außerhalb und negativer Stoffe innerhalb der Zelle. Wenn bestimmte Konzentrationen erreicht sind, liegt ein Ruhemembranpotenzial vor. Es folgt ein Aktionspotenzial: Das Eindringen positiver Ionen über spezielle Kanäle kehrt die Ladung im Zellinneren schlagartig von negativ zu positiv um. Es fließt Strom, und nicht nur in dieser einen Zelle. Die Erregung wirkt gleichsam als Impuls für die benachbarten Zellen, sodass der Strom sich über das gesamte Herz ausbreiten kann.

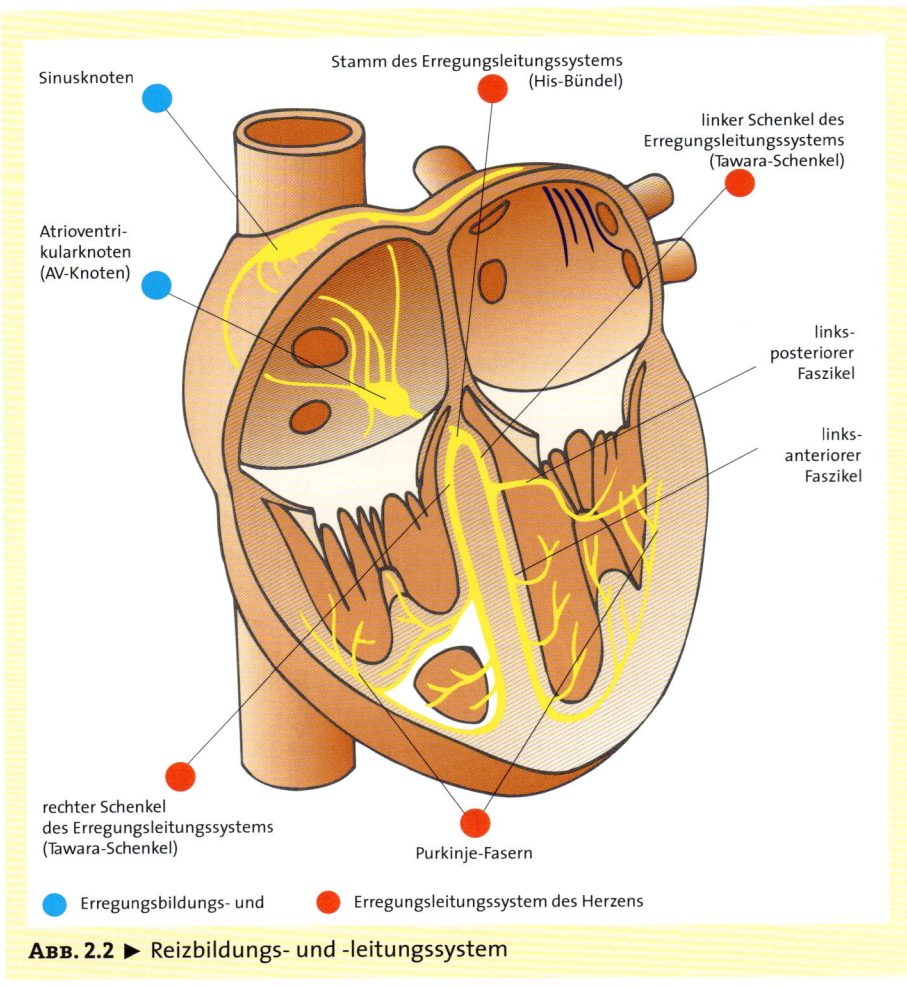

ABB. 2.2 ▶ Reizbildungs- und -leitungssystem

Jetzt kommt es darauf an, dass der Strom alle Herzmuskelzellen *gleichzeitig* in einen Erregungszustand versetzt – schließlich soll es ja zu einer gleichmäßigen Kontraktion kommen, damit eine organisierte Pumpaktion stattfindet. Zur schnellen und systematischen Stromverteilung weist das Herz Zellverbände auf, die auf eine elektrische Reizbildung oder -leitung spezialisiert sind (manchmal auch auf beides; Abb. 2.2).

Exkurs:
Wesentlich an diesen Vorgängen beteiligt sind **Natrium und Kalium**. *Ein kleiner Exkurs in den rettungsdienstlichen Alltag zeigt die praktische Relevanz: Viele Antiarrhythmika (z.B. Lidocain, Amiodaron) blockieren die Zellmembranpassage von Natrium oder Kalium und verzögern somit die Reizbildung. Das hat bei Tachykardien frequenzverlangsamende Wirkung.*

Dieses *Erregungsbildungs- und -leitungssystem* beginnt mit dem Sinusknoten, der in der Wand des rechten Vorhofs an der Einmündung der oberen Hohlvene lokalisiert ist. Der im Sinusknoten gebildete Impuls wird von Zelle zu Zelle im Vorhofmyokard weitergeleitet. Internodalbahnen sorgen für eine zusätzliche Leitungsverbindung zwischen Sinusknoten und dem AV-Knoten, der sich am Boden des rechten Vorhofs nahe der Scheidewand befindet. Die nachfolgende Leitungsstruktur ist das His-Bündel, das im rechten Vorhof beginnt und sich in die Kammerscheidewand fortsetzt. Vom His-Bündel gehen die Tawara-Schenkel aus, die zunächst durch das Septum herzspitzenwärts ziehen und dann auf der rechten Seite eine direkte Verbindung zu den Purkinje-Fasern herstellen, die den Strom auf die Myokardzellen überleiten. Der linke Tawara-Schenkel teilt sich in einen vorderen und einen hinteren Faszikel auf, bevor er das Purkinje-System erreicht. Für den Fall eines Versagens vorgeschalteter Erregungsbildungsstrukturen existieren »Redundanz«-Systeme, die – wenn auch typischerweise langsamer als gewöhnlich – die Reizbildung übernehmen und damit einen Rhythmus aufrechterhalten können. Wenn der Sinusknoten also zu lange keinen Impuls aussendet, können spezialisierte Vorhofzellen, der AV-Knoten, das His-Bündel oder auch tiefer liegende Strukturen in den Ventrikeln als Ersatztaktgeber einspringen. Den Fluss des Stroms durch das Herz sichtbar zu machen, ist Aufgabe des EKG.

Das EKG – eine Nomenklatur

Um über ein EKG sprechen und seine Bedeutung für den Patienten erörtern zu können, ist zunächst ein allgemein anerkanntes Vokabular erforderlich: Die Wellen, Zacken, Strecken und auch die Zeiten zwischen einzelnen Phänomenen müssen benannt werden. Die heute weltweit genutzte Nomenklatur geht auf Einthoven zurück, der die elektrischen Ereignisse willkürlich mit den Buchstaben P, Q, R, S und T bezeichnet hat. Wenn in der Beschreibung eines EKG Kleinbuchstaben auftauchen, z.B. qRs oder QrS, handelt es sich übrigens nicht um einen Druckfehler, sondern um eine korrekte – wenn auch im Rettungsdienst nicht übliche – Schreibweise, die das Größenverhältnis der Zacken zueinander ausdrückt. Und wenn als Formvariante des »QRS«-Komplexes die positive R-Zacke fehlt, handelt es sich, genau genommen, um einen QS-Komplex. Tauchen zwei positive Zacken auf, wird die erste R und die zweite R' genannt.

Nicht nur die Zacken und Kurven sind für die EKG-Interpretation wichtig, sondern auch wie lange sie andauern. Zwei wesentliche Komponenten sind zu beachten: Die Erregung besteht oder sie fehlt, und sie dauert »normal« lang oder eben länger oder kürzer als gewöhnlich. In der nachfolgenden ABBILDUNG 2.3 ist nicht nur die Nomenklatur der Ereignisse, sondern auch eine Zuordnung ihrer Normzeiten dargestellt.

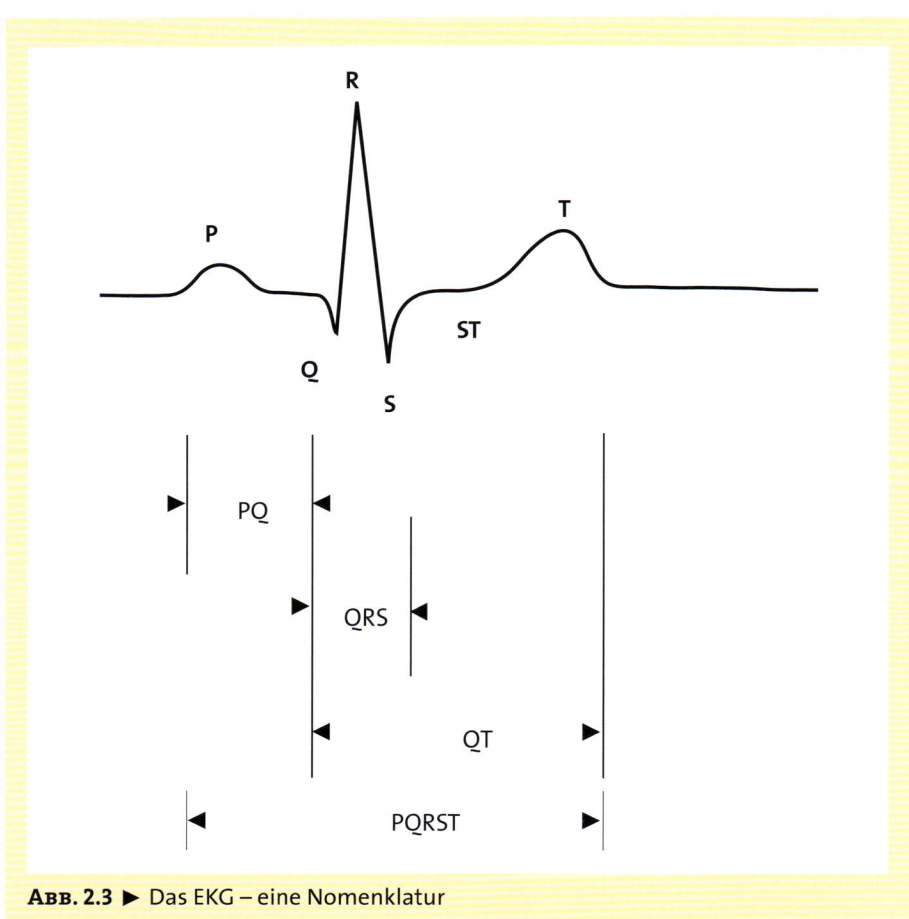

ABB. 2.3 ▶ Das EKG – eine Nomenklatur

Zusammengebracht: Erregungsleitung, Repräsentation im EKG und mechanische Umsetzung auf einen Blick

Ein EKG repräsentiert die elektrische Aktivität des Herzens, die zu einer mechanischen Umsetzung in Form einer Kontraktion führen soll. Eine rein elektrische Betrachtung ohne Bezug auf die Muskeltätigkeit wäre demnach von rein akademischem Interesse – gewissermaßen eine »elektromechanische Entkopplung«. Die für den Praktiker spannende Frage lautet vielmehr: Was bewirkt der Strom bei seiner Passage durch das Herz, und wie zeigt sich das im EKG? Der Herzschlag soll also jeweils zu einem bestimmten Zeitpunkt parallel aus drei aufeinander zu beziehenden Perspektiven betrachtet werden: Wie wird die Passage der anatomischen Strukturen des Reizleitungssystems (1) im EKG (2) repräsentiert, und zu welcher mechanischen Aktion (3) führt diese Erregung? Die dabei entstehende Abfolge vermittelt eine exakte Vorstellung von den physiologischen Vorgängen und liefert einen logischen Leitfaden für die Interpretation eines EKG. Im Fall einer Abweichung von dieser Norm kann die Störung exakt verortet und die potenzielle Bedrohung für den Patienten ermittelt werden. Die Gliederung der Betrachtung ergibt sich aus den *vier Aktionen:* Vorhoferregung, Erregungsverzögerung und -überleitung, Kammererregung und Erregungsrückbildung in der Kammer. Zur Synchronbetrachtung aus den Perspektiven der Reizleitung, der EKG-Entstehung und der Mechanik wurden diese Aktionen farblich kodiert (Tab. 2.1).

TAB. 2.1 ▶ Reizleitung, EKG und Herzzyklus

Reizbildung und -leitung	Repräsentation im EKG	Mechanische Umsetzung
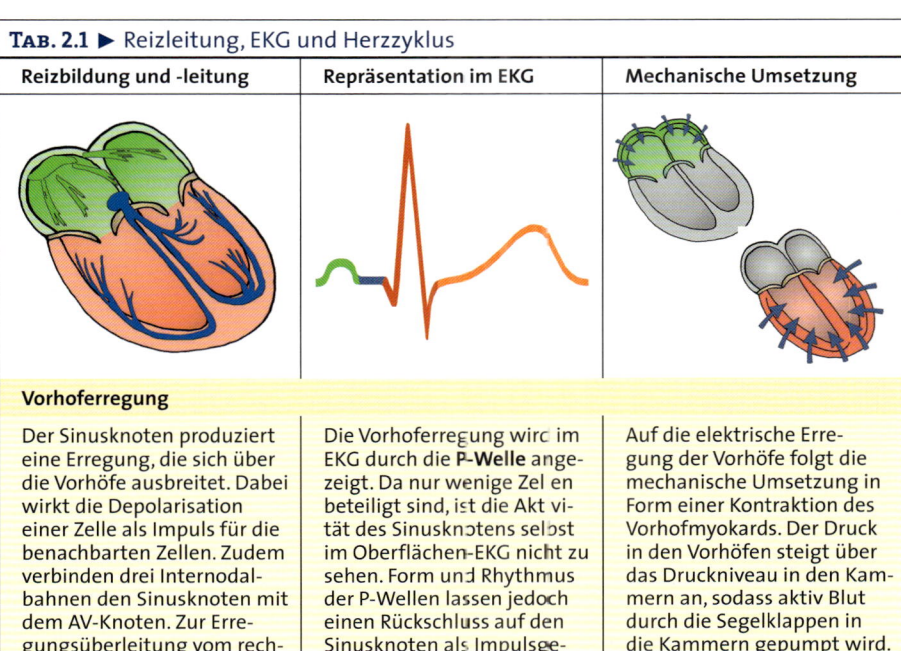		
Vorhoferregung		
Der Sinusknoten produziert eine Erregung, die sich über die Vorhöfe ausbreitet. Dabei wirkt die Depolarisation einer Zelle als Impuls für die benachbarten Zellen. Zudem verbinden drei Internodalbahnen den Sinusknoten mit dem AV-Knoten. Zur Erregungsüberleitung vom rechten auf den linken Vorhof durch das Septum hindurch trägt das Bachmann-Bündel bei.	Die Vorhoferregung wird im EKG durch die **P-Welle** angezeigt. Da nur wenige Zellen beteiligt sind, ist die Aktivität des Sinusknotens selbst im Oberflächen-EKG nicht zu sehen. Form und Rhythmus der P-Wellen lassen jedoch einen Rückschluss auf den Sinusknoten als Impulsgenerator zu. Die atriale Erregungsrückbildung wird vom QRS-Komplex überlagert und bleibt im EKG unsichtbar.	Auf die elektrische Erregung der Vorhöfe folgt die mechanische Umsetzung in Form einer Kontraktion des Vorhofmyokards. Der Druck in den Vorhöfen steigt über das Druckniveau in den Kammern an, sodass aktiv Blut durch die Segelklappen in die Kammern gepumpt wird.

Reizbildung und -leitung	Repräsentation im EKG	Mechanische Umsetzung
Erregungsverzögerung und -überleitung		
Nachdem die Vorhöfe komplett erregt worden sind, muss der Impuls in die Kammern weitergeleitet werden. Die benachbarten Zellen von Vorhöfen und Kammern sind allerdings – abgesehen von einem physiologischen »Durchlass« – durch das Herzskelett voneinander isoliert und elektrisch nicht leitfähig. Das Herzskelett ist die Ventilebene des Herzens. Sie besteht aus Bindegewebe und enthält oftmals auch Fett- und Knorpeleinlagerungen. Die – normalerweise! (es gibt pathologische Ausnahmen wie z. B. bei Patienten mit einem WPW-Syndrom) – einzige elektrisch leitfähige Übertrittstelle zwischen Vorhöfen und Kammern ist der **AV-Knoten.** Zu den Aufgaben des AV-Knotens gehört eine Verzögerung der Reizweiterleitung, bevor der Impuls über das His-Bündel in die Kammern eintreten kann. Verzögerung bedeutet, dass der Strom sehr viel langsamer fließt, bevor er in die Kammer fortgeleitet wird und auf His-Bündel, Tawara-Schenkeln und Purkinje-Fasern wieder schneller unterwegs ist.	Zwischen dem Ende der P-Welle und dem Beginn der Q-Zacke liegt die **PQ-Strecke.** Ihr entspricht ein Großteil (bereits während die P-Welle noch zu sehen ist, ist der Strom bereits am AV-Knoten angelangt) der AV-Knoten-verzögerung. Auch die Weiterleitung des Stroms in die Kammer über His-Bündel, Tawara-Schenkel und Purkinje-Fasern führt nicht zu sichtbaren EKG-Ausschlägen, da insgesamt nur wenige Zellen beteiligt sind. Somit kann im EKG des gesunden Menschen nicht zwischen diesen Abschnitten differenziert werden. Dennoch wird man Verlängerungen der PQ-Strecke oder Ausfälle der Überleitung (P-Welle ohne nachfolgenden QRS-Komplex) immer dem AV-Knoten oder den unmittelbar nachfolgenden Strukturen zuordnen können – hier liegt die einzige Stelle im Erregungsleitungssystem, die nicht umgangen werden kann. Blockierungen der Tawara-Schenkel führen zu verlängerten Erregungszeiten – aufhalten lässt sich der Strom, der einmal in der Kammer angelangt ist, aber nicht mehr.	Die zeitlich vorgeschaltete Vorhofkontraktion ermöglicht eine optimale Kammerfüllung. Da die Kammerkontraktion zum Schließen der Segelklappen führt, wäre eine synchrone Kontraktion von Kammern und Vorhöfen unsinnig. Die Vorhöfe könnten das Blut nicht aktiv kammerwärts pumpen. Folglich würden sich die Ventrikel nur durch Sog füllen – das reicht unter normalen Umständen aus, führt aber immerhin zum Verlust von ca. 15 % der Kammerfüllung. So etwas passiert z. B. Patienten mit Vorhofflimmern, weil die völlig unkoordinierte Vorhoferregung keine einheitlichen Kontraktionen mehr auslöst. Kritische Auswirkungen hat dieses Problem v.a. bei Tachykardien, da hier nur eine kurze diastolische Phase zur Kammerfüllung bereitsteht. Die fehlende vorgeschaltete Vorhofkontraktion kann sich dann relevant auf das Herzminutenvolumen auswirken.

Reizbildung und -leitung	Repräsentation im EKG	Mechanische Umsetzung
Kammererregung		
Nachdem der Strom kammerintern das His-Bündel, die Tawara-Schenkel und die Purkinje-Fasern passiert hat, erreicht er das **Ventrikelmyokard**. Die Kammererregung beginnt im Septum, zunächst auf der linken Seite, da der linke Tawara-Schenkel früher als der rechte mit der Arbeitsmuskulatur der Scheidewand Kontakt aufnimmt. Die Hauptrichtung der Erregungsausbreitung schwenkt daraufhin herzspitzenwärts um, gefolgt von einem nochmaligen Richtungswechsel nach oben hinten links. Diese Richtungswechsel sind für das EKG-Verständnis wichtig: Die Richtung einer Erregung kann als **Vektor** bezeichnet werden. Da der Strom nicht auf einer geraden Linie durch das Myokard fließt, sondern sich als Depolarisationswelle auf die umliegenden Zellen ausbreitet, werden alle entstehenden Vektoren zu einem Summenvektor zusammengerechnet.	Die bei der Erregung der Kammer entstehenden Herzvektoren werden im EKG mit verschiedenen Ableitungsvektoren (von einer negativen zu einer positiven Elektrode zeigend) verglichen. Zeigen beide Vektoren in die gleiche Richtung, ist in der entsprechenden Ableitung ein positiver Ausschlag zu sehen – umgekehrt führt eine gegensätzliche Richtung zu einem negativen Ausschlag. Von der zuerst erregten linken Seite des Septums lässt sich ein Vektor nach rechts – also zu noch unerregtem – Gewebe einzeichnen. Im EKG zeigt sich als Zeichen dieser beginnenden Kammererregung die **negative Q-Zacke**, jedoch nicht immer und nicht in jeder Ableitung. Der Q-Zacke folgt eine **R-Zacke**, die den herzspitzenwärts gerichteten Summenvektor repräsentiert. Anschließend zeigt die **S-Zacke** den Summenvektor nach oben hinten links.	Nachdem die Myokardzellen der Ventrikel erregt worden sind – also während bis kurz nach dem QRS-Komplex –, erfolgt die mechanische Umsetzung in Form der **Kammersystole,** die in Anspannungs- und Austreibungsphase unterteilt wird. Der zunehmende Druck presst zunächst die Segelklappen zusammen, sodass ein Rückfluss des Blutes in die Vorhöfe unmöglich wird **(Anspannungsphase).** Sobald der Kammerinnendruck größer ist als der Aortendruck, öffnen sich die Taschenklappen und das Blut wird in Aorta und Lungenschlagader ausgeworfen **(Austreibungsphase).** Dieser Zustand hält so lange an, bis die Druckverhältnisse sich umkehren, der Aortendruck also wieder größer ist als der Kammerinnendruck.
Reizbildung und -leitung	Repräsentation im EKG	Mechanische Umsetzung
Erregungsrückbildung in der Kammer		
Obwohl die Außenschichten des Myokards zuletzt erregt werden, beginnt hier die Erregungsrückbildung. Der Vektor – von noch erregtem zu bereits unerregtem Gewebe – ist also – wie bei der Kammererregung – von innen nach außen und von der Basis zur Herzspitze gerichtet. Die Rückbildung verläuft – anders als die Erregung – nur langsam.	Der S-Zacke folgt im EKG eine **Nulllinie:** Alle Ventrikelzellen sind erregt, demnach findet zurzeit Stromfluss statt, der zu einem EKG-Ausschlag führen würde. Es folgt die **T-Welle.** Es ist deshalb eine Welle und keine Zacke, weil die Spannungsänderung bei der Erregungsrückbildung nicht schnell (wie bei der Erregung), sondern langsam erfolgt.	Nachdem das Herz erregt wurde, tut es das, wofür es vorgesehen ist: Es pumpt. Die Krafteinwirkung auf die Herzkammern führt zu einer Kontraktion, die ein Herzschlagvolumen von je ca. 70 ml in die Aorta und die Lungenschlagader auswirft. Es folgt eine rasche Erschlaffung.

Ein vollständiges EKG besteht aus 12 Ableitungen, die über 10 Elektroden abgeleitet werden. Wenn das EKG helfen soll, eine bestimmte Fragestellung präzise zu beantworten, dann muss es technisch sauber abgeleitet werden. Wo also müssen die Elektroden geklebt werden, um 12 normgerechte Perspektiven auf die Ströme im Herzen zu gewinnen?

2.3 Technik: Wie wird ein EKG abgeleitet?

Es gibt verschiedene Möglichkeiten, ein EKG abzuleiten. Welche davon man wählt, hängt von der Fragestellung ab. Für die Entscheidung, ob ein Patient im Kreislaufstillstand defibrilliert werden soll oder nicht, mag eine *Ein-Kanal-Ableitung* über Klebeelektroden ausreichen. Vorsicht: Eine Ein-Kanal-Ableitung über die aufgesetzten Hard-Paddles ist zwar prinzipiell ebenfalls möglich (ABB. 2.4), aber eine wacklige Angelegenheit. Und wer vermag schon sicher zwischen einem feinen Kammerflimmern und Artefakten aufgrund ungleichmäßiger Anpressstatik zu unterscheiden?

Um einen Herzinfarkt oder komplexe Rhythmusstörungen zu diagnostizieren, ist mindestens ein *12-Kanal-EKG* (bei der Infarktdiagnostik u.U. auch zusätzlich die rechtspräkordialen und die Hinterwandableitungen) notwendig. Für die fortlaufende Überwachung hinsichtlich der Frequenzentwicklung und plötzlich auftretender Arrhythmien reicht dann wieder eine Ableitung aus. Die einmalige Komplettdiagnostik erlaubt einen aussagekräftigen Befund über den aktuellen Zustand sowie im Vergleich mit Folge-EKG eine Verlaufsdarstellung.

Um ein KEG richtig lesen zu können, … Pardon, es muss natürlich heißen: um ein EKG richtig lesen zu können. Aber genauso, wie ein Wort nur dann Sinn ergibt, wenn die Buchstaben in der korrekten Reihenfolge geschrieben sind, ergibt ein EKG nur dann Sinn, wenn

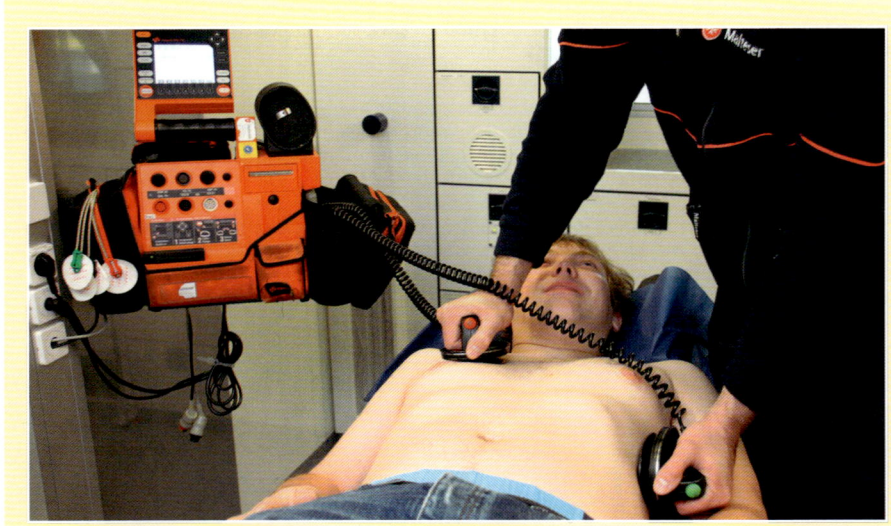

ABB. 2.4 ▶ Ein-Kanal-Ableitung über Paddles

Tab. 2.2 ▶ Klebestellen der Elektroden, um ein valides Standard-EKG schreiben zu können

Ableitungen	Elektrode	Position	Bemerkung
Extremitäten-ableitungen (I, II, III, aVR, aVL, aVF)	rot	rechter Arm	Weniger artefaktanfällig und für den rettungs-dienstlichen Einsatz pragmatischer (Länge der Kabel) ist der Extremitätenansatz, also der Ober-arm. Eine zu herznahe Positionierung verfälscht die Ergebnisse und behindert im Fall eines plötz-lichen Kammerflimmerns die rasche Platzierung der Defibrillationselektroden.
	gelb	linker Arm	s. o.
	grün	linkes Bein	Oberschenkel oder Leiste sind akzeptable Positio-nen. Dazu muss die Hose kurz geöffnet werden. Auf jeden Fall falsch wäre die linke Flanke!
	schwarz	rechtes Bein	s. o.; eine genaue Positionierung der schwarzen Elektrode ist nicht zwingend erforderlich, weil sie keinen Pol bildet, sondern als Indifferenzelek-trode dient.
Brustwand-ableitungen (V1–V6)	V1 (rot)	rechts parasternal (neben dem Brustbein) im 4. Intercostal-raum (Zwi-schenrippen-raum, ICR)	Nicht selten wird die Meinung vertreten, der erste tastbare ICR sei bereits der zweite, weil das Schlüsselbein den ersten ICR verdecke. Tat-sächlich darf aber angenommen werden, dass der erste tastbare ICR auch tatsächlich der erste ist. Eine hilfreiche anatomische Landmarke ist der Sternalwinkel (Angulus sterni oder Angulus Ludovici). Er bildet den Winkel zwischen Manu-brium (»Handgriff«) und Corpus (»Körper«) des Sternums und ist als Höcker oft gut von außen tastbar. In direkter Nachbarschaft befindet sich die zweite Rippe. Darunter liegt der 2. ICR. Zwei ICR tiefer befindet sich dann der 4. ICR.
	V2 (gelb)	links para-sternal im 4. ICR	
	V3 (grün)	zwischen V2 und V4	Zur besseren Orientierung erst V4 kleben. Anschließend kommt V3 in gerader Linie exakt dazwischen.
	V4 (braun)	im 5. ICR in der Mediocla-vicularlinie links	Wird zur besseren Orientierung vor V3 geklebt. Bei Frauen wird die Elektrode nicht zu tief auf dem Abdomen angebracht, sondern eher auf der Unterseite der Brust.
	V5 (schwarz)	auf Höhe von V4 in der vor-deren Axillar-linie links	Der 5. ICR wird dabei verlassen, da die Rippen an der seitlichen Thoraxwand nach oben verlaufen. Entscheidend ist die Höhe von V4.
	V6 (violett)	auf Höhe von V4 und V5 in der mittleren Axillarlinie links	

Ableitungen	Elektrode	Position	Bemerkung
rechtspräkordiale Ableitungen	V1R (rot)	links parasternal im 4. ICR	Die für das normale 12-Kanal-EKG bereits geklebten Elektroden können belassen werden. Lediglich die Abnehmer werden umgesteckt – also rot auf gelb und umgekehrt. Wichtig ist die Kennzeichnung des ausgedruckten EKG mit den Buchstaben R für rechtspräkordial hinter jeder Ableitung.
	V2R (gelb)	rechts parasternal im 4. ICR	
	V3R (grün)	zwischen V2 und V4	
	V4R (braun)	im 5. ICR in der Medioclavicularlinie rechts	
	V5R (schwarz)	auf Höhe von V4 in der vorderen Axillarlinie rechts	
	V6R (violett)	auf Höhe von V4 und V5 in der mittleren Axillarlinie rechts	
Hinterwandableitungen	V7	auf Höhe von V4–V6 in der hinteren Axillarlinie links	Der Stecker von V4 wird abgenommen und mit der V7-Elektrode verbunden. Daran denken: Das ausgedruckte EKG muss als Hinterwand-EKG gekennzeichnet werden: V4, V5 und V6 durchstreichen und durch V7, V8 und V9 ersetzen.
	V8	auf Höhe von V4–V6 in der Scapularlinie links	Die Scapularlinie ist die gedachte senkrechte Linie durch den unteren Winkel (Angulus inferior) des Schulterblatts. Der Stecker von V5 wird abgenommen und mit der V8-Elektrode verbunden.
	V9	auf Höhe von V4–V6 in der Paravertebrallinie links	Die Paravertebrallinie verläuft senkrecht neben der Wirbelsäule durch deren Querfortsätze. Der Stecker von V6 wird abgenommen und mit der V9-Elektrode verbunden.

es richtig abgeleitet wurde. Dafür müssen zunächst alle Elektroden fest und an der richtigen Stelle kleben (Tab. 2.2) und ein intaktes Kabel muss konnektiert werden (auch diese scheinbar banalen Fehler haben schon zu schlimmen Verwechslungen geführt!). Werden beispielsweise die rote und die grüne Extremitätenelektrode vertauscht, erscheint das EKG in Ableitung II spiegelverkehrt – es ist sozusagen auf den Kopf gedreht. Werden die Extremitätenelektroden auf Brust und Bauch geklebt und nimmt man es auch mit der Positionierung der Brustwandelektroden nicht ganz so genau, kann das erhebliche Veränderungen z. B. der QRS-Komplexe oder der ST-Strecke und T-Welle bewirken.

Nun liegt ein korrekt geschriebenes EKG vor und kann interpretiert werden. Die Vorbereitungen sind abgeschlossen, jedoch nur in technischer Hinsicht. Der rettungsdienstliche Diagnostiker sollte sich ebenfalls vorbereiten und sich seiner Erwartungen bewusst sein: Was will er aus dem EKG herauslesen? Die Antwort folgt im nächsten Kapitel!

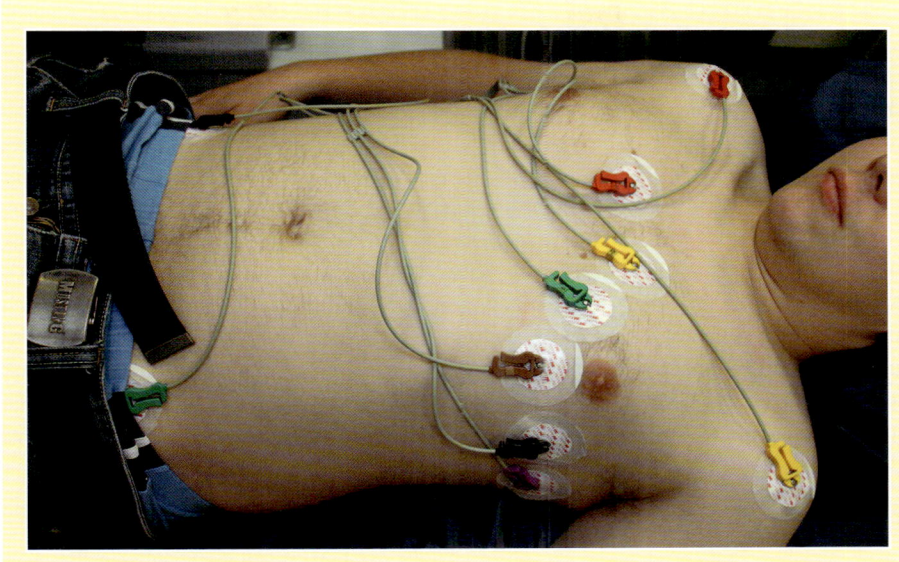

Abb. 2.5 ▶ 12-Kanal-EKG

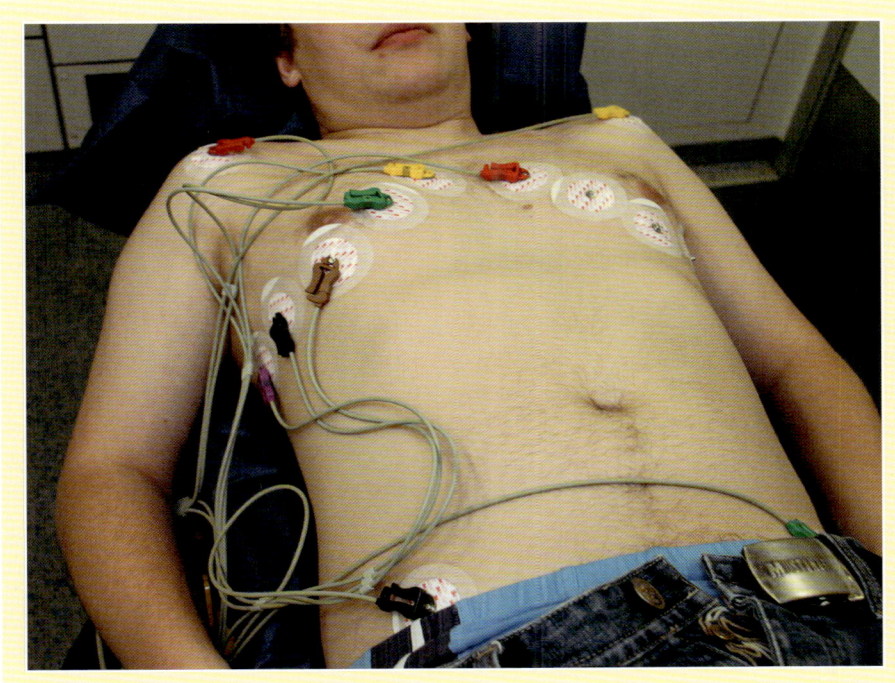

Abb. 2.6 ▶ Rechtspräkordiale Ableitungen

2.4 Erkenntniswert: Welchen Informationsgewinn liefert ein EKG?

Sherlock hat unlängst ein Praktikum in der kardiologischen Abteilung der örtlichen Universitätsklinik absolviert. Dabei staunte er über den Drill, dem sich junge Assistenzärzte bei der EKG-Diagnostik unterziehen müssen. Was da nach einer halben Stunde aus einem einfachen Blatt EKG-Papier herausgelesen war – unglaublich! Von U-Wellen, Sagittaltypen, überdrehten Rechtstypen und vom Sokolow-Lyon-Index wurde da gesprochen. Sherlock war beeindruckt. Allerdings hatte er seine Zweifel, ob die kardiologische High-End-EKG-Diagnostik bereits im Rettungsdienst zwingend erforderlich ist, wo es unter diagnostisch und therapeutisch eingeschränkten Bedingungen darum geht, einer (Verdachts-)Diagnose ein Gefahrenpotenzial zuzuordnen, das es bis zur Weiterversorgung in der Klinik zu kontrollieren gilt. Welche vom EKG gelieferten Informationen können also präklinisch zu therapeutischen Konsequenzen im Sinne einer Gefahrenabwehr führen? Oder anders gefragt: Wozu wird das EKG im Rettungsdienst gebraucht?

1. Rhythmusdiagnostik

Wenn Herzrhythmusstörungen zur Alarmierung des Rettungsdienstes führen, ist dem Patienten die Ursache seiner Beschwerden häufig gar nicht bewusst. Einige Patienten sind synkopiert und haben sich eine Kopfplatzwunde zugezogen, andere klagen über Luftnot oder Brustschmerzen. Erst das EKG entlarvt in diesen Fällen das Problem: Herzrhythmusstörungen können zu einem erheblichen *Abfall des Herzminutenvolumens* führen. Das Herzminutenvolumen ist das Produkt aus der Herzfrequenz (ca. 70/min) und dem Schlagvolumen (ca. 70 ml/Schlag) und beträgt normalerweise ca. 5 l/min. Bei Bradykardien tolerieren viele Patienten eine Frequenz zwischen 40 und 60 noch einigermaßen gut, unter 40 wird es kritisch. Tachykardien senken das HMV durch ein absinkendes Schlagvolumen. Die Zeit, die für die diastolische Füllung zur Verfügung steht, nimmt immer weiter ab. Frequenzen bis zu 180 werden von jungen Patienten meistens gut toleriert. Herzvorerkrankte Patienten können schon wesentlich früher Symptome einer Mangeldurchblutung zeigen. Auch Rhythmusstörungen mit Ausfall der vorgeschalteten Vorhofkontraktion (z. B. Vorhofflimmern) lösen schneller Probleme aus, weil die Kammerfüllung nur noch durch Sog gelingt. Den Interventionsbedarf und die Art der Therapie legt übrigens in erster Linie nicht das EKG fest, sondern der Patient. In diesem Sinn fordern die ERC-Leitlinien in den Algorithmen zu Bradykardie und Tachykardie eine kriterienbasierte Bewertung des Patientenzustands. Als bedrohliche Zeichen gelten: Schock, Synkope, myokardiale Ischämie und Herzinsuffizienz. Liegen eines oder mehrere dieser Kriterien vor, gilt der Patient als instabil und bedarf einer sofortigen konsequenten Therapie.

2. Infarktdiagnostik

Das 12-Kanal-EKG spielt die Schlüsselrolle bei der Erkennung und Beurteilung eines Patienten mit akutem Koronarsyndrom. Die Extremitätenableitungen allein sind nicht hinreichend aussagekräftig und schließen infarkttypische Veränderungen in den

Brustwandableitungen nicht aus. In einigen Chest Pain Units oder Intensivstationen wird standardmäßig nicht nur das »normale« 12-Kanal-EKG abgeleitet, sondern darüber hinaus auch die Hinterwand- und die rechtspräkordialen Ableitungen, um wirklich alle Bereiche des Herzens und somit alle möglichen Infarktlokalisationen abzubilden. Ein positiver EKG-Befund in Form von ST-Strecken-Hebungen ≥ 0,25 mV in mindestens zwei benachbarten Ableitungen bei Männern unter 40 Jahren sowie ≥ 0,2 mV bei Männern über 40 Jahren oder ≥ 0,15 mV bei Frauen in den Ableitungen V2–V3 und/oder ≥ 0,1 mV in anderen Ableitungen entlarvt nach den ESC-Leitlinien zum Management des akuten Herzinfarkts den *ST-Strecken-Hebungs-Myokardinfarkt* (STEMI). Die ERC-Guidelines von 2015 fordern ST-Strecken-Hebungen ≥ 0,1 mV in ≥ 2 zusammenhängenden Extremitätenableitungen und/oder ≥ 0,2 mV in ≥ 2 zusammenhängenden Brustwandableitungen oder einen vermutlich neuen Linksschenkelblock (das ist natürlich präklinisch schwer zu beweisen) als diagnostische EKG-Kriterien. Der STEMI-Befund verleiht nicht nur der präklinischen, sondern insbesondere der klinischen Weiterversorgung höchste Dringlichkeit. Besonders interessant sind Fälle, in denen eine untypische oder sehr diskrete Symptomatik vorliegt: Oberbauch- oder Kieferschmerzen, unklare Luftnot, Synkopen, allgemeines Unwohlsein – wer würde hier als erstes auf einen Herzinfarkt tippen? Aber ein EKG lohnt sich trotzdem, denn viele Infarkte verlaufen stumm (ohne Schmerzen) oder eben mit untypischer Symptomatik. Das gilt insbesondere für drei Patientengruppen: ältere Menschen, Frauen und Diabetiker. Hier kann das EKG eine harmlose und eher vage Verdachtsdiagnose schnell zur Hochrisikodiagnose STEMI wandeln.

Der Vollständigkeit halber: Manchmal steckt eigentlich gar nichts dahinter: Gerade junge Menschen können eine Normvariante aufweisen, die als *frühe Repolarisation* bezeichnet wird und »infarktuntypisch« veränderte Übergänge vom QRS-Komplex zur ST-Strecke darbietet. In selteneren Fällen liegen ST-Hebungen *andere Krankheitsbilder* zugrunde, z. B. eine Perikarditis, ein Herzwandaneurysma, Hypertrophie, das Brugada-Syndrom oder interessanterweise auch schon einmal eine akute Pankreatitis. In diesen Fällen wird die typische Infarktsymptomatik häufig durch andere klinische Erscheinungen ersetzt oder ergänzt (z. B. Fieber und Linderung der Schmerzen beim Aufsetzen oder Vornüberbeugen bei Perikarditis). Zudem wird der Kardiologe in der Klinik aufgrund der Konfiguration (aszendierend, deszendierend, horizontal) und der Lokalisation (z. B. nur in Ableitung V1–V3 beim Brugada-Syndrom) der ST-Hebung den Verdacht auf eine andere Erkrankung erhärten können.

Wenn keine ST-Strecken-Hebung vorliegt, ist der Infarkt keineswegs ausgeschlossen. Bei entsprechender Symptomatik wird so lange von einem *Non-STEMI-ACS* gesprochen, bis wiederholte Enzymkontrollen entweder einen NSTEMI beweisen oder auf eine instabile Angina pectoris schließen lassen. Zuweilen weisen EKG-Veränderungen wie T-Negativierungen oder ST-Senkungen auf die Ischämie hin. Auch fehlende R-Zacken oder tiefe Q-Zacken können verdächtige Zeichen für einen abgelaufenen Infarkt sein. Um die vielfältige Dynamik des Geschehens jeweils rechtzeitig zu erfassen, sollten einmal geklebte und verkabelte Elektroden während des Einsatzes belassen werden, um jederzeit Verlaufs-EKGs schreiben zu können.

3. Diagnostik der elektrischen Form eines Kreislaufstillstands

Die wichtigste Entweder-oder-Entscheidung im Rahmen einer Reanimation erfolgt anhand des EKG, denn es gibt die Antwort auf die Frage, ob ein Patient defibrilliert werden muss oder nicht. Diese simple Fragestellung vereinfacht auch die EKG-Interpretation im Kreislaufstillstand. Es sind prinzipiell immer nur vier EKG-Befunde möglich:

1. Kammerflimmern (engl. auch Ventricular Fibrillation, häufig als VF abgekürzt)
2. pulslose ventrikuläre Tachykardie
3. Asystolie
4. pulslose elektrische Aktivität (früher auch als elektromechanische Entkopplung oder Dissoziation bezeichnet).

Kammerflimmern und pulslose ventrikuläre Tachykardien müssen sofort defibrilliert (bzw. kardiovertiert) werden und gehen mit einer einigermaßen guten Prognose einher. Statistisch betrachtet weniger erfolgversprechend ist die Behandlung von Asystolie und pulsloser elektrischer Aktivität. Eine elektrische Therapie ist nicht nötig. Wer übrigens bei Vorliegen einer pulslosen elektrischen Aktivität Herzdruckmassage und Beatmung einstellt, um in die Rhythmusinterpretation und -therapie einzusteigen, befindet sich im falschen Algorithmus und sei schon einmal auf das KAPITEL 2.5 verwiesen, in dem Fallstricke in der EKG-Diagnostik behandelt werden. Die meisten Patienten mit einer pulslosen elektrischen Aktivität zeigen bradykarde Rhythmen mit verbreiterten QRS-Komplexen. Es ist aber auch möglich, dass sie einen Sinusrhythmus haben – und trotzdem reanimationspflichtig sind. Der Erkenntniswert des EKG bei einem kreislaufstillen Patienten liegt allein in der Beantwortung einer Frage: Muss der Patient defibrilliert werden oder nicht?

Diese Frage muss alle zwei Minuten aufs Neue beantwortet werden. Die Herzdruckmassage darf jedoch für EKG-Diagnostik und die etwaige Defibrillation nur für wenige Sekunden unterbrochen werden, um die perfusionsfreie Zeit zu minimieren. In dieser Hinsicht vielversprechend kann die Weiterentwicklung der »See-through-CPR«-Technologie sein, die durch die Herzdruckmassage unweigerlich entstehende Artefakte aus dem EKG-Bild »herausfiltert« und somit auch ohne Unterbrechung der Thoraxkompressionen einen Befund ermöglichen soll. Ansonsten bietet sich eine exakt getimte »Stopp-Start-Sequenz« an. Der Teamleiter weist auf die bevorstehende Analyse hin und sagt »Stopp«. Die Thoraxkompressionen werden jetzt unterbrochen. Das EKG wird innerhalb weniger Sekunden interpretiert. Das Kommando »Start« fordert nun zur Wiederaufnahme der Thoraxkompressionen auf. Wenn Kammerflimmern oder eine pulslose ventrikuläre Tachykardie vorliegen, wird nun die Defibrillationsenergie hochgeladen. Mit Ausnahme des Kompressionsgebers treten alle anderen Helfer vom Patienten zurück. Sobald die Energie verfügbar ist, erfolgt erneut das »Stopp«-Signal und es wird nach kurzem Sicherheitscheck defibrilliert, woraufhin die Herzdruckmassage durch einen frischen Helfer unverzüglich erneut fortgesetzt wird.

4. Überwachung

Die rasche Zustandsveränderung eines Notfallpatienten gehört zu den typischen Problemen im Rettungsdiensteinsatz. Auslöser für diese Dynamik können sowohl das Krankheitsbild oder Verletzungsmuster (z.B. Kreislaufversagen durch Schock nach anfänglicher Kompensationsphase oder zunehmende Herzinsuffizienz und Lungenödem bei akutem Koronarsyndrom), als auch die Manifestationen rettungsdienstlicher Therapierisiken sein. So bergen beispielsweise Narkoseeinleitung und Beatmung ein erhebliches Potenzial an Nebenwirkungen und Komplikationen wie Blutdruckabfall, Herzrhythmusstörungen, Aspiration, Anaphylaxie, Fehlintubation etc. Der schlafende Patient wird diese Probleme weder verspüren noch artikulieren, vielmehr ist das Rettungsteam für die sofortige Aufdeckung und Behandlung verantwortlich. Das EKG ist ein sinnvolles Monitoringinstrument, weil es eine Echtzeitüberwachung von Rhythmus und Frequenz ermöglicht und in Kombination mit Pulsoxymetrie, Blutdruckmessung und Kapnografie die Kreislaufsituation eines Patienten ausreichend umfassend widerspiegelt.

Die Überwachung ist zudem wichtig, um bei der primären Diagnostik verborgen gebliebene Ereignisse im Verlauf aufzudecken. Ein typisches Beispiel ist der synkopierte Patient, der bei Eintreffen des Rettungsteams völlig adäquat erscheint. Um die Genese der vermuteten Kreislaufstörung herleiten zu können, wäre es natürlich interessant, während der bestehenden Symptomatik alle relevanten Parameter zu erfassen: Wie hoch ist der Blutdruck? Wie hoch ist die Herzfrequenz? Welcher EKG-Rhythmus liegt vor? Denn dann wäre in vielen Fällen eine leichte Zuordnung des passageren Symptoms »Synkope« zu einem zugrunde liegenden Pathomechanismus möglich. So könnte ein intermittierender höhergradiger AV-Block mit kreislaufrelevantem Frequenzabfall definitiv von einem Blutdruckabfall infolge orthostatischer Intoleranz abgegrenzt werden. Der Erkenntnisgewinn wäre mithin immens, denn das aktuelle und das künftige Bedrohungspotenzial sind bekannt und der Patient wird eindeutig für eine umfassende kardiologische Abklärung qualifiziert. Ein EKG-Monitoring würde ein wiederholtes Ereignis sicher darstellen und auch bei symptomlos bleibenden Vorgängen (z.B. nur vereinzelte Ausfälle der QRS-Komplexe) den Bedarf für eine genauere Hinwendung signalisieren.

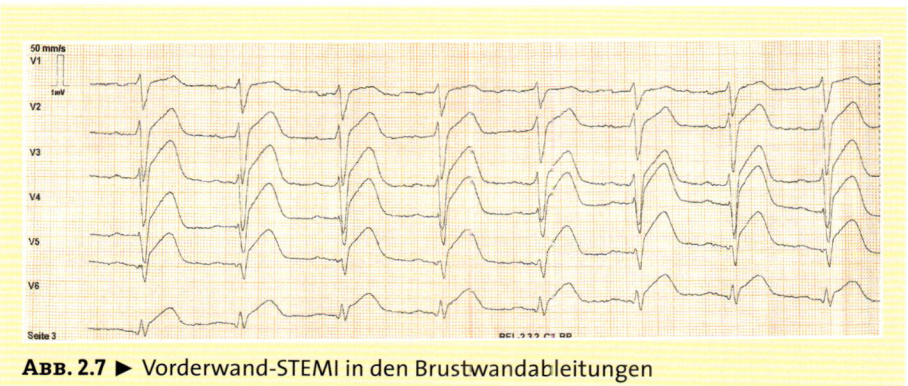

ABB. 2.7 ► Vorderwand-STEMI in den Brustwandableitungen

Und jetzt mal etwas für Optimisten: Es wird nicht immer alles schlechter – hin und wieder zeigen sich auch plötzliche Verbesserungen! Das oben abgebildete EKG (Abb. 2.7) stammt von einem 38-jährigen Patienten, der einen plötzlich einsetzenden Brustschmerz hoher Intensität (9 von 10 Punkten auf der numerischen Ratingskala) verspürt hat. Er war kaltschweißig und zeigte eine beginnende Kreislaufschwäche mit Blutdruckabfall, Schwindel und Übelkeit. Die ST-Strecken-Hebungen beweisen den Herzinfarkt. Der Patient erhielt Aspirin, Heparin und Morphin. Wenige Minuten später war er beschwerdefrei. Es wurde ein neues EKG ausgedruckt (Abb. 2.8 a+b). Die ST-Hebungen waren verschwunden. Das ist ganz bestimmt ein gutes Zeichen, sollte aber die Vergangenheit nicht vergessen lassen. Trotz Spontanremission fand sich während der innerklinisch sofort durchgeführten Herzkatheteruntersuchung eine hochgradige Stenose des Ramus interventricularis anterior.

Zur vollständigen *Dokumentation* gehört in diesem Zusammenhang also immer die Übergabe eines EKG-Streifens. Die Kardiologen werden sich, wenn der Patient eine halbe Stunde später wieder beschwerdefrei ist und die Klinik verlassen möchte, über den »Rückblick« in die Notfallsituation freuen: Was zeigte das EKG in dem Moment, als der Patient noch symptomatisch war? Das ist – wie im Beispiel des STEMI-Patienten – nicht nur hinsichtlich intermittierend auftretender Herzrhythmusstörungen wegweisend, auch infarkttypische Veränderungen können sich, wie im Beispiel dargestellt, zurückbilden. Wenn ein

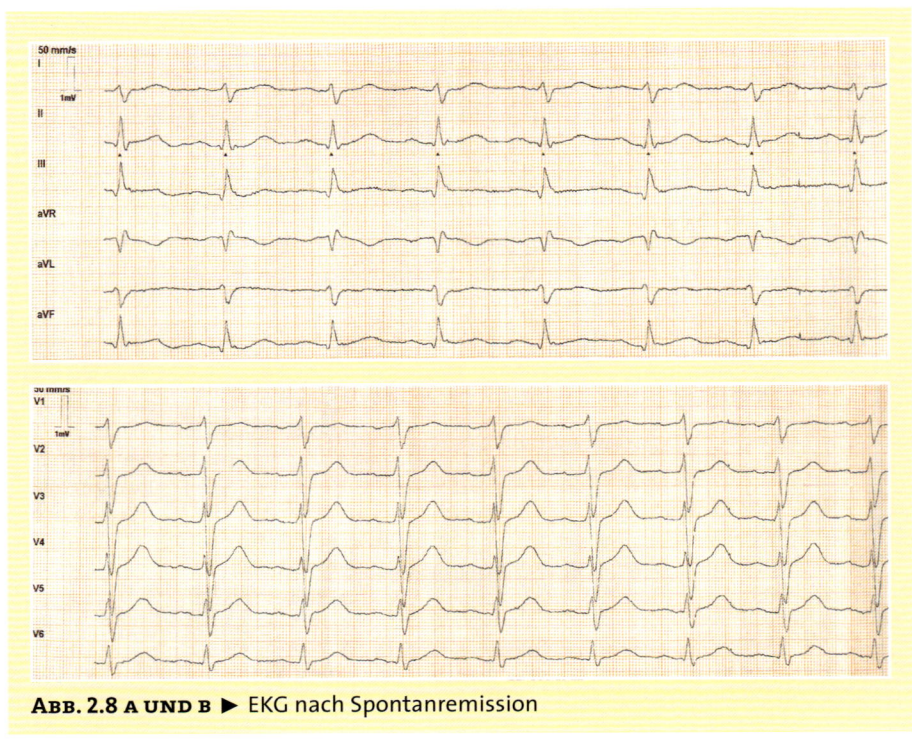

Abb. 2.8 a und b ▶ EKG nach Spontanremission

ABB. 2.9 ▶ Sherlocks EKG-Verhör

durch Spasmen oder Thromben verschlossenes Koronargefäß sich spontan wieder öffnet, verschwinden auch die EKG-Veränderungen. Sie waren aber da und zeigen, wenn sie dokumentiert sind, den Therapieansatz auf.

Sherlock ist immer wieder beeindruckt, welch umfassenden Erkenntniswert ein einziges Gerät liefern kann. Leider erscheinen auf dem EKG-Monitor Kurven, Linien und Zacken und nicht Schlussfolgerungen hinsichtlich ihrer Bedeutung. Die Schlussfolgerungen muss der Anwender selbst ziehen. Im nächsten Kapitel verhört Sherlock den Zeugen (das EKG), um ein Geständnis (die Diagnose) aus ihm herauszupressen.

Auswertung: Ein Schema zur EKG-Interpretation

Um den im vorangegangenen Kapitel beschriebenen Erkenntniswert des EKG schnell, umfassend und sicher zu überblicken, nutzt Sherlock ein systematisches Interpretationsschema. Es führt dem Anwender vor jeder EKG-Befundung die anatomisch-physiologischen Grundlagen der Reizleitung und deren Repräsentation durch P, Q, R, S und T nochmals vor Augen und lenkt mit sieben Fragen die Aufmerksamkeit auf die Schlüsselpunkte der rettungsdienstlichen EKG-Diagnostik. Die farblichen Codierungen aus KAPITEL 2.2 werden dabei übernommen, aber vereinfacht. Die drei wesentlichen Stationen der Herzerregung sind:

1. Vorhoferregung (grün)
2. AV-Knoten-Verzögerung der Überleitung vom Vorhof in die Kammer (blau)
3. Kammererregung (rot).

Die Ausschläge im EKG wurden diesen drei Stationen zugeordnet und in entsprechender Farbe codiert: P-Welle = grün, PQ-Strecke = blau, QRS-Komplex = rot. Folglich wurden auch die im Interpretationsschema auf diese drei Stationen abzielenden Fragen in gleicher

▶ EKG-Interpretationsschema

	Reizbildung und -leitung		Repräsentation im EKG	
Norm:				

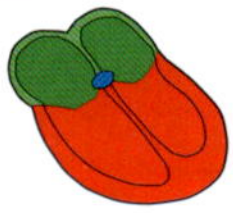

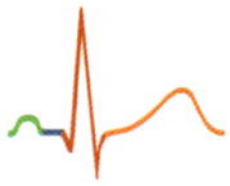

Patienten-EKG:

Fragen	Antworten	Abweichung?	Interpretation der Abweichung
1. Frequenz (60–100)?			
2. Rhythmisch?			
3. Kammererregung: QRS-Komplex schmal oder breit?			
4. Vorhoferregung: P-Wellen erkennbar?			
5. AV-Knoten-Überleitung: Verhältnis zwischen P-Q? (PQ-Zeit ≤ 0,2 sec? QRS nach jedem P? P vor jedem QRS?)			
6. Nach der Kammererregung: ST-Strecke isoelektrisch?			
7. Rückbildung: T-Welle normal?			
		Befund:	

ABB. 2.10 ▶ EKG-Interpretationsschema

Weise farblich markiert. Das soll dabei helfen, jederzeit den Gesamtzusammenhang im Auge zu behalten und die Störung abhängig vom abweichenden EKG-Ausschlag im Herzen zu lokalisieren. Die abgeschlossene Erregung und die Erregungsrückbildung sind für die Rhythmusdiagnostik weniger interessant, umso mehr jedoch für die Infarktdiagnostik: ST-Strecke und T-Welle sind orange eingefärbt. Die im Schema gestellten Fragen zielen immer auf *die* typischen und daher interessanten Abweichungen von der Norm (ABB. 2.10) ab. Wenn keine gefunden werden, ist das EKG normal. Sollten jedoch Abweichungen entdeckt werden, müssen sie verortet und interpretiert werden, was anhand der farblichen Codierung recht einfach möglich ist.

Sherlock nimmt die im Schema gestellten Fragen unter die Lupe. Warum decken gerade diese sieben Fragen die EKG-Geheimnisse auf, die den Diagnostiker interessieren?

1. Frequenz der QRS-Komplexe zwischen 60 und 100?

Die QRS-Komplexe zeigen die Kammererregung an, die die elektrische Voraussetzung für eine mechanische Kontraktion ist – also letztlich den Puls. Wenn ein Patient nur noch Vorhofaktivität im EKG zeigt, die aber aufgrund eines kompletten AV-Blocks nicht mehr übergeleitet wird, ist es nicht wichtig, ob 60 oder 80 P-Wellen als Ausdruck der Vorhoferregung zu zählen sind. Wenn kein Kammerersatzrhythmus »anspringt«, hat der Patient so oder so

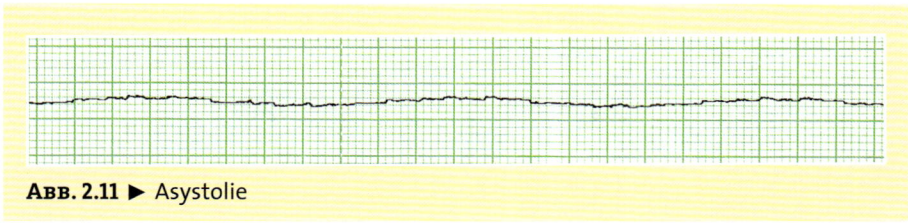

Abb. 2.11 ▶ Asystolie

einen Kreislaufstillstand. Deshalb ist immer, wenn von der *Herzfrequenz* gesprochen wird, die *Kammerfrequenz* gemeint. Eine Frequenz unter 60/min wird als *Bradykardie* bezeichnet. Leichte Frequenzabfälle sind nicht ungewöhnlich und werden häufig bei z.B. jungen Sportlern oder betablockierten Patienten gesehen. Kritisch wird es meistens bei Frequenzen, die unter 40/min liegen. Dann fällt das Herzminutenvolumen so weit ab, dass in erster Linie das Gehirn mangelversorgt wird, z.B. Schwindel und/oder Synkope können die Folge sein. Das absolute Frequenzdesaster ist die *Asystolie* (Abb. 2.11): null Erregungen pro Minute – ein Kreislaufstillstand mit schlechter Prognose. Wenn keine reversiblen Ursachen vorliegen, wird eine leitlinienkonforme Reanimation meistens nach 20 Minuten ohne erkennbare Effekte abgebrochen werden.

Über 100 Herzschläge pro Minute werden als *Tachykardie* bezeichnet. Eine Tachykardie kann als Reaktion auf pathologische Veränderungen entstehen, z.B. bei einem Volumenmangel, einer Hyperthyreose oder bei Fieber. Wenn derartige Ursachen identifiziert werden können, ist nicht die Tachykardie behandlungsbedürftig, sondern das auslösende Problem. Tachykardien können aber auch als primäre Rhythmusstörung auftreten. In der Regel führen Frequenzen von weniger als 150/min nicht zu einer kritischen Zustandsverschlechterung, zumindest dann, wenn der Patient eigentlich herzgesund ist. Bei höheren Frequenzen oder aber wenn – wie z.B. beim Vorhofflimmern – die Herzfüllung durch unregelmäßig verkürzte Füllungsphasen und mangelnde Vorhofkontraktion zusätzlich eingeschränkt ist, kann das Herzminutenvolumen abfallen, weil das Schlagvolumen reduziert ist. Dann drohen Synkope, Schock, Herzinsuffizienz und kardiale Ischämie. Irgendwann kann selbst ein reduziertes Herzminutenvolumen nicht mehr gewährleistet werden. Kammertachykardien können, abhängig vom Zustand des Herzens und der Frequenz, auch pulslos sein. Ein *Kammerflimmern* (Abb. 2.12) als der tachykarde Supergau ist es immer.

Zur Herzfrequenzbestimmung können verschiedene Möglichkeiten genutzt werden. Wenn ein EKG-Streifen nicht mit der vom Gerät ausgezählten Frequenz versehen und

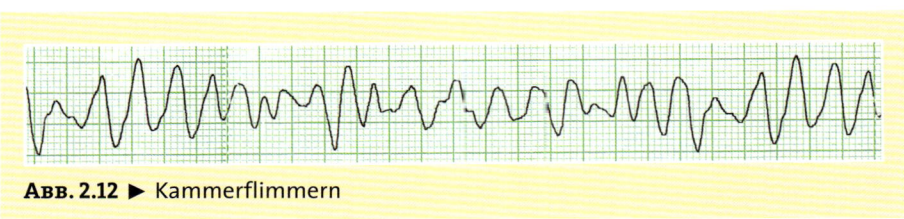

Abb. 2.12 ▶ Kammerflimmern

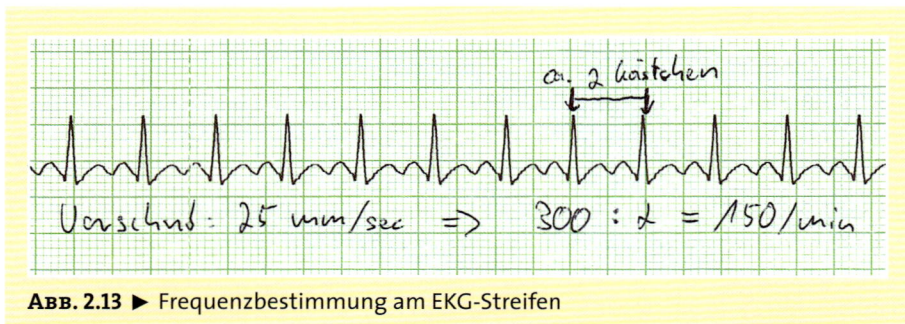

ABB. 2.13 ▶ Frequenzbestimmung am EKG-Streifen

auch kein EKG-Lineal verfügbar ist, kann folgende Vorgehensweise hilfreich sein: Man druckt sich einen EKG-Streifen aus und zählt die 5-mm-Kästchen zwischen zwei R-Zacken. Bei einem Papiervorschub von 25 mm/sec entspricht ein 1-mm-Kästchen 0,04 sec. Ein 5-mm-Kästchen zeigt demnach einen 0,2-sec-Zeitraum. Fünf 5er-Kästchen sind entsprechend 1 sec. Eine Minute hat 60 Sekunden und damit 60 mal 5 (= 300) 5er-Kästchen. Wer 300 durch die Anzahl der 5er-Kästchen zwischen zwei R-Zacken teilt, hat die Herzfrequenz errechnet (ABB. 2.13). Bei einem Papiervorschub von 50 mm/sec rechnet man mit 600. Das Prinzip funktioniert natürlich nur bei regelmäßiger R-Verteilung.

Bei Arrhythmien wird derjenige, der es genauer wissen will, zählen müssen: 15 sec – vielleicht auch mehr – ausdrucken (bei einem Papiervorschub von 25 mm/sec sind 15 sec fünfundsiebzig 5er-Kästchen). Wenn die QRS-Komplexe im 15-sec-Streifen gezählt und mit 4 multipliziert werden, hat man die Herzfrequenz errechnet. Da Sherlock während des Transports nur hin und wieder auf den Monitor schaut, aber trotzdem jederzeit auf EKG-Veränderungen aufmerksam gemacht werden will, schaltet er übrigens grundsätzlich den QRS-Ton ein. Damit gewinnt er eine akustische Alarmfunktion zur einfachen Überwachung von Herzfrequenz und -rhythmus.

2. Regelmäßig verteilte QRS-Komplexe

Der Sinusknoten gibt seine Impulse rhythmisch ab, was eine regelmäßige QRS-Verteilung zur Folge hat. Zu früh, zu spät oder gänzlich ohne Regel einfallende Erregungen sprechen für eine *Ektopie*, also für eine Reizbildung außerhalb des Sinusknotens. Interessant ist jetzt, ob das sporadisch passiert (z.B. bei Extrasystolen), dabei aber ein regelmäßiger Grundrhythmus vorliegt. Möglicherweise besteht die Rhythmusstörung auch permanent, lässt aber ein wiederkehrendes Muster erkennen (z.B. AV-Block 2. Grades Typ 1 oder ventrikuläre Extrasystolen als Bigeminus). Es kann sich jedoch auch um das reinste Chaos handeln (z.B. Vorhofflimmern). Wer unsicher ist, ob das, was er sieht, überhaupt unregelmäßig ist, der kann z.B. mit einem EKG-Lineal die R-Abstände ausmessen. Wer sein Lineal mal wieder verloren hat, kann sich eins basteln: Einfach auf einem Stück Papier, das an den EKG-Ausdruck gehalten wird, zwei R-Zacken markieren und diese Schablone von R zu R weiterschieben (ABB. 2.14).

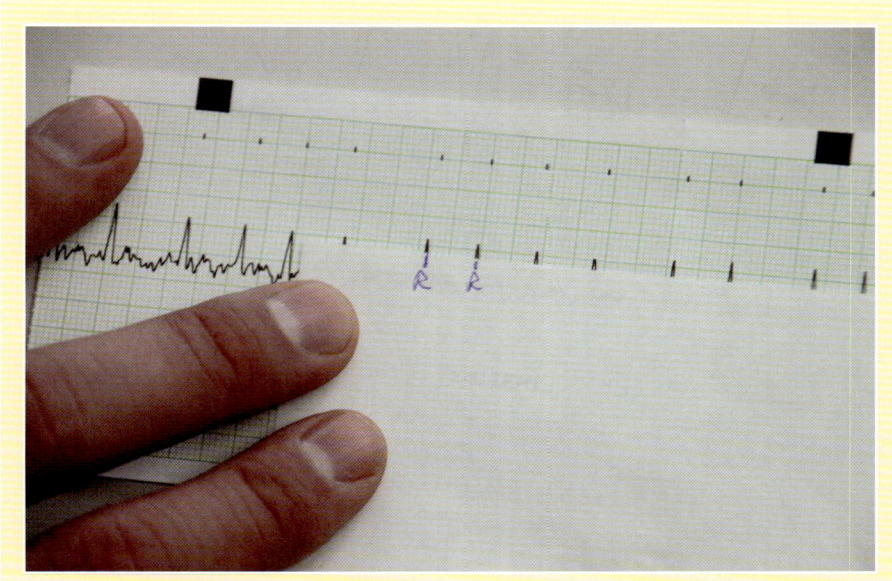

ABB. 2.14 ▶ Selbst gebasteltes EKG-Lineal

3. Kammererregung: QRS-Komplex schmal oder breit?

Das EKG zeigt die elektrische Aktivität innerhalb einer bestimmten Zeit. Normalerweise ist die Zeit, die der Strom für seine Passage durch die Kammer benötigt, mit ≤ 0,1 sec bis höchstens 0,12 sec kurz. Entsprechend ist die Kammererregung im EKG auch nur für eine kurze Zeit sichtbar – der QRS-Komplex ist schmal. Ein verbreiterter QRS-Komplex zeigt an, dass die Kammererregung länger gedauert hat als normal. Dafür kommen zwei Ursachen infrage: Zum einen kann die Erregung über einen der normalerweise schnell leitenden Tawara-Schenkel gestört sein – man spricht von einem *Schenkelblock* (ABB. 2.15 A+B UND 2.16 A+B).

Zum anderen kann der Erregungsursprung irgendwo in der Kammer liegen. Dann kann der Strom nicht das schnell leitende und gleichmäßig verteilende Erregungsleitungssystem nutzen, sondern muss sich den Rest der Kammer langsam von Zelle zu Zelle erschließen. Sowohl *ventrikuläre Extrasystolen* (ABB. 2.17), *ventrikuläre Tachykardien* (ABB. 2.18) als auch *ventrikuläre Ersatzrhythmen* (ABB. 2.19) haben ihren Erregungsursprung in der Kammer.

Unterschieden werden die Ursachen – das wird gleich noch ausführlicher gezeigt – durch die Betrachtung der Vorhofaktivität. Wenn einem verbreiterten QRS-Komplex Vorhofaktivität vorausgegangen ist, liegt ein Schenkelblock vor. Je nachdem, ob der rechte oder linke Tawaraschenkel von der Erregungsleitungsstörung betroffen ist, wird von einem *Rechts-* oder *Linksschenkelblock* gesprochen. Wer es noch genauer haben möchte, wird beispielsweise weiterhin zwischen linksanterioren oder -posterioren Hemiblöcken

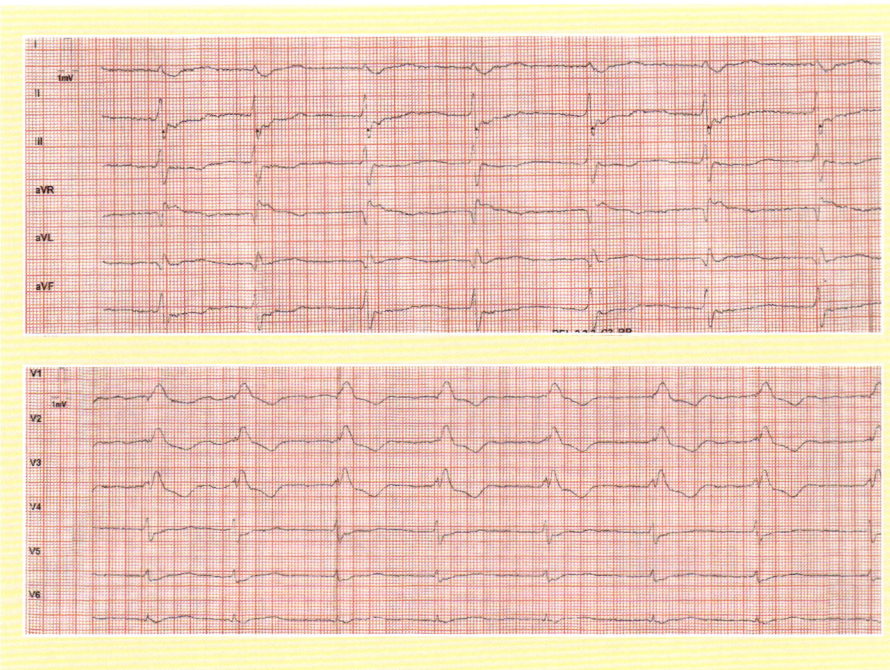

ABB. 2.15 A UND B ▶ Rechtsschenkelblock

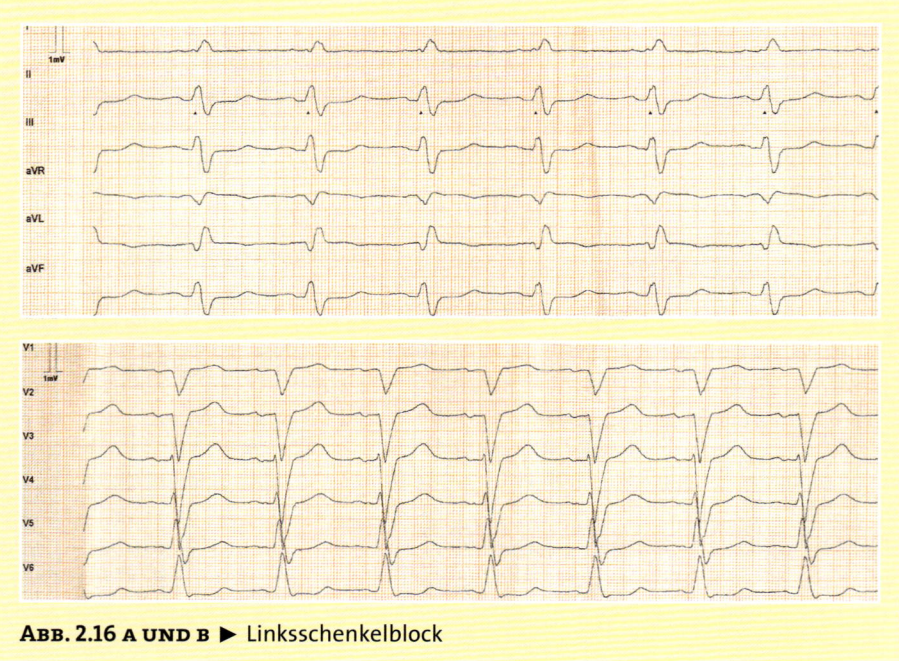

ABB. 2.16 A UND B ▶ Linksschenkelblock

differenzieren können. Von rettungsdienstlicher Relevanz ist aber gerade die Abgrenzung zwischen Rechts- und Linksschenkelblock. Ein Patient mit (vermutlich) neu aufgetretenem Linksschenkelblock bei klinischem Verdacht auf eine Myokardischämie sollte mit ähnlicher Dringlichkeit wie ein STEMI-Patient rekanalisierend behandelt werden. Eine sehr einfache Differenzierungsmöglichkeit stellt Ganschow vor: Bei auf über 0,12 sec verbreitertem QRS-Komplex liegt ein Rechtsschenkelblock vor, wenn der QRS-Komplex in der Brustwandableitung V2 positiv ist. Ist der QRS-Komplex in V2 negativ, besteht ein Linksschenkelblock. Zur LSB-Diagnoseabsicherung sollte zudem kein breites S in den Ableitungen I und V6 auftauchen. Anderenfalls wäre von einer diffusen QRS-Verbreiterung auszugehen. Wenn dem verbreiterten QRS-Komplex keine Vorhofaktivität vorangegangen ist, kommt die Erregung aus der Kammer. Bei Tachykardien ist diese Differenzierung manchmal nicht möglich, weil die Vorhofaktivität von Ausschlägen der vorangegangenen

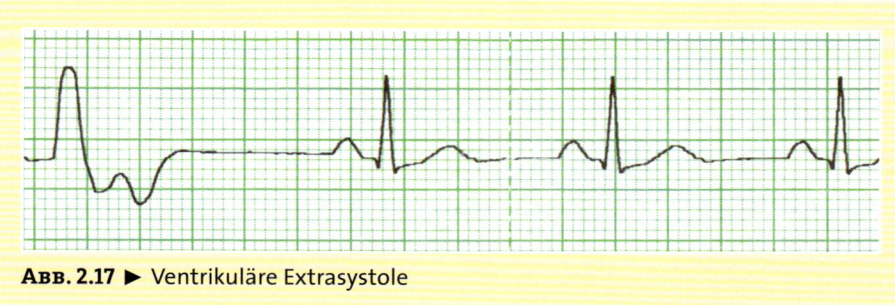

Abb. 2.17 ▶ Ventrikuläre Extrasystole

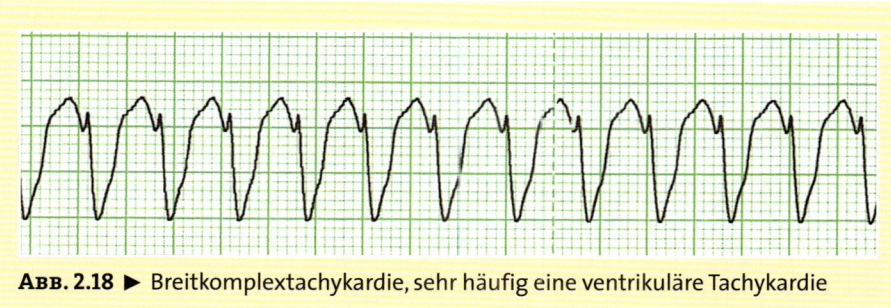

Abb. 2.18 ▶ Breitkomplextachykardie, sehr häufig eine ventrikuläre Tachykardie

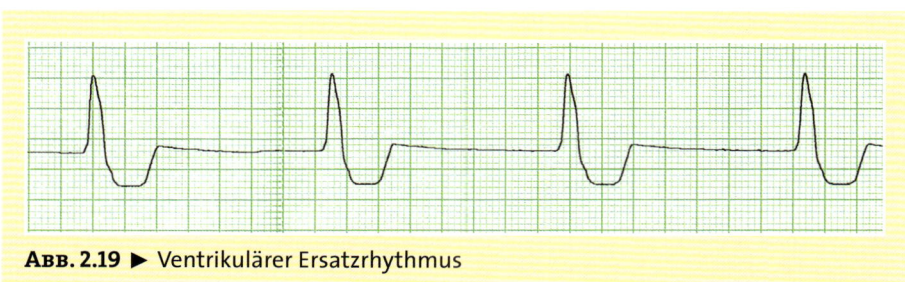

Abb. 2.19 ▶ Ventrikulärer Ersatzrhythmus

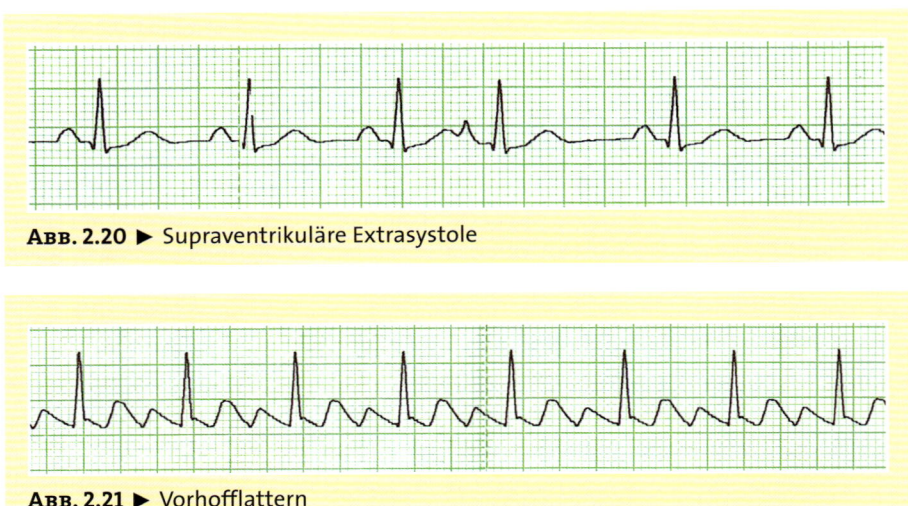

ABB. 2.20 ▶ Supraventrikuläre Extrasystole

ABB. 2.21 ▶ Vorhofflattern

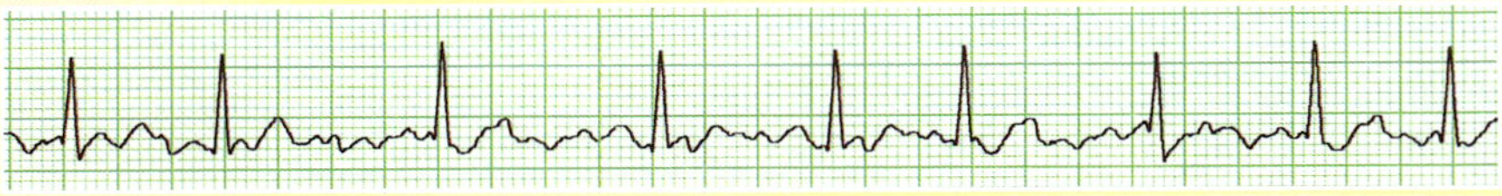

ABB. 2.22 ▶ Vorhofflimmern

Erregung überdeckt sein kann. Im Rettungsdienst zwischen einer ventrikulären Tachykardie und einer supraventrikulären Tachykardie mit Schenkelblock zu unterscheiden, ist also nicht immer möglich. Daher verhält man sich diagnostisch vorsichtiger, indem man von einer *Schmal-* oder einer *Breitkomplextachykardie* spricht.

4. Vorhoferregung: P-Wellen erkennbar?

Dass ein Sinusrhythmus vorliegt, darf angenommen werden, wenn regelmäßig »normal« gerundete P-Wellen vor den QRS-Komplexen zu sehen sind. Wenn stattdessen von der Norm abweichende deformierte Wellen auftreten, spricht das für einen irregulären Weg der Erregungsausbreitung im Vorhof. Das bedeutet, dass diese Erregungen nicht vom Sinusknoten, sondern von einem anderen Ort ausgegangen sind. Das ist bei *supraventrikulären Extrasystolen* (ABB. 2.20) und auch bei einem *Vorhofflattern* (ABB. 2.21) der Fall.

Sind keine P-Wellen, sondern stattdessen »zitternde« Zacken um die Nulllinie herum erkennbar, kann ein *Vorhofflimmern* (ABB. 2.22) vorliegen. Dazu muss jedoch auch eine absolute QRS-Arrhythmie gegeben sein, sonst drängt sich ein *Artefakt*-Verdacht auf (ABB. 2.23).

Wenn anstelle von Vorhofaktivität keine Ausschläge zu sehen sind, ist der Vorhof gewissermaßen »übergangen« worden und die Erregung ist erst unterhalb entstanden. Das ist bei *AV-Knoten-Extrasystolen* oder einem *AV-Knoten-Ersatzrhythmus* (ABB. 2.24) der Fall. Auch in

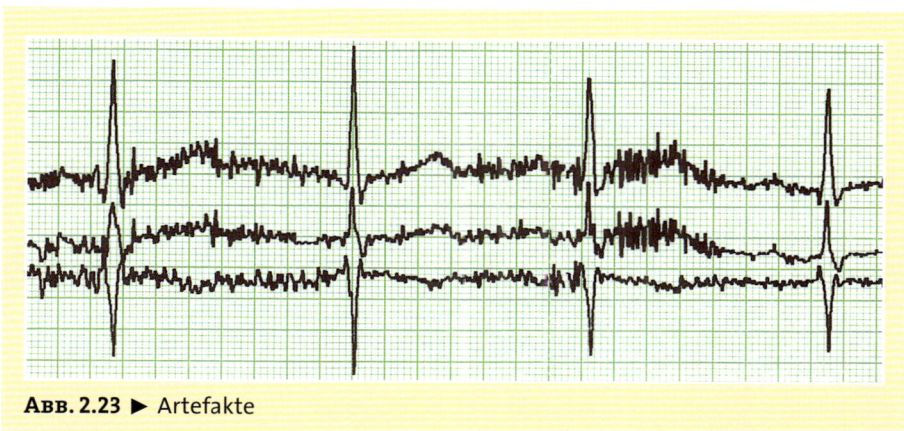

Abb. 2.23 ▶ Artefakte

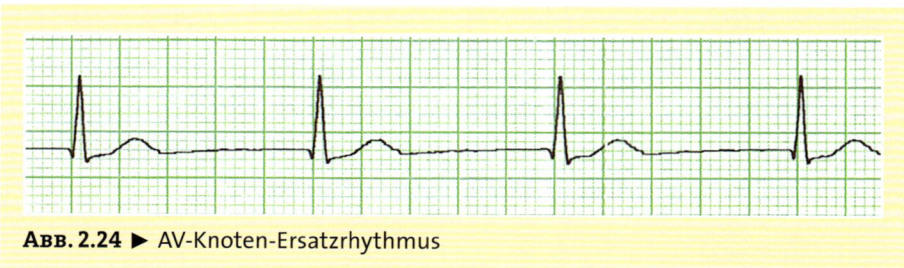

Abb. 2.24 ▶ AV-Knoten-Ersatzrhythmus

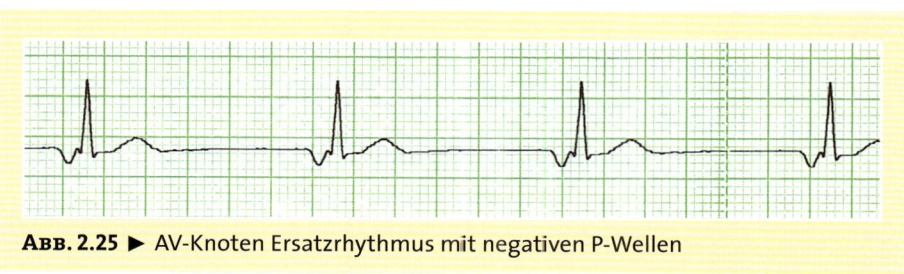

Abb. 2.25 ▶ AV-Knoten Ersatzrhythmus mit negativen P-Wellen

diesem Fall wird der Vorhof erregt, weil es den Zellen in der Nachbarschaft eines Impulsgebers egal ist, ob die Erregung von oben oder unten kommt. Die P-Welle wird jedoch meistens vom QRS-Komplex verdeckt, der in diesem Fall zeitgleich erscheint.

Ist die P-Welle dennoch zu sehen, was bei Erregungen aus dem oberen AV-Knoten-Bereich möglich ist, steht sie auf dem Kopf, ist also negativ (Abb. 2.25). Das liegt daran, dass die Vorhoferregung eben »rückwärts« stattgefunden hat und somit der Herzvektor in die entgegengesetzte Richtung verläuft. Solche *negativen P-Wellen* können bisweilen auch hinter dem QRS-Komplex zu sehen sein. Dann kommt die Erregung aus einem tiefen AV-Knoten-Bereich, sodass zuerst die Kammererregung erfolgt, bevor die retrograde Vorhoferregung stattfindet.

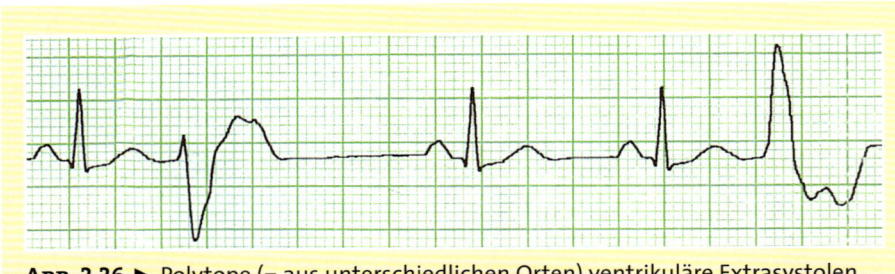

ABB. 2.26 ► Polytope (= aus unterschiedlichen Orten) ventrikuläre Extrasystolen

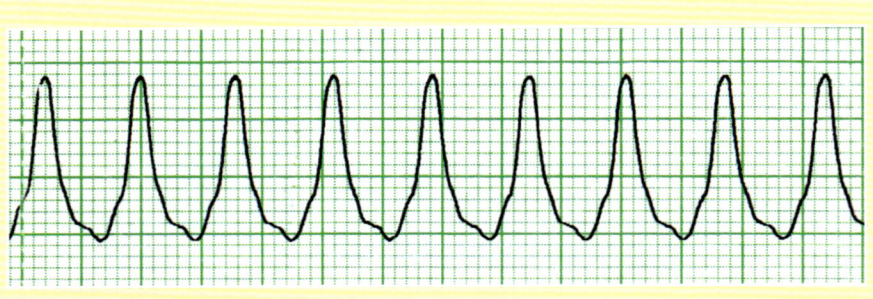

ABB. 2.27 ► Ventrikuläre Tachykardie (Breitkomplextachykardie)

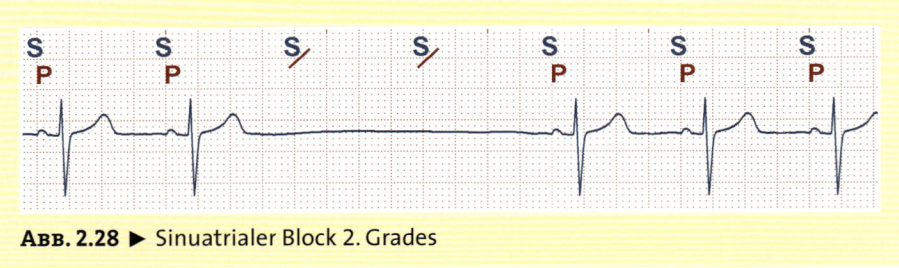

ABB. 2.28 ► Sinuatrialer Block 2. Grades

Liegt der Erregungsursprung noch tiefer, also in der Kammer – entweder sporadisch wie bei Kammerextrasystolen oder permanent wie bei einem Kammerersatzrhythmus oder einer Kammertachykardie –, sind ebenfalls keine P-Wellen als Zeichen der Vorhoferregung zu erkennen (ABB. 2.26 UND 2.27).

Bleibt eine P-Welle erwartungswidrig aus und ist ein normales PP-Intervall (die Zeit zwischen zwei P-Wellen) später wieder zu sehen, liegt ein *sinuatrialer Block 2. Grades* (ABB. 2.28) vor. Dabei handelt es sich um eine Überleitungsstörung vom Sinusknoten auf den Vorhof. Nur der SA-Block 2. Grades ist im Oberflächen-EKG zu erkennen.

5. AV-Knoten-Überleitung: Verhältnis zwischen P-Q? (PQ-Zeit ≤ 0,2 sec? QRS nach jedem P? P vor jedem QRS?)

Hat der AV-Knoten als »Doorkeeper« möglicherweise einen Impuls zu lange in die Warteschleife gestellt oder gar nicht in die Kammer hineingelassen? Oder hat die Kammer einen eigenen Impuls gebildet, ohne dass der Vorhof »mitgenommen« wurde? Diese Fragen nach dem Verhältnis zwischen P und Q sind sehr spannend denn sie überprüfen die Verlässlichkeit der elektrischen Synchronisation von Vorhof und Kammer. Der Reihe nach: Die erste Frage gilt der PQ-Zeit. In seltenen Fällen ist sie verkürzt, was durch einige Medikamente, aber auch ein *WPW-Syndrom*, bei dem eine verfrühte Impulsweiterleitung über eine zusätzliche Leitungsbahn zwischen Vorhof und Kammer unter Umgehung des AV-Knotens stattfindet (ABB. 2.29), erklärt werden kann. Zusätzlich ist dann eine Delta-Welle zu erwarten, eine wellenartige Deformierung, die in den beginnenden QRS-Komplex »eingebaut« ist.

Häufiger als eine Verkürzung der PQ-Zeit ist jedoch eine Verlängerung. Währt sie über 0,2 sec, hat die Überleitung des Impulses über den AV-Knoten zu lange gedauert. Der Patient hat einen *AV-Block 1. Grades* (ABB. 2.30).

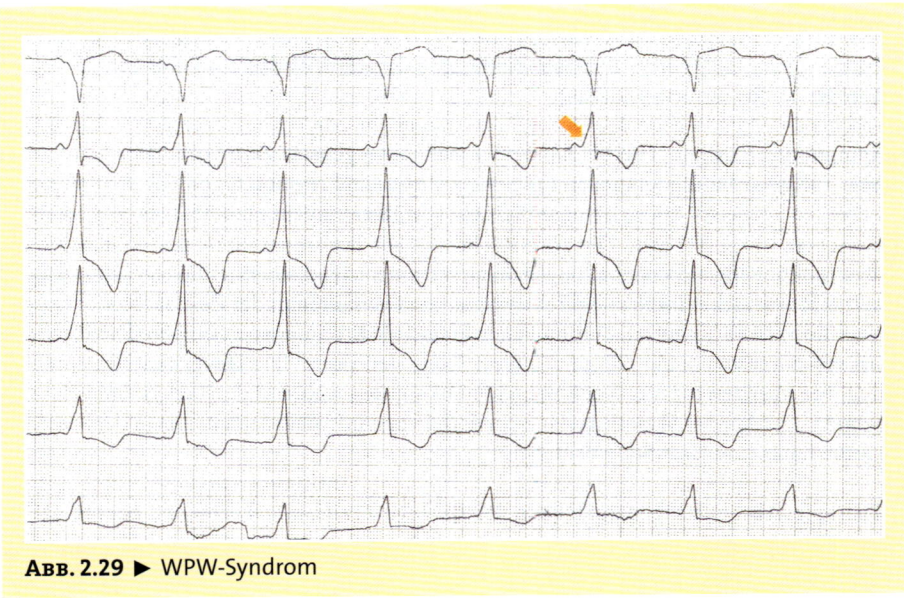

ABB. 2.29 ▶ WPW-Syndrom

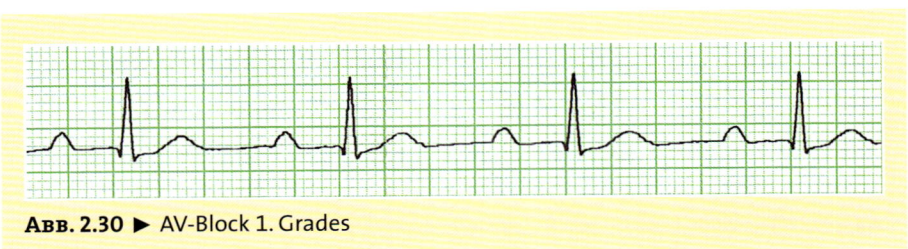

ABB. 2.30 ▶ AV-Block 1. Grades

Wenn die PQ-Zeit sich allerdings zunehmend verlängert, bis letztlich ein QRS-Komplex ausfällt, und diese Periodik wieder von Neuem beginnt, besteht ein *AV-Block 2. Grades Typ 1* (Abb. 2.31).

Damit ist die zweite Frage bereits vorweggenommen: Folgt jedem P ein QRS? Ist das nicht der Fall, besteht ein AV-Block 2. Grades: entweder, wie beschrieben, bei zunehmender PQ-Zeit mit letztlichem Ausfall einer Überleitung ein AV-Block 2. Grades Typ 1 oder, bei eigentlich konstanter PQ-Zeit mit stellenweise unerwartetem Überleitungsausfall, ein *AV-Block 2. Grades Typ 2* (Abb. 2.32). Dieser Rhythmus kann ein festes Überleitungsverhältnis haben. Wenn z. B. nur jede zweite P-Welle übergeleitet und von einem QRS-Komplex gefolgt wird, liegt eine 2 : 1-Überleitung vor.

Eine Überleitungsblockierung kann durchaus auch sinnvoll sein: Wenn bei einem Vorhofflattern alle 250 – 300 Vorhoferregungen in die Kammern übergeleitet würden, hätte das fatale Auswirkungen auf die Hämodynamik, weil sich das Herz zwischen zwei Kontraktionen nicht mehr ausreichend füllen könnte. Dass nur jede zweite, manchmal auch nur jede dritte oder vierte Vorhofflatterwelle übergeleitet wird, macht das Problem etwas erträglicher (Abb. 2.33).

Die dritte Frage zum PQ-Verhältnis lautet: Geht jedem QRS ein P voran? Wird diese Frage verneint, liegt das Problem etwas tiefer. Ein QRS-Komplex ohne vorangehendes P ist entweder im AV-Knoten selbst oder in der Kammer entstanden.

Wenn alle diese Fragen nicht so recht beantwortet werden können, weil überhaupt kein Verhältnis zwischen P und QRS besteht, dann arbeiten Vorhöfe und Kammern getrennt voneinander. In diesem Fall erscheinen im EKG-Ausdruck regelmäßige und meistens

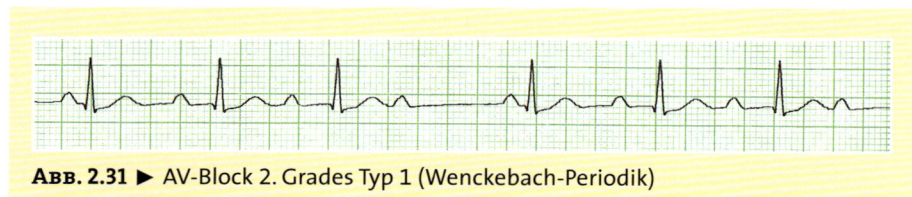

ABB. 2.31 ▶ AV-Block 2. Grades Typ 1 (Wenckebach-Periodik)

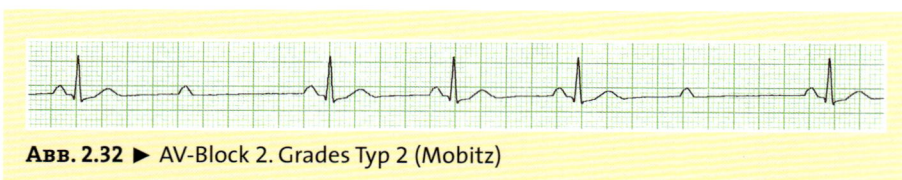

ABB. 2.32 ▶ AV-Block 2. Grades Typ 2 (Mobitz)

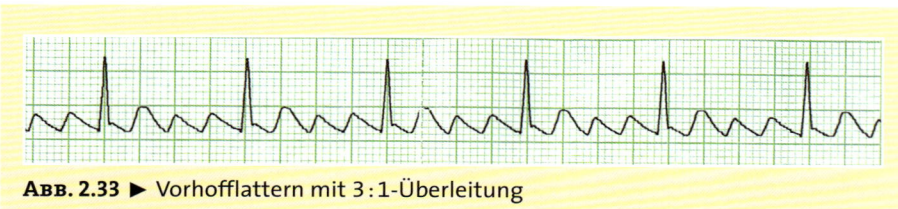

ABB. 2.33 ▶ Vorhofflattern mit 3 : 1-Überleitung

normfrequente P-Wellen, die jedoch nicht übergeleitet werden, und ebenfalls regelmäßige, aber üblicherweise viel langsamere QRS-Komplexe als Kammerersatzrhythmus. Der Patient hat einen *AV-Block 3. Grades* mit totalem Ausfall der Überleitung zwischen Vorhof und Kammer (ABB. 2.34). Glücklicherweise stellt die Kammer bei einer kompletten AV-Blockierung oft einen Ersatzrhythmus bereit, der zwar typischerweise recht langsam arbeitet, dem Patienten aber das Leben retten kann. Wenn der Taktgeber im oberen His-Bündel lokalisiert ist, kann der QRS-Komplex übrigens schmal sein, weil er das Reizleitungssystem zur ventrikulären Ausbreitung nutzen kann. Tiefer liegende Ersatzzentren produzieren einen breiten und deformierten QRS-Komplex. Die Koexistenz von regelmäßiger, aber unterschiedlich schneller Vorhof- und Kammeraktivität ist nicht immer auf Anhieb zu erkennen, weil die QRS-Komplexe einige P-Wellen »verschlucken« können – je nachdem, wann sie zufällig gleichzeitig einfallen. Ein Tipp: Wieder ein EKG-Lineal bauen und dieses Mal den Abstand zwischen zwei P-Wellen markieren, dann das Lineal immer weiter schieben und P-Wellen auch innerhalb der QRS-Komplexe entlarven.

6. Nach der Kammererregung: ST-Strecke isoelektrisch?

Da nach der Kammererregung eine Zeit lang kein Strom fließt, sollte die Strecke zwischen S-Zacke und T-Welle auf der Nulllinie verlaufen. Da absterbendes Myokard aber seine elektrischen Leitungseigenschaften verändert, bleibt das betroffene Areal positiv geladen. Die Depolarisation des geschädigten Gewebes bleibt aus. So lässt sich ein Vektor einzeichnen, der auf das Infarktgebiet gerichtet ist. Die Repräsentation dieses Phänomens im EKG ist eine Hebung der ST-Strecke. Eine *ST-Strecken-Hebung* kann den aufgrund der Symptomatik bereits vermuteten Herzinfarkt beweisen. Man spricht vom *STEMI*, dem *ST-Elevations-Myokard-Infarkt*, wenn in mindestens zwei zusammenhängenden Extremitätenableitungen ST-Strecken-Hebungen von ≥ 0,1 mV bzw. in mindestens zwei zusammenhängenden Brustwandableitungen von ≥ 0,2 mV bestehen (ABB. 2.35). Besonders interessant wird dieser Befund, wenn er Patienten als Herzinfarktbetroffene identi-

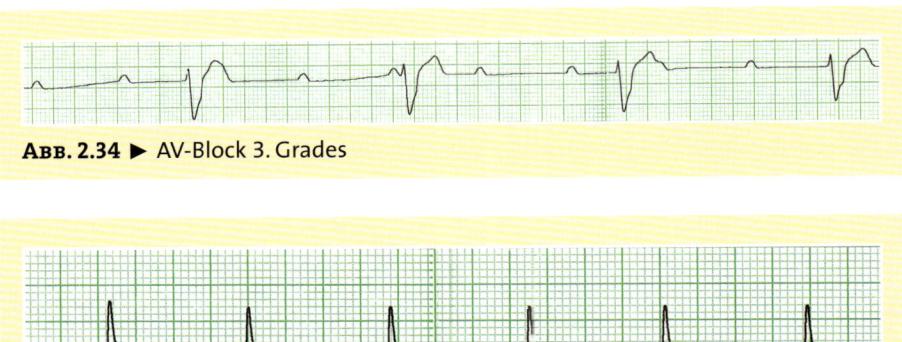

ABB. 2.34 ▶ AV-Block 3. Grades

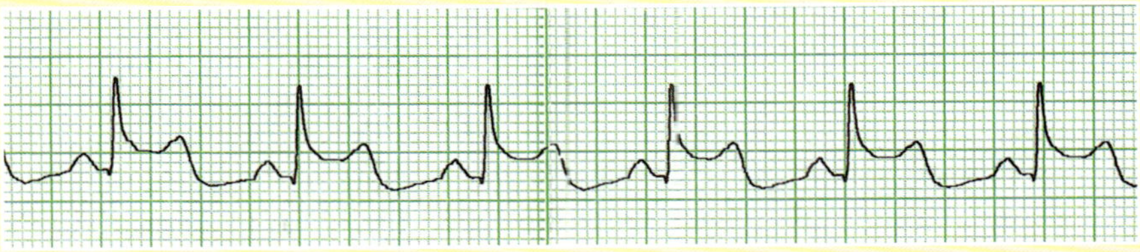

ABB. 2.35 ▶ STEMI

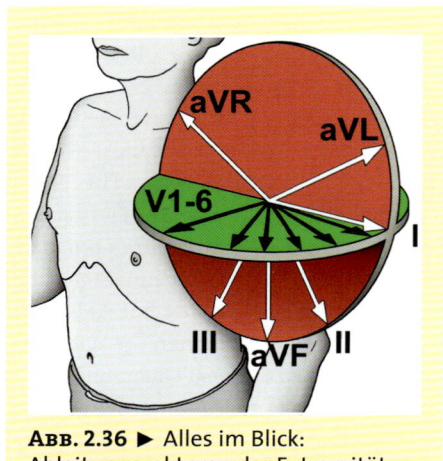

ABB. 2.36 ▶ Alles im Blick: Ableitungsvektoren der Extremitäten- und Brustwandableitungen

fiziert, die eine weniger klassische Symptomatik geboten haben (z.B. »stumme« – also schmerzlos – oder mit untypischen Beschwerden verlaufende Infarkte, die insbesondere bei Diabetikern, Frauen oder älteren Menschen auftreten können).

Über die Lokalisation der ST-Strecken-Hebungen in den 12 Ableitungen des EKG kann auf das infarzierte Areal des Herzens rückgeschlossen werden, was bei der Risikoabschätzung helfen kann (z.B. Pumpversagen bei Vorderwandinfarkt, AV-Blockierungen bei Hinterwandinfarkt). Eine unmittelbare therapeutische Konsequenz für den Rettungsdienst lässt sich nur in wenigen Fällen ableiten. Wer sich allerdings bei Patienten mit Brustschmerzen, ST-Hebungen in Ableitung II, III und avF, gestauten Halsvenen, aber ohne Zeichen für eine pulmonale Stauung einmal die Mühe macht, die rechtspräkordialen Ableitungen zu kleben, und in V3R und v. a. in V4R eine ST-Strecken-Hebung sieht, der wird auch bei noch akzeptablem Blutdruck auf Nitrospray verzichten, weil der Patient einen Rechtsherzinfarkt hat. Diesem Patienten die Vorlast zu nehmen, könnte katastrophal enden. Die oftmals hypotonen Patienten könnten sogar von einer Volumengabe profitieren.

Für die Lokalisation des Infarkts muss man sich nur vorstellen, wohin der Erfassungsstrahl – also der Vektor – der jeweiligen Ableitung gerichtet ist. Nur wenn er parallel zum Infarktvektor liegt, werden ST-Hebungen zu sehen sein. Für rettungsdienstliche Zwecke lässt sich die Suche mit zwei Merkregeln recht einfach auf das Wesentliche reduzieren. Wenn man die Extremitätenableitungen nach Einthoven und Goldberger – unabhängig davon, in welche Richtung sie tatsächlich zeigen (s. ABB. 2.36) – im Uhrzeigersinn absteigend aufschreibt, erhält man die folgende 6er-Reihe: avR, avL, I, II, avF, III. Wie in ABBILDUNG 2.36 zu sehen, zeigt aVR in eine gänzlich andere Richtung als die anderen Ableitungen. Wir streichen sie hier (... kommen aber gleich nochmal auf sie zurück!). Es bleiben also fünf Ableitungen übrig. Wenn in den beiden vorderen (aVL und I) die ST-Strecke erhöht ist, besteht ein *Vorder-/Seitenwandinfarkt* (ABB. 2.37 A+B), und wenn dieser Befund in den drei hinteren zu sehen ist ein *Hinter-/Unterwandinfarkt* (ABB. 2.38 A+B). Vorne hoch – Vorder-/Seitenwand; hinten hoch – Hinterwand!

Die Vorderwand lässt sich allerdings im Extremitäten-EKG nicht allzu genau betrachten. Hier sind die Brustwandableitungen wesentlich sensitiver. Die Ableitungsvektoren der Brustwandableitungen zeigen in horizontaler Ebene durch den Thorax hindurch und treffen dabei entweder auf Septum, Vorderwand oder Seitenwand des Herzens (ABB. 2.39). Worauf nun welche Ableitung gerichtet ist, kann man sich gut merken, wenn man an Salz denkt. Auf spanisch heißt Salz nämlich »sal«. Da es sechs Brustwandableitungen gibt, verdoppeln wir auf »ssaall« und schreiben diese Buchstaben neben V1–V6. ST-Hebungen in

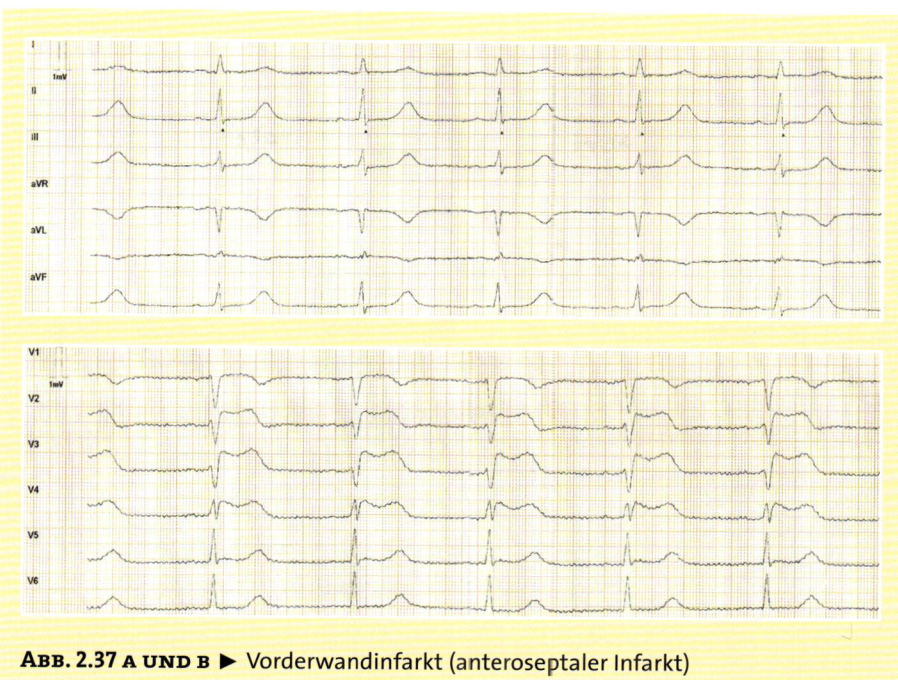

ABB. 2.37 A UND B ▶ Vorderwandinfarkt (anteroseptaler Infarkt)

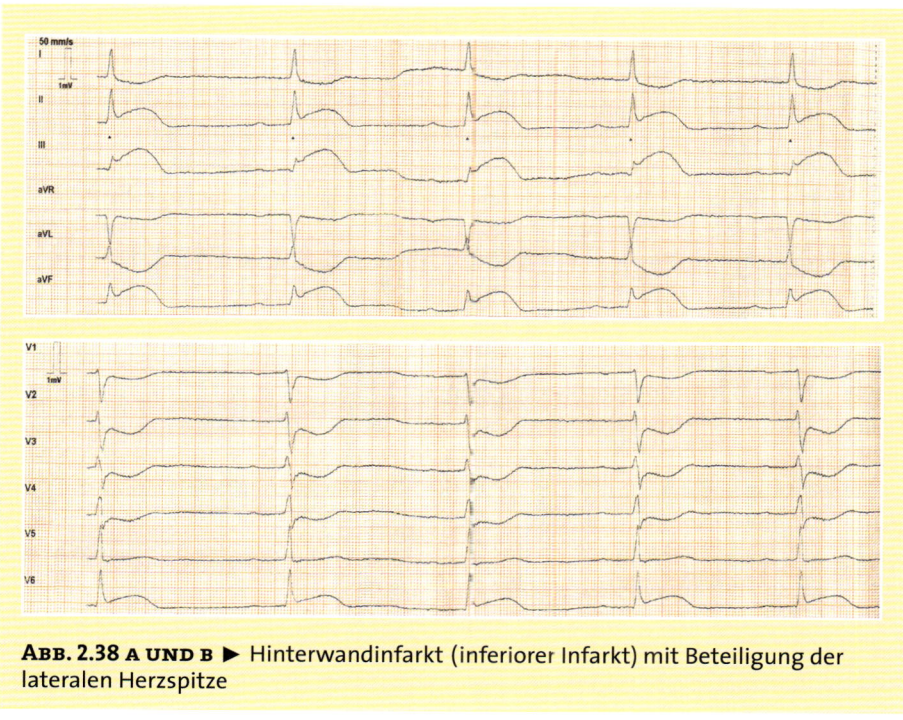

ABB. 2.38 A UND B ▶ Hinterwandinfarkt (inferiorer Infarkt) mit Beteiligung der lateralen Herzspitze

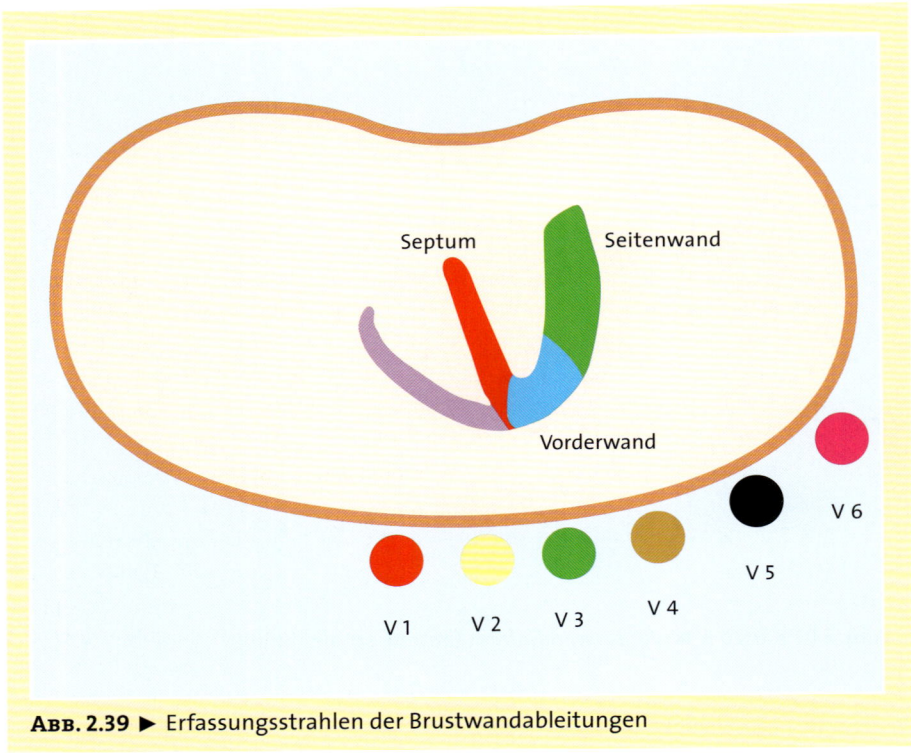

ABB. 2.39 ▶ Erfassungsstrahlen der Brustwandableitungen

V1–V2 würden dann »s« für septale (= Scheidewand-)Infarkte zeigen. Der STEMI in V3–V4 ist ein »a« für anteriorer (= Vorderwand-)Infarkt. Angehobene ST-Strecken in V5–V6 lassen auf »l« für laterale (= Seitenwand-)Infarkte schließen. Ausgedehntere Infarkte sind anteroseptal, wenn V1–V4 betroffen sind, und anterolateral bei Hebungen in V3–V6. Das lässt sich sicherlich noch präziser bestimmen – dann ist es aber auch etwas komplizierter. SSAALL trifft es für den präklinischen Gebrauch ausreichend genau! Nun, wie versprochen, noch einmal zurück zur »nach oben rechts« gerichteten Ableitung aVR. Zeigt sich hier sowie manchmal auch in V1 eine ST-Hebung und zeigen sich in acht oder mehr der übrigen Ableitungen ST-Senkungen, liegt eine Hauptstammstenose vor. Damit wäre die linke Koronararterie vor ihrer Abzweigung in die beiden das linke Herz versorgenden Gefäße (RIVA, RCX) ausgefallen. Das ist katastrophal und sollte frühzeitig bemerkt werden!

Ein Wort zur – relativ hohen – *Diagnosesicherheit*: Eine ST-Strecken-Hebung ist nicht in jedem Fall ein Herzinfarktbeweis. Der Kardiologe im Krankenhaus wird manchmal Entwarnung geben und bestimmte ST-Strecken-Hebungen (aus einer tiefen S-Zacke heraus in V1–V4) als Hypertrophiezeichen oder Linksschenkelblock diagnostizieren. Bestimmte ST-Hebungs-Konfigurationen kommen sogar als physiologische »Normvariante« bei jungen Erwachsenen vor. Aber auch eine Perikarditis, Aneurysmen der Herzwand oder eine Pankreatitis können ST-Strecken-Hebungen verursachen. Bei Patienten mit Brugada-

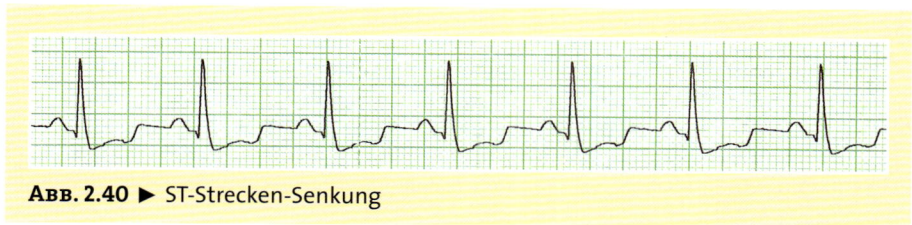

ABB. 2.40 ▶ ST-Strecken-Senkung

Syndrom, einer angeborenen Neigung zu gefährlicher Herzrhythmusstörungen, können als einzige Zeichen der Erkrankung ein Rechtsschenkelblock und ST-Strecken-Hebungen in V1–V3 im EKG zu erkennen sein. Neben der klinischen Erscheinung des Patienten (z.B. Fieber bei Perikarditis) und den Laborwerten kann die Form der ST-Hebung (aszendierend, deszendierend, horizontal, schulter- oder katzenbuckelartig, zeltförmig ...) dem routinierten kardiologischen Befunder in der Klinik Hinweise auf die Ursache geben.

Ist die ST-Strecke nicht angehoben, sondern gesenkt, kann – bei entsprechender Symptomatik des Patienten – ein Herzinfarkt nicht ausgeschlossen werden. Im Gegenteil: Die ST-Strecken-Senkung ist zumindest ischämieverdächtig. Bis zum laborgeführten Beweis des Gegenteils über die Herzmuskelenzymdiagnostik wird von einem *NSTEMI-ACS* ausgegangen, einem *Nicht-ST-Strecken-Hebungs-Infarkt*. Erst nach wiederholt negativen Enzymkontrollen wird die Diagnose revidiert und von einer instabilen *Angina pectoris* gesprochen. Wenn infarktbeweisende ST-Strecken-Hebungen in den Ableitungen erscheinen, die das Infarktareal repräsentieren, sind in den entgegengesetzt verlaufenden Ableitungen häufig spiegelbildliche Senkungen zu sehen. Daher sollten z.B. isolierte ST-Senkungen ≥ 0,05 mV in den Ableitungen V1–V3 unbedingt dazu veranlassen, zusätzlich die Hinterwandableitungen zu überprüfen. ST-Hebungen in V7–V9 werden dann nämlich den strikt posterioren Infarkt bestätigen. Weitere Ursachen für ST-Strecken-Senkungen (ABB. 2.40) können eine Digitalistherapie oder eine Hypertrophie des Herzens sein.

Wenn die Erregungsausbreitung in der Kammer massiv gestört ist, kann sich das auf die Beurteilbarkeit der ST-Strecke auswirken. Ein Linksschenkelblock geht mit einem stark verbreiterten und deformierten QRS-Komplex einher. Hier kann die ST-Strecke nicht für die Herzinfarktdiagnostik verwertet werden. Es ist sogar normal, dass einer gestörten Erregungsausbreitung auch eine Erregungsrückbildungsstörung folgt. Wenn der deformierte QRS-Komplex nach unten gerichtet ist, folgt eine ST-Hebung. Umgekehrt folgt der positiven verbreiterten QRS-Variante eine ST-Senkung. Wenn auch der STEMI nicht diagnostiziert werden kann, so ist schon der neu aufgetretene LSB schlimm genug und wird – bei infarkttypischer Symptomatik – in der rettungsdienstlichen Therapie einem STEMI gleichgesetzt.

7. Rückbildung: T-Welle normal?

Es ist normal, dass die T-Welle in Ableitung aVR negativ ist. Die P-Welle ist es in dieser Ableitung ja auch. Das liegt daran, dass der Vektor von aVR – verglichen mit den anderen Ableitungen – »auf dem Kopf steht«, also in die mehr oder weniger entgegengesetzte Richtung zeigt. Abhängig vom Lagetyp kann die T-Welle auch in anderen Ableitungen negativ sein. T-Wellen-Negativierungen (ABB. 2.41) können aber auch für eine akute Belastung in Form einer Ischämie am Herzmuskel sprechen.

Wenn die T-Welle über mehr als zwei Drittel der Höhe eines QRS-Komplexes aufsteigt, gilt sie als erhöht. Ist sie asymmetrisch – Aufstieg und Abstieg der Welle sind ungleich –, kann das ein nicht pathologischer Befund sein. Steigt sie allerdings symmetrisch an und ab, kann eine Ischämie oder Hyperkaliämie vorliegen (ABB. 2.42). Auch im Initialstadium eines Herzinfarkts kann ein hohes »Erstickungs-T« imponieren.

Sherlock freut sich über den diagnostischen roten Faden, den ihm das vorgestellte Interpretationsschema liefert. Er weiß aber auch, dass er dadurch nicht zum Kardiologen wird, der jede noch so unbedeutsam scheinende EKG-Verknotung als ein Abbild pathologischer Prozesse am Herzen deuten kann. Sherlock will die Erscheinungen aus dem EKG herauslesen können, die für seinen Notfallpatienten therapeutische Konsequenz haben. Dazu gehört immer, dass er in erster Linie den klinischen Zustand beurteilt und sich dann für spezielle Fragestellungen Hilfe holt, z.B. vom EKG, um diesen Zustand besser erklären zu können. Sherlock probiert es zum Abschluss einmal aus: Er versorgt einen Patienten, der eine Synkope erlitten hat. Der 49-jährige Lehrer ist im Unterricht plötzlich umgefallen und für ca. eine Minute bewusstlos gewesen. Er wirkte, so seine Schüler, schon seit zwei Stunden schläfrig. Aktuell ist er ansprechbar, klagt aber, obwohl er flach auf dem Rücken

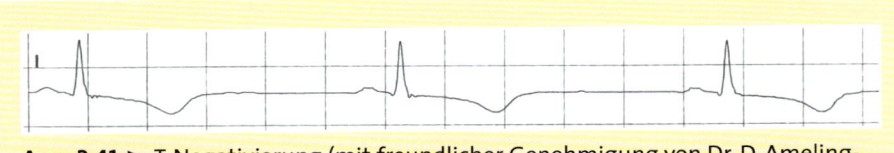

ABB. 2.41 ▶ T-Negativierung (mit freundlicher Genehmigung von Dr. D. Amelingmeyer, Niels-Stensen-Kliniken, Marienhospital Osnabrück)

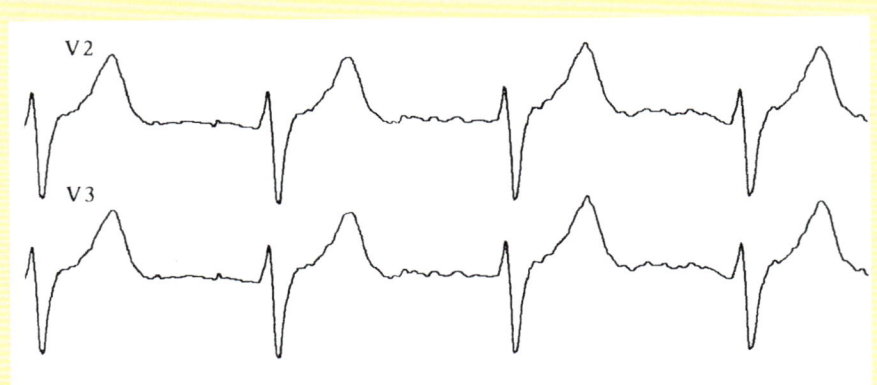

ABB. 2.42 ▶ Erhöhte T-Wellen (mit freundlicher Genehmigung von Dr. D. Amelingmeyer, Niels-Stensen-Kliniken, Marienhospital Osnabrück)

liegt, über ein Schwindelgefühl. Der Blutdruck ist mit 90/60 mmHg erniedrigt. Das Pulsoxymeter zeigt eine Sättigung von 92 % bei einer Pulsfrequenz von 40/min. Der BZ liegt
bei 101 mg/dl. Ein EKG wird abgeleitet. Sherlock hat sich das EKG-Interpretationsschema
kopiert und füllt es nun aus (ABB. 2.43):

▶ EKG-Interpretationsschema

	Reizbildung und -leitung			Repräsentation im EKG
Norm:				

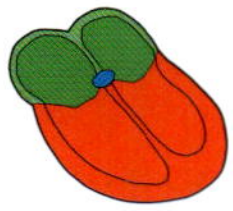

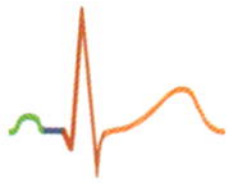

Patienten-EKG:

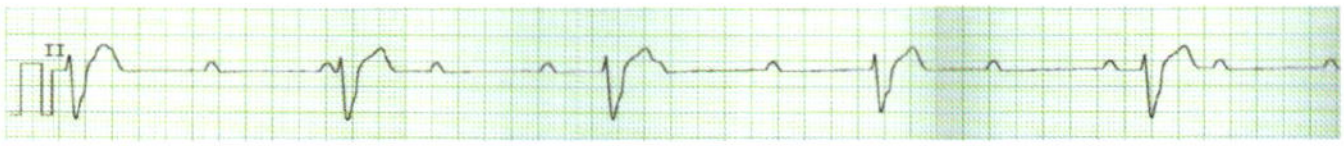

Fragen	Antworten	Abweichung?	Interpretation der Abweichung
1. Frequenz der QRS-Komplexe zwischen 60 und 100?	nein	ja	Bradykardie mit kritischem Frequenzabfall auf ca. 30/min
2. Regelmäßig verteilte QRS-Komplexe?	ja	nein	–
3. Kammererregung: QRS-Komplex schmal oder breit?	breit	ja	breite und deformierte QRS-Komplexe als Anhalt für einen Kammereigenrhythmus
4. Vorhoferregung: P-Wellen erkennbar?	nicht immer	ja	In einigen Fällen werden P-Wellen durch QRS-Komplexe überlagert.
5. AV-Knoten-Überleitung: Verhältnis zwischen P-Q? (PQ-Zeit ≤ 0,2 sec? QRS nach jedem P? P vor jedem QRS?)	kein Verhältnis	ja	Es liegt eine komplette Entkopplung zwischen Vorhof- und Kammeraktivität vor. Die P-Wellen werden nicht über den AV-Knoten in die Kammern weitergeleitet.
6. Nach der Kammererregung: ST-Strecke isoelektrisch?	nicht beurteilbar	nicht beurteilbar	Aufgrund der verbreiterten QRS-Komplexe kann die ST-Strecke nicht beurteilt werden.
7. Rückbildung: T-Welle normal?	nicht beurteilbar	nicht beurteilbar	Aufgrund der verbreiterten QRS-Komplexe kann die T-Welle nicht beurteilt werden.
		Befund:	AV-Block III. Grades mit bradykardem Kammerersatzrhythmus

ABB. 2.43 ▶ Sherlocks EKG-Diagnostik

2.5 Fallstricke: Welche Fehlinformationen sind möglich?

Das EKG ist ein beliebter Partner in der rettungsdienstlichen Diagnostik! Tatsächlich? Oh nein, das EKG ist kein »Partner«! Eiskalt und emotionslos verführt es den Anwender gerade in den stressbelasteten Situationen des Rettungsdienstes dazu, vorbehaltlos und naiv Werten zu vertrauen oder in gutem Glauben Interpretationen vorzunehmen, die nicht folgerichtig sind. Schluss damit! Es geht gewissermaßen darum, den Nutzen zu nutzen, sich aber vor dem Unnützen, d.h. vor Fehlern, zu schützen. Nicht so sehr vor Fehlern, die das Gerät macht, sondern vor Fehlern bei der Interpretation der Werte. Sherlock stellt im Folgenden einige typische »Fallstricke« der EKG-Diagnostik vor, über die zu stolpern nicht ganz ungefährlich ist.

Beispielsweise gab es da den Fall in der Koronarsportgruppe. Sherlock trainierte gerade in der Sporthalle nebenan, als ihn ein plötzlich ausbrechender Tumult zu Hilfe eilen ließ. Ein Patient war kollabiert und zeigte keine Lebenszeichen. Zusammen mit dem niedergelassenen Internisten, der die Gruppe ärztlich betreute, leitete Sherlock sofort die Reanimation mit Thoraxkompressionen, Mund-zu-Mund-Beatmung und dem glücklicherweise verfügbaren halbautomatischen Defibrillator ein. Der AED stellte einen nicht defibrillierbaren Rhythmus fest, sodass keine Schockabgabe erfolgte. Kurz darauf trafen die Kollegen des Rettungsdienstes ein. Ein EKG wurde geschrieben, und dann kam vom Notarzt ein verärgertes: »Aufhören! Mann, der hat doch 'nen Kreislauf. Ihr bringt den noch um.« Der Patient wurde auf die Trage gelegt, weiterbeatmet und in die benachbarte Klinik gefahren.

Als Sherlock den Notarzt einige Tage später im Dienst wiedertraf, fragte er ihn, wie er die Kreislauftätigkeit festgestellt habe. »Na, der hatte doch einen Sinusrhythmus im EKG.« Weder Blutdruck noch Pulsoxymetrie seien messbar gewesen. Auf die Kapnografie habe man angesichts des kurzen Transportwegs verzichtet. Sherlock forschte weiter und fragte auf der Intensivstation nach. Ja, erfuhr er dort, der Patient sei mit einem Sinusrhythmus aufgenommen worden. Der allerdings habe ihm nicht viel genutzt, da er bei einer vorbestehenden dilatativen Kardiomyopathie mit bereits deutlich eingeschränkter Ejektionsfraktion einen erneuten akuten Herzinfarkt erlitten habe. Ein Auswurf sei rein mechanisch schlichtweg nicht mehr möglich gewesen. Der Aufnahme-EKG-Befund – übrigens tatsächlich ein Sinusrhythmus – sei daher eine pulslose elektrische Aktivität gewesen. Fälschlicherweise wurde also trotz eines bestehenden Kreislaufstillstands auf die Durchführung einer Herzdruckmassage verzichtet.

Den *QRS-Komplex* im EKG mit einem Puls gleichzusetzen ist nicht zulässig! Zwar ist der QRS-Komplex die elektrische Voraussetzung für die Kontraktion des Herzens und den Auswurf von Blut, andererseits sind Kontraktion und Blutauswurf keine obligatorische Folge der elektrischen Erregung. Bei einem Kreislaufstillstand ist diese Fehlinterpretation besonders dramatisch, da sie dazu führt, dass dem Patienten die einzig lebensrettende Behandlung (Thoraxkompressionen) vorenthalten wird. Aber auch bei bestimmten Herzrhythmusstörungen ist das Problem relevant. Patienten mit einem tachykarden Vorhofflimmern zeigen häufig EKG-Frequenzen von 140–150 Schlägen pro Minute. Interessanterweise bleibt die Frequenzangabe des Pulsoxymeters deutlich darunter, denn es zählt die periphere Pulsfrequenz. Wenn bei der bestehenden absoluten Arrhythmie zwei QRS-

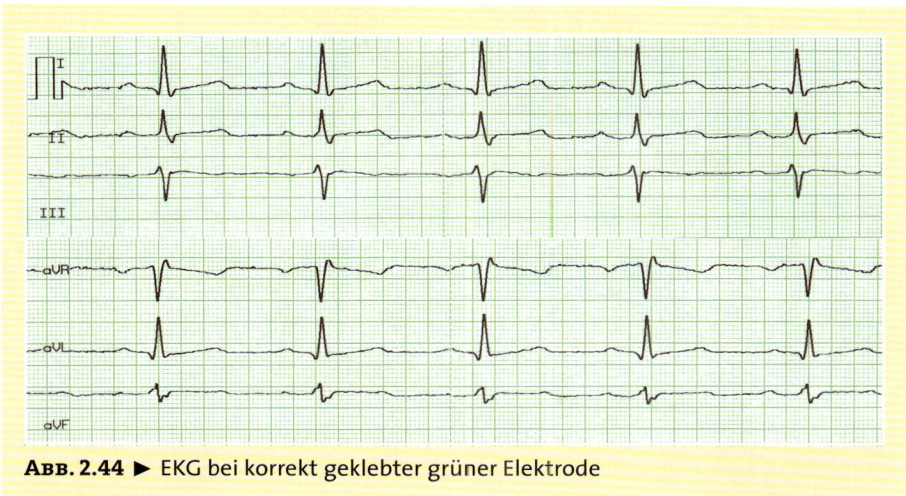

ABB. 2.44 ▶ EKG bei korrekt geklebter grüner Elektrode

Komplexe unmittelbar hintereinander folgen, hatte das Herz nicht genug Zeit für eine ausreichende diastolische Füllung – zumal ja bei dieser Rhythmusstörung die vorgeschaltete Vorhofkontraktion zur optimalen Kammerfüllung fehlt. Das gleiche Problem betrifft auch Patienten mit zahlreichen ventrikulären Extrasystolen, z.B. einem Bigeminus. Hier folgt jedem normalen QRS-Komplex eine ventrikuläre Extrasystole. Letztere trifft das Herz in einer Phase unzureichender Füllung, sodass sich typischerweise eine gut gefüllte Pulswelle tasten lässt, auf die jeweils eine nur schlecht palpable folgt. Man spricht von einem *peripheren Pulsdefizit*.

Sherlocks Fazit zu diesem Problem: Das EKG zeigt Elektrik und nicht Hämodynamik. Wer Hämodynamik mit den Mitteln des Rettungsdienstes messen will, muss die Hautfarbe und die Rekapillarisierungszeit beurteilen, den Puls peripher und/oder zentral tasten, das Pulsoxymeter anschließen, den Blutdruck messen und bei beatmeten Patienten die Kapnografie einschalten.

Nun noch einige technische Fehlerquellen: Wenn die Klebeelektroden nicht an den richtigen Stellen platziert werden, wirkt sich das auf das EKG-Bild aus. Zwei oder mehrere miteinander verschaltete Elektroden bilden einen Plus- und einen Minuspol, zwischen denen der Ableitungsvektor entsteht. Durch den Vergleich mit dem jeweiligen Herzvektor lässt sich ein EKG aufzeichnen. Der Herzvektor ändert innerhalb eines PQRST-Zyklus ständig seine Richtung – abhängig davon, wohin der Strom gerade fließt. Der Ableitungsvektor jedoch bleibt konstant, und zwar an genormten Stellen. Durch Änderungen dieser Norm entsteht im Vergleich mit dem Herzvektor ein verändertes Bild. Wenn also beispielsweise die rote und die grüne Extremitätenelektrode vertauscht werden, steht das EKG in Ableitung II »auf dem Kopf«, denn der Ableitungsvektor zeigt in die entgegengesetzte Richtung. Auch ST-Streckenveränderungen sind beschrieben worden, wenn die Elektroden von Extremitäten und Brustwandableitungen deutlich fehlplatziert werden. Im Vergleich zwischen den ABBILDUNGEN 2.44 UND 2.45 B sind deutliche Veränderungen des QRS-

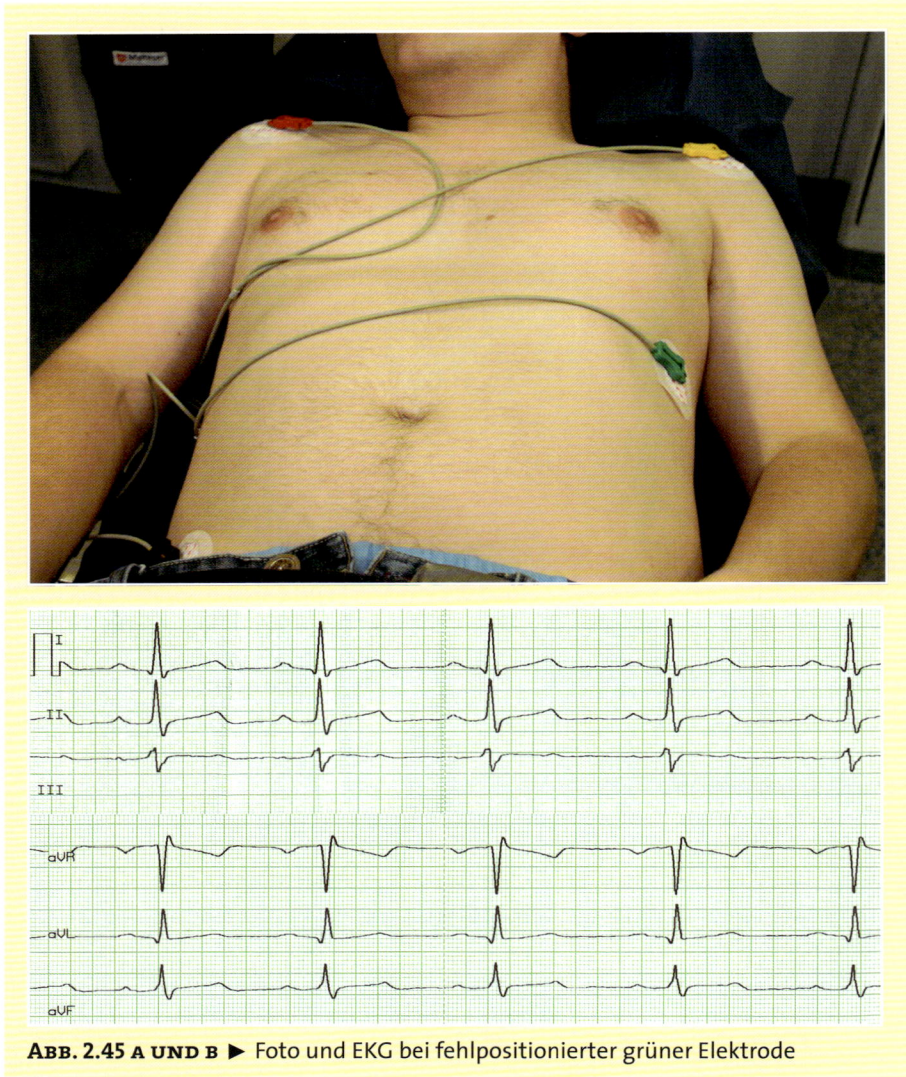

ABB. 2.45 A UND B ▶ Foto und EKG bei fehlpositionierter grüner Elektrode

Komplexes in den Ableitungen II, III und aVF zu erkennen – weil die grüne Elektrode etwas zu hoch aufgeklebt wurde und auch für Rot und Gelb der optimale Platz weiter auf den Extremitäten gewesen wäre (ABB. 2.45 A).

Wenn eine auf schweißnasser Haut angebrachte Elektrode sich löst, kann man den Buchstaben »K« aus »EKG« getrost streichen, denn das, was jetzt zu sehen ist, hat mit der elektrischen Kardioaktivität nichts mehr zu tun (ABB. 2.46). Zu sehen sind nun wilde Artefakte, vielleicht aber auch Bilder, die mit einer Asystolie oder einem Kammerflimmern verwechselt werden können. Wird diese Fehlinformation nicht detektiert, sind nahezu

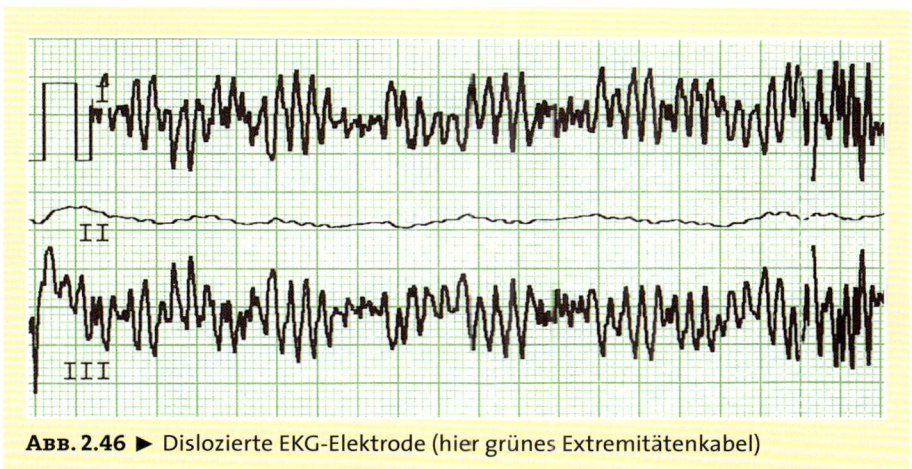

ABB. 2.46 ▶ Dislozierte EKG-Elektrode (hier grünes Extremitätenkabel)

unausweichlich fatale Fehlbehandlungen die Folge: Ein möglicherweise nicht defibrillationspflichtiger Patient wird defibrilliert oder einem defibrillationspflichtigen Patienten wird die Defibrillation vorenthalten. Also: Nicht nur das EKG und den Patienten anschauen, sondern auch die Verbindung zwischen den beiden.

Auch Bewegungen des Patienten (z.B. Zittern, Husten) oder auf ihn übertragene Bewegungen durch die Fahrt oder den Transport im Tragetuch können Artefakte verursachen, die mit einem Vorhof- oder gar Kammerflimmern verwechselt werden können. Ruhe bewahren! Nie einen ansprechbaren Patienten reanimieren! Erst für zuverlässige Messbedingungen sorgen. Wenn der Eindruck des Untersuchers über den klinischen Zustand eines Patienten mit konträren Messergebnissen eines technischen Gerätes konkurriert, toppt der Patientenzustand das Gerät. Und zwar so lange, bis Fehler ausgeschlossen sind.

2.6 Einsatz RTW: Ihre Diagnose, bitte!

In den folgenden Fällen wird das EKG zum Schlüssel für Ihre Diagnose. Interpretieren Sie das EKG nach dem Schema aus KAPITEL 2.4 und bringen Sie es in einen gesamtdiagnostischen Kontext. Was haben die Patienten? Was kann man dagegen tun?

Fall 1: Z. n. irgendwas

Als Sie mit Ihrem RTW an der Einsatzstelle ankommen, verlässt der Hausarzt gerade die Wohnung des Patienten. »Alles schon erledigt! Der Patient ist jetzt kreislaufstabil und kann in die Klinik transportiert werden. Ich habe Ihnen alles aufgeschrieben. Tut mir leid. Ich muss jetzt weiter.«

In der Wohnung treffen Sie auf einen ca. 60-jährigen Patienten, dem es nach eigenem Bekunden wieder gut geht. Eigentlich will er auch gar nicht ins Krankenhaus. Auf die Frage, warum er denn dort hin soll, antwortet er, dass ihn vorhin ein heftiger Schwindel geplagt habe. Dann sei der Hausarzt gekommen und habe ihm etwas dagegen gespritzt. Daraufhin sei es für einige Sekunden noch viel schlimmer geworden. Er habe geglaubt, sterben zu müssen. Und dann sei alles wieder gut gewesen. »Komisch!«, findet er.

Sie können sein aktuelles Wohlbefinden objektiv nicht entkräften: ABCD und E sind unauffällig. Auf der Suche nach weiteren Informationen finden Sie einen Transportschein und ein Einweisungsformular. Es ist handschriftlich ausgefüllt – und zwar vollkommen unleserlich. Daneben liegt ein EKG-Streifen (ABB. 2.47). Der könnte Ihnen helfen:

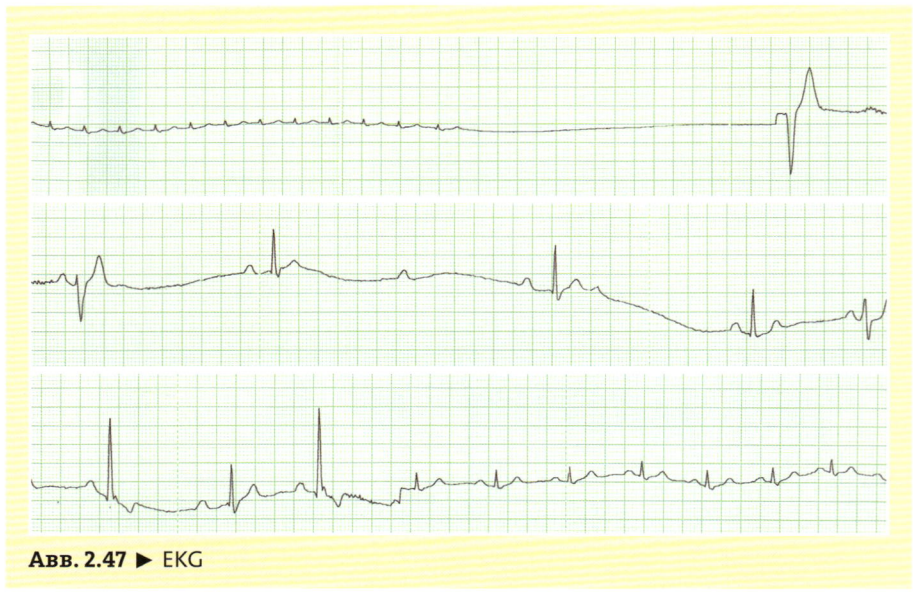

ABB. 2.47 ▶ EKG

Woran hat der Patient gelitten, und welches Medikament hat er wahrscheinlich bekommen? Ist jetzt alles wieder in Ordnung?

Fall 2: Eine E-Mail

Auf der Wache erreicht Sie eine E-Mail mit Dringlichkeitskennzeichnung. Sie stammt von Dr. Asmus. Der war früher Zivi an der Wache und ist jetzt Arzt. Er hat seinen Traumjob gefunden und arbeitet in einer Forschungsstation am Nordpol. Um auch rettungsmedizinisch auf dem Laufenden zu bleiben, hält er den Kontakt zu den Kollegen (ABB. 2.48):

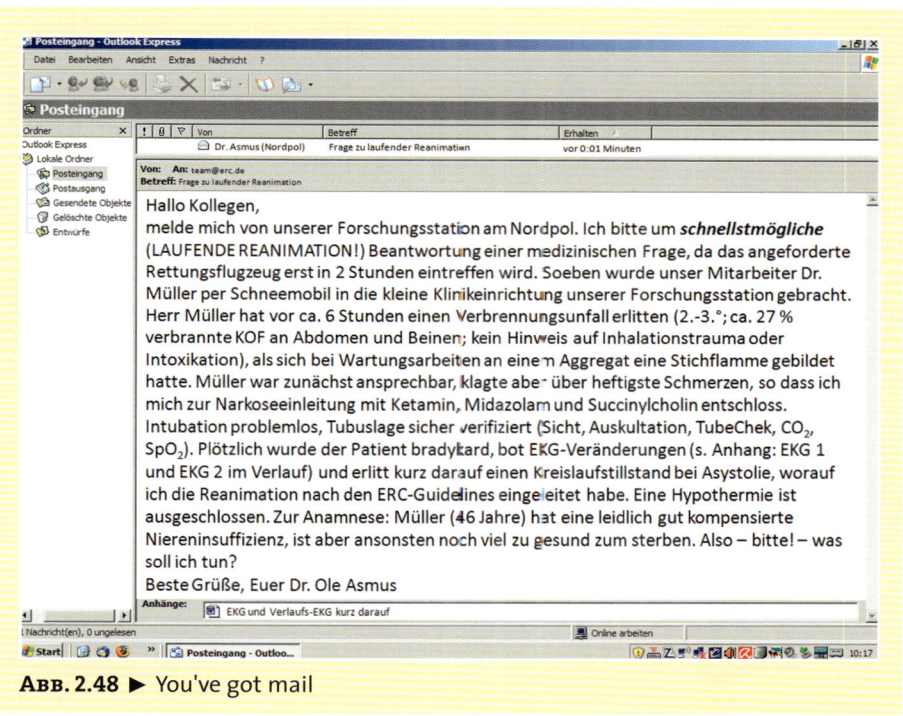

ABB. 2.48 ▶ You've got mail

Neben der Auflistung der bereits verabreichten Medikamente (ABB. 2.48) befinden sich im Anhang die folgenden EKG-Streifen, die noch vor dem Kreislaufstillstand ausgedruckt werden konnten (ABB. 2.49 A+B).

Was soll Dr. Asmus tun? Versuchen Sie, das EKG in einen Zusammenhang mit Hergang, Anamnese und Symptomatik zu bringen.

Fall 3: Lysetherapie

Sie werden von der Lebensgefährtin eines 27-jährigen Mannes gerufen. Sie weiß nicht mehr weiter. Ihr Freund ist seit einigen Tagen krank, will sich aber nicht helfen lassen. Er studiert

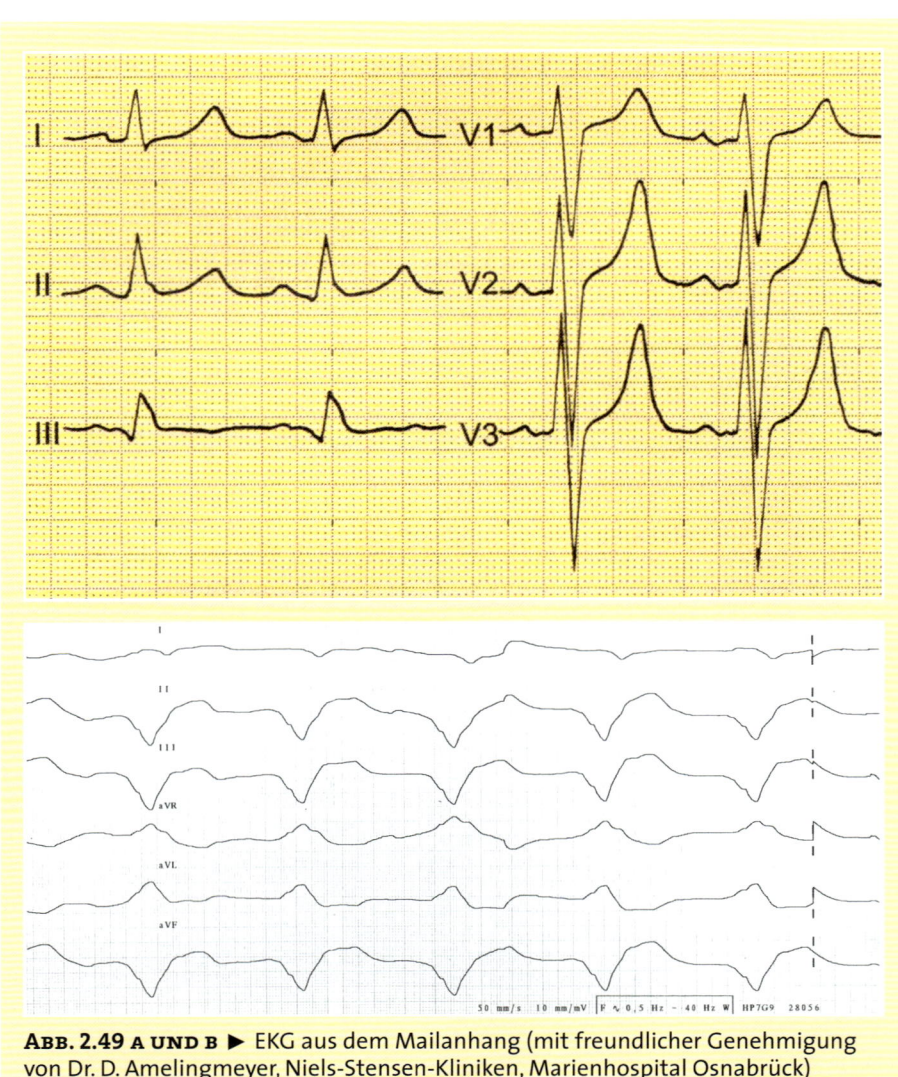

ABB. 2.49 A UND B ▶ EKG aus dem Mailanhang (mit freundlicher Genehmigung von Dr. D. Amelingmeyer, Niels-Stensen-Kliniken, Marienhospital Osnabrück)

Medizin und hat selbst eine Sinusitis und eine Bronchitis oder Pneumonie mit Fieber diagnostiziert. Komplizierend sei nun wohl eine Pleuritis hinzugekommen, jedenfalls habe er mit seinem Stethoskop linksthorakale schabende Geräusche gehört. Bislang hat der junge Fachmann sich selbst mit Schleimlösern, Inhalationen und fiebersenkenden Medikamenten wie Paracetamol behandelt. Seit gestern hat sich zusätzlich zum bisherigen Beschwerdekomplex ein zunehmend heftiger Brustschmerz eingestellt, der retrosternal und linksthorakal lokalisiert ist. Im Liegen ist es überhaupt nicht auszuhalten, im Sitzen nur schwer. Vornübergebeugtes Sitzen verschafft eine leichte Beschwerdelinderung.

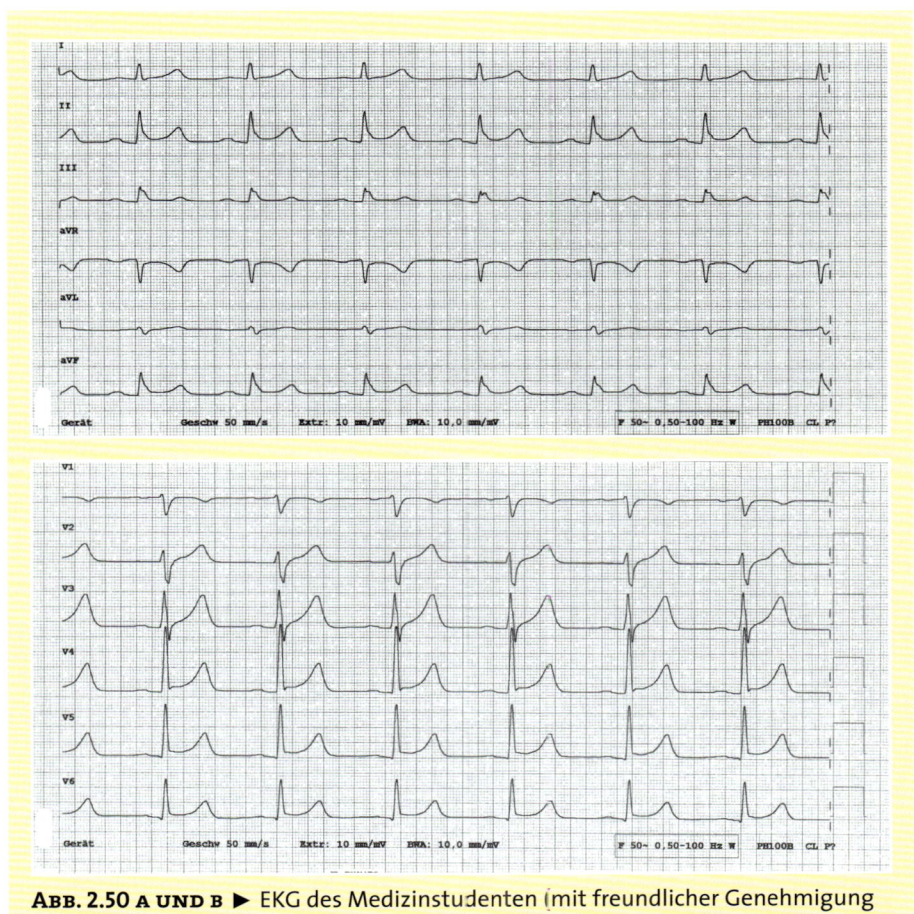

ABB. 2.50 A UND B ▶ EKG des Medizinstudenten (mit freundlicher Genehmigung von Dr. D. Amelingmeyer, Niels-Stensen-Kl niken, Marienhospital Osnabrück)

Als Sie ihm das EKG zeigen (ABB. 2.50 A+B), stöhnt er auf: »Himmel! Ein Infarkt. Ich hab 'nen STEMI. Los, Leute! Tut doch was. Die nächste Klinik mit PCI-Möglichkeit ist mindestens zwei Stunden entfernt. Hubschrauber landen bei dem Wetter nicht. Ich will sofort eine Lyse!«

Der Notarzt kommt dem Patientenwunsch nach und leitet eine Lysetherapie ein. Während des Transports verschlechtert sich der Zustand des Patienten massiv. Der Blutdruck sinkt auf 60/40 mmHg, die Frequenz steigt auf 130/min. Im EKG wird die Amplitude der QRS-Komplexe deutlich kleiner. Die Halsvenen sind gestaut. Ein Pulsus paradoxus kann getastet werden.

Was ist hier passiert?

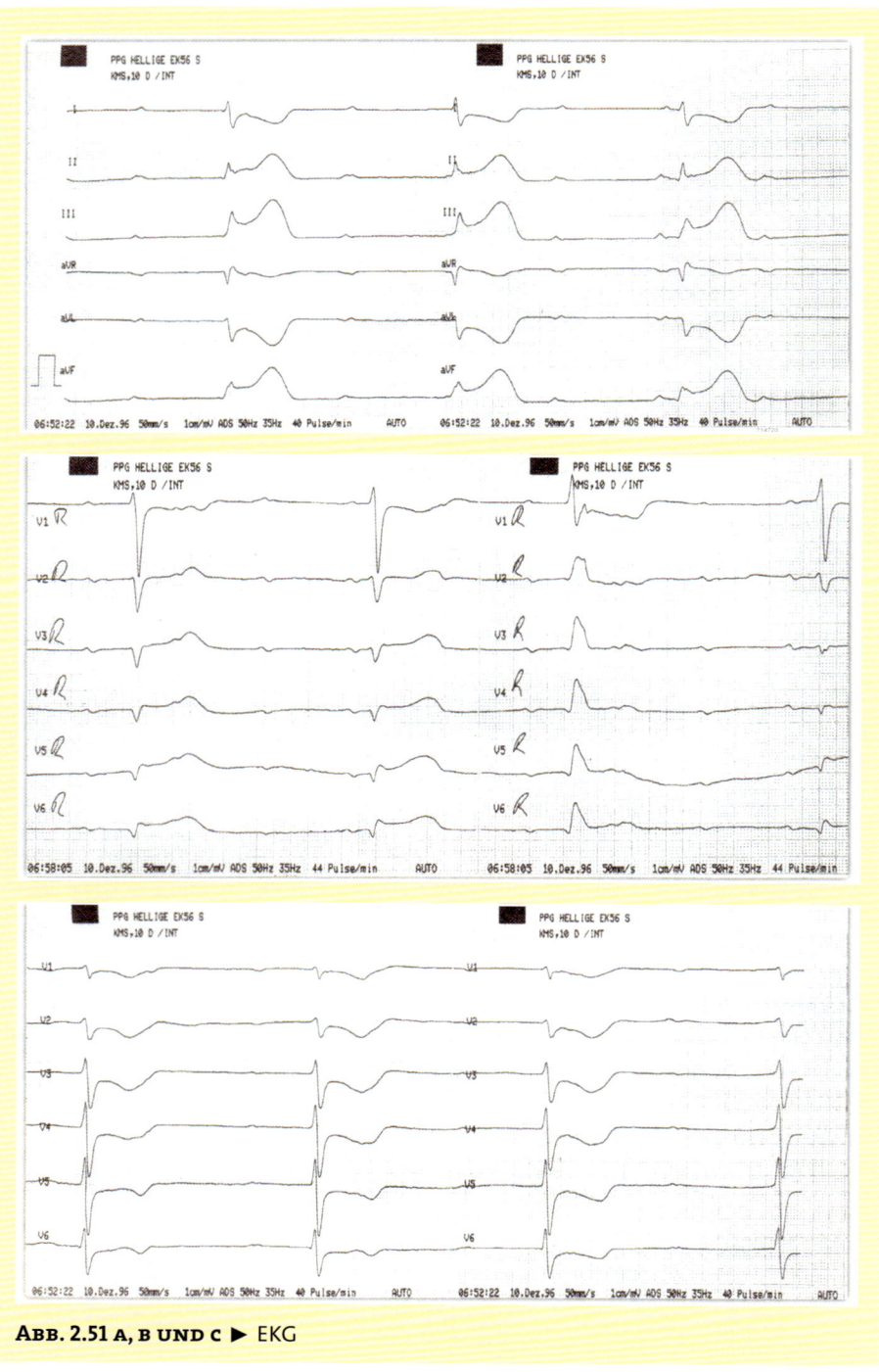

ABB. 2.51 A, B UND C ▶ EKG

Fall 4: Herzinfarkt

Sie betreten die Wohnung eines 48-jährigen Patienten. Er ist kaltschweißig und klagt über stärkste retrosternale Schmerzen, die vor ca. 20 Minuten belastungsunabhängig aufgetreten sind. Atemweg und Atmung sind unauffällig; es kann ein normales Atemgeräusch auskultiert werden. SpO$_2$: 96 %. Der Puls ist am Handgelenk regelmäßig mit einer Frequenz von ca. 60/min tastbar. RR: 110/60 mmHg. Die Halsvenen sind massiv gestaut. Vorerkrankungen, insbesondere der Brust- und Oberbauchorgane, bestehen nicht. Allergien sind nicht bekannt. Der Patient nimmt keine Medikamente – auch kein Sildenafil (Viagra®) oder verwandte Stoffe – ein.

Ihr Kollege hat derweil die Standardmedikamente vorbereitet: Nitro, ASS, Heparin, Morphin. Stimmen Sie zu? Ja? Nach Gabe von 300 mg ASS, 5 000 I.E Heparin und schließlich zwei Hüben Nitrospray sowie 4 mg Morphin wird der Patient plötzlich blass und synkopiert bei einem Blutdruck von 60/40 mmHg.

Was ist passiert? Hilft das EKG (Abb. 2.51 a – c) bei der Beantwortung dieser Frage?

Fall 5: Schlägerei im Altenheim

Sie sind mit Ihrem RTW auf dem Weg zu einem Seniorenheim. Das Alarmierungsstichwort lautet »Bewusstlose Person«. Im Zimmer der 80-jährigen Patientin wartet der Hausarzt, der zufällig wegen einer anderen Patientin vor Ort war und vom Pflegepersonal um Hilfe gebeten worden war. Er verkündet, dass die Patientin atmet und einen Puls hat, der allerdings viel zu schnell sei, und verlangt nach einem EKG. Sie kommen der Bitte nach und komplettieren währenddessen Ihre ersten Eindrücke: Der Atemweg ist frei, die Atmung flach und beschleunigt. Eine Zyanose besteht nicht. Die Pulsoxymetrie liefert – bei peripher nicht tastbarem Puls – keinen Wert. Sie lassen den Kollegen Sauerstoff verabreichen und bitten ihn, den Blutdruck zu messen (70/40 mmHg). Der zentral getastete Puls erscheint extrem schnell. Auf laute Ansprache reagiert die Patientin, indem sie kurz die Augen öffnet und stöhnt. Ein leichtes Schütteln an der Schulter führt zu gezielter Abwehr. Vorerkrankungen und Medikamente sind der Pflegekraft nicht bekannt, weil die Patientin erst vor wenigen Stunden neu aufgenommen wurde und das Stammblatt noch nicht angelegt ist. Das EKG ist fertig (Abb. 2.52).

Der Hausarzt verlangt nach einem i.v. Zugang und Adrenalin, holt dann aus und versetzt der älteren Dame einen kräftigen Faustschlag auf die Brust. Sie – und auch die Patientin – sind einigermaßen entsetzt, doch das EKG verändert sich, zumindest kurzfristig, tatsächlich (Abb. 2.53). Das Problem scheint ein paar Sekunden lang gelöst. Dann jedoch ist

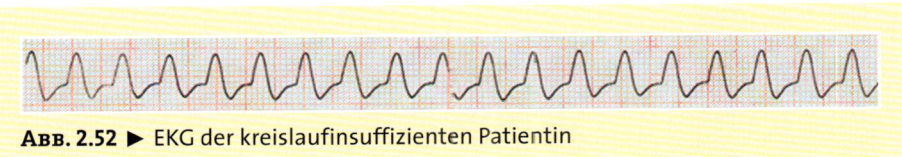

Abb. 2.52 ▶ EKG der kreislaufinsuffizienten Patientin

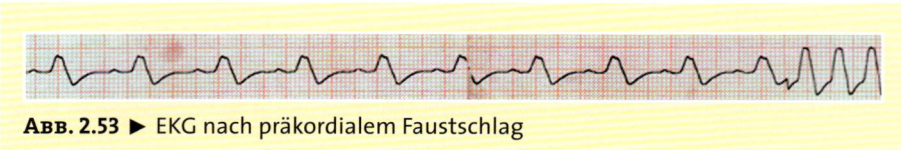

ABB. 2.53 ▶ EKG nach präkordialem Faustschlag

der Ausgangszustand wiederhergestellt. »Na, dann doch Adrenalin! Oder hat hier jemand eine bessere Idee?«, fragt der Hausarzt.

Haben Sie? Befunden Sie die beiden EKG-Streifen. Lässt sich anhand des EKG die Symptomatik erklären? Welche Interventionen sind nötig, möglich und in diesem Fall empfehlenswert?

Fall 6: Aus dem Tritt geraten

Sie werden zu einem 85-jährigen Patienten gerufen. Die Ehefrau des Patienten hatte über vermutliche Kreislaufprobleme ihres Mannes berichtet. Der Patient wendet Ihnen bei Ihrem Eintreffen zwar kurz den Kopf zu, ist aber ansonsten nicht kontaktfähig. Er wirkt blass und hat einen schlaffen Muskeltonus. Im Mundrachenraum finden sich Brotreste. Einer Aufforderung zum Ausspucken des Fremdkörpers kommt der Patient nicht nach. Er toleriert aber eine digitale Entfernung. Die Atemfrequenz ist grenzwertig langsam. Trotz seitengleicher Belüftung ohne pathologische Nebengeräusche verabreichen Sie hochdosiert Sauerstoff. Das Pulsoxymeter zeigt keinen Wert an. Der Radialispuls ist extrem langsam. Es wird ein EKG abgeleitet (ABB. 2.54). Blutdruck: 90/60 mmHg.

Die Bewusstseinsstörung, die eine Folge des Kreislaufproblems sein dürfte, wird aktuell mit einem GCS von 8 Punkten (3-1-4) bewertet. Da aufgrund der desolaten Venensituation die zeitnahe Anlage eines i.v. Zugangs als aussichtslos bewertet wird und sich der Patien-

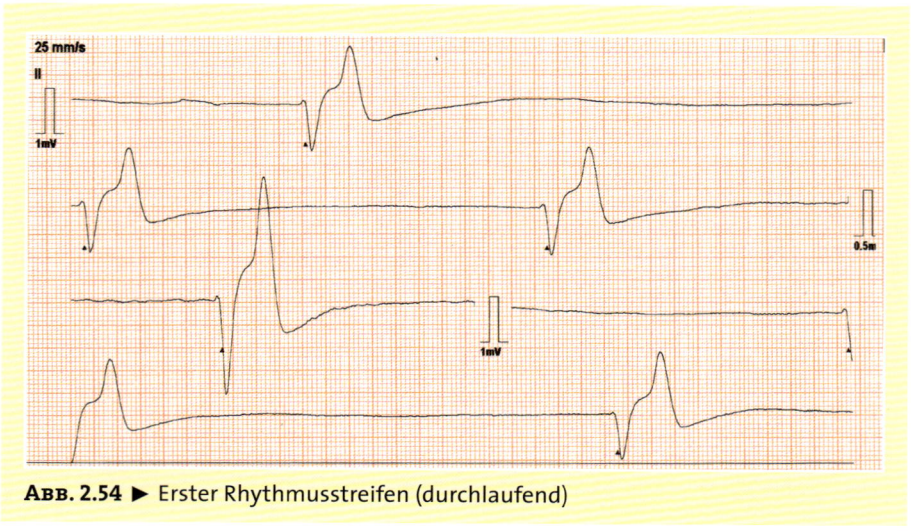

ABB. 2.54 ▶ Erster Rhythmusstreifen (durchlaufend)

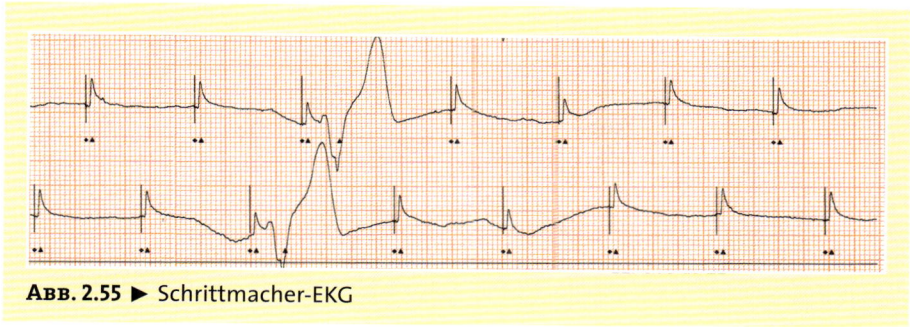

ABB. 2.55 ▶ Schrittmacher-EKG

tenzustand schnell verschlechtert – mittlerweile zeigt der Patient bei erhaltener Spontanatmung keinerlei Abwehrbewegungen auf Schmerzreize mehr –, entscheiden Sie sich für
ein sofortiges transthorakales Pacing (ABB. 2.55).

War die Schrittmacheranlage bei dem vorliegenden Grundrhythmus überhaupt indiziert? Sind Sie mit dem Pacing-Ergebnis zufrieden?

Fall 7: Krampfanfall

Der nächste Einsatz führt Sie auf einen Sportplatz. Hier findet heute ein Hobby-Fußball-
turnier statt. Talent und Kondition spielen keine Rolle – Spaß soll es machen! Unter diesem Motto haben sich lockere Freizeitmannschafter gebildet, die ganz unverkrampft
gegeneinander antreten. So ganz unverkrampft dann aber leider doch nicht, wie Sie aus
Ihrem Alarmierungstext schließen. Ein Krampfanfall wurde gemeldet. Die Patientin ist
39 Jahre alt und aktuell wieder ansprechbar. Zeugen beschreiben, dass sie während des
Spiels plötzlich und ohne Vorzeichen zusammengebrochen und »ganz steif geworden sei
und dann auch für kurze Zeit gezuckt habe«. Die Augen waren während dieser Phase offen
und nach oben verdreht. Sie sei kurz darauf wieder erwacht und dann eigentlich schnell
wieder orientiert gewesen.

Beim Eintreffen des Rettungsdienstes ist die Frau ansprechbar und adäquat orientiert. Sie berichtet, dass sie sich noch an ein starkes Schwindelgefühl erinnern könne,
dann wohl das Bewusstsein verloren habe und auf dem Boden liegend wieder erwacht
sei. Eine Epilepsie sei bislang nicht diagnostiziert worden. Dafür hat sie aber in den vergangenen Monaten eine wahre Leidensgeschichte erlebt. Aufgrund einer depressiven
Verstimmung wurde ihr vom Hausarzt ein Antidepressivum verschrieben. Der Der-
matologe hat ihr zur Linderung allergischer Beschwerden ein Antihistaminikum ver-
ordnet, und zu allem Überfluss besteht seit zwei Wochen ein hartnäckiger Harnwegs-
infekt, der vom Urologen mittels Antibiotikum behandelt wird. Wegen immer wieder
auftretender Übelkeit hat sie selbst diese Medikation um ein rezeptfreies Antiemetikum
ergänzt. Zudem gab es immer wieder Kreislaufbeschwerden. In den letzten Tagen sei sie
insgesamt drei Mal nach plötzlich einsetzendem Schwindel und »Schwarzwerden vor
den Augen« kollabiert und habe dabei jeweils das Bewusstsein verloren. Zufällig anwesende Familienangehörige haben in all diesen Fällen nicht von Krampfbewegungen

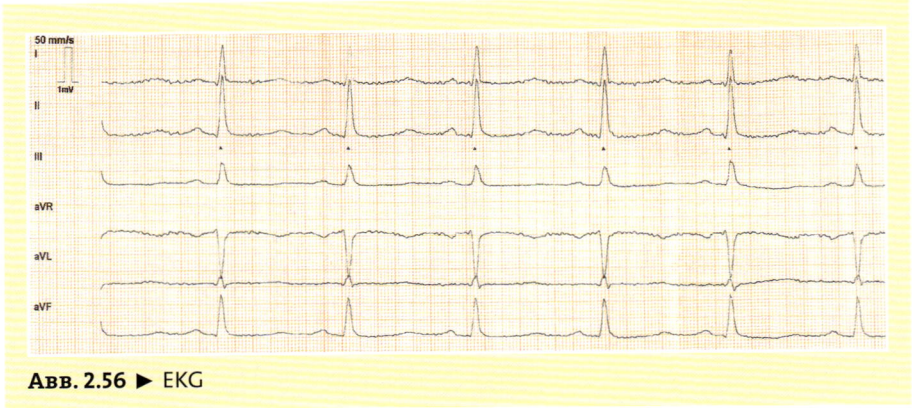

ABB. 2.56 ▶ EKG

gesprochen und die Dauer der Bewusstlosigkeit auf weniger als eine Minute geschätzt. Trotz allem wollte sie heute unbedingt an dem Sportfest teilnehmen, um ihren Kindern eine Freude zu machen. Die aktuellen Werte: RR: 166/87 mmHg, P: 83/min, SpO_2: 96 %, BZ: 89 mg/dl, T: 37,0 °C.

Wie lautet Ihre Diagnose (ABB. 2.56)? Wie schätzen Sie das Gefahrenpotenzial ein? Was tun Sie?

Fall 8: Ein überraschendes EKG

Abends um 18.00 Uhr werden RTW und NEF zu einer 82-jährigen Dame gerufen. Vor der Haustür erwartet ihr Enkel den Rettungsdienst und äußert, offenbar erfahren mit derartigen Situationen, dass es mal wieder so weit sei: die Atemnot! In der Wohnung findet das Team die Patientin mit offensichtlicher Orthopnoe unruhig auf einem Sessel sitzend vor. Bereits auf Distanz sind giemende, spastische Atemgeräusche vernehmbar. Im Aschenbecher glimmen noch Zigarettenstummel, der Raum ist rauchgeschwängert. Die Patientin kann aufgrund ihrer Atemnot nicht zusammenhängend sprechen. Das Fenster wird weit geöffnet. Der Enkel berichtet von einer chronischen Lungenerkrankung sowie zahlreichen weiteren Krankheiten und holt verschiedene Dosieraerosole, darunter ein Beta-2-Mimetikum und Kortison, aus der Küche.

Die Diagnose »Exazerbierte COPD« liegt nahe, dennoch möchte sich das Team nicht vorschnell festlegen und erwägt Differenzialdiagnosen für das Leitsymptom »Atemnot mit giemendem Atemgeräusch«. Eine Lungenembolie bei einer aufgrund ihrer Vorerkrankungen wahrscheinlich bewegungseingeschränkten Patientin mit langjährigem und intensivem Nikotinkonsum wäre bedenkenswert. Giemende Atemgeräusche schließen diese Akuterkrankung nicht aus, sondern könnten als Reflexbronchokonstriktion interpretiert werden. Eine Kombination von Lungenembolie und COPD ist natürlich ebenfalls möglich. Apropos Kombination: Auch COPD und Pneumothorax können vergesellschaftet sein. Ein Einriss des strukturell geschwächten Lungengewebes würde einen

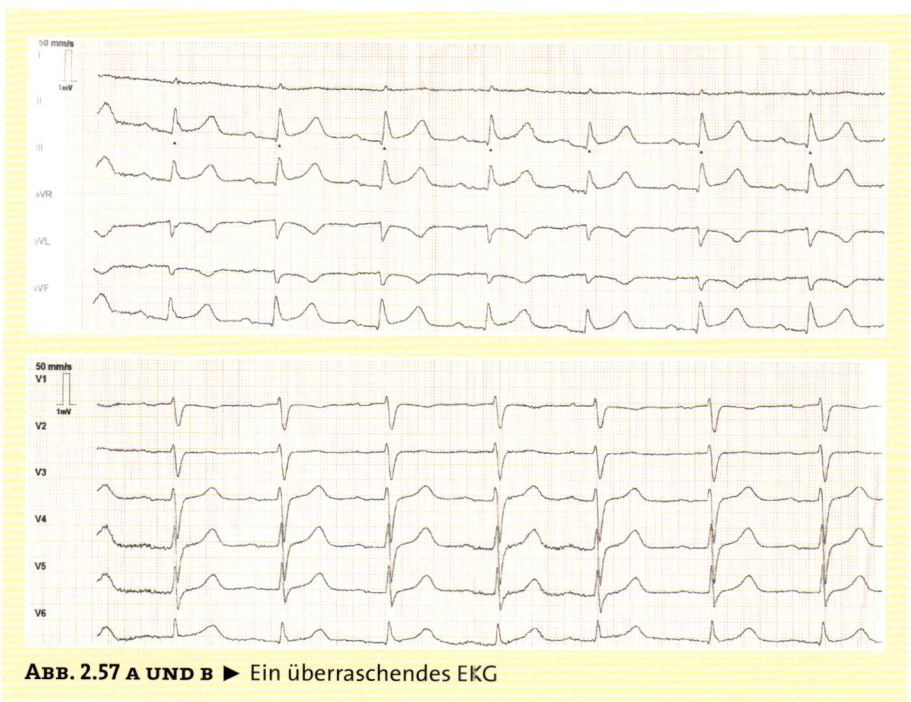

ABB. 2.57 A UND B ▶ Ein überraschendes EKG

sekundären Lungenkollaps bedingen, der sogar als lebensbedrohlicher Spannungspneumothorax imponieren könnte. Das giemende Atemgeräusch wäre dann ein Zeichen für
das chronische Grundproblem, die akute Zustandsverschlechterung als Symptom für den
Pneumothorax zu bewerten. Einseitig abgeschwächte oder aufgehobene Atemgeräusche
wären ein wegweisender Auskultationsbefund. Eine Herzinsuffizienz, die sich als Ausdruck eines erhöhten Drucks im Lungenkreislauf als Asthma cardiale oder – zunächst
interstitielles – Lungenödem manifestiert, könnte ebenfalls mit giemenden Atemge-
räuschen als Ausdruck eines sekundären Bronchospasmus einhergehen. Nicht zuletzt
würde eine Pneumonie den Patienten mit COPD besonders schwer treffen und eindrucks-
voller Auslöser einer COPD-Exazerbation sein. Die Gerätediagnostik liefert folgende Werte:
RR 206/106 mmHg, SpO_2 (unter O_2-Therapie): 95 %, P: 95/min, BZ: 120 mg/dl, T: 36,8 °C.
Die EKG-Ableitung gestaltet sich schwierig, wird aber weiter angestrebt. Die körperliche
Untersuchung zeigt eine Patientin in reduziertem Ernährungszustand (Kachexie). Keine
Beinödeme. Gestaute Halsvenen. Auskultatorisch beidseitig giemende, spastische Atem-
geräusche. Anamnese und Medikation lassen u.a. auf eine COPD und eine Herzinsuf-
fizienz schließen. Das EKG ist fertig (ABB. 2.57 A+B)!

Die Patientin wird nochmals gefragt, ob sie Schmerzen in der Brust habe. Das wird verneint, jedoch verspüre sie nun doch einen gewissen thorakalen Druck.

Wie lautet Ihre Diagnose? Was tun Sie?

Fall 9: Typisch untypisch

Das Rettungsteam wird zu einer 71-jährigen Dame gerufen. Sie liegt im Bett, atmet normal tief und schnell, ist etwas blass, hat einen gut tastbaren normofrequenten und regelmäßigen Radialispuls, reicht dem Kollegen gezielt die Hand und ist adäquat orientiert. Auf die Frage, was denn passiert sei, gibt sie plötzlich eingetretenen Schwindel an. ABC und D (Atemweg, Belüftung, Circulation und neurologisches Defizit) zeigen aktuell keinen dramatischen Handlungsbedarf zur vitalen Stabilisierung. Zeit für eine detaillierte Anamnese und Untersuchung. Das Team denkt beim Leitsymptom »Schwindel« an: Kreislaufprobleme wie z.B. eine Orthostase, Herzrhythmusstörungen mit Abfall des Herzminutenvolumens, Innenohrstörungen wie z.B. einen Morbus Menière oder einen Schlag-

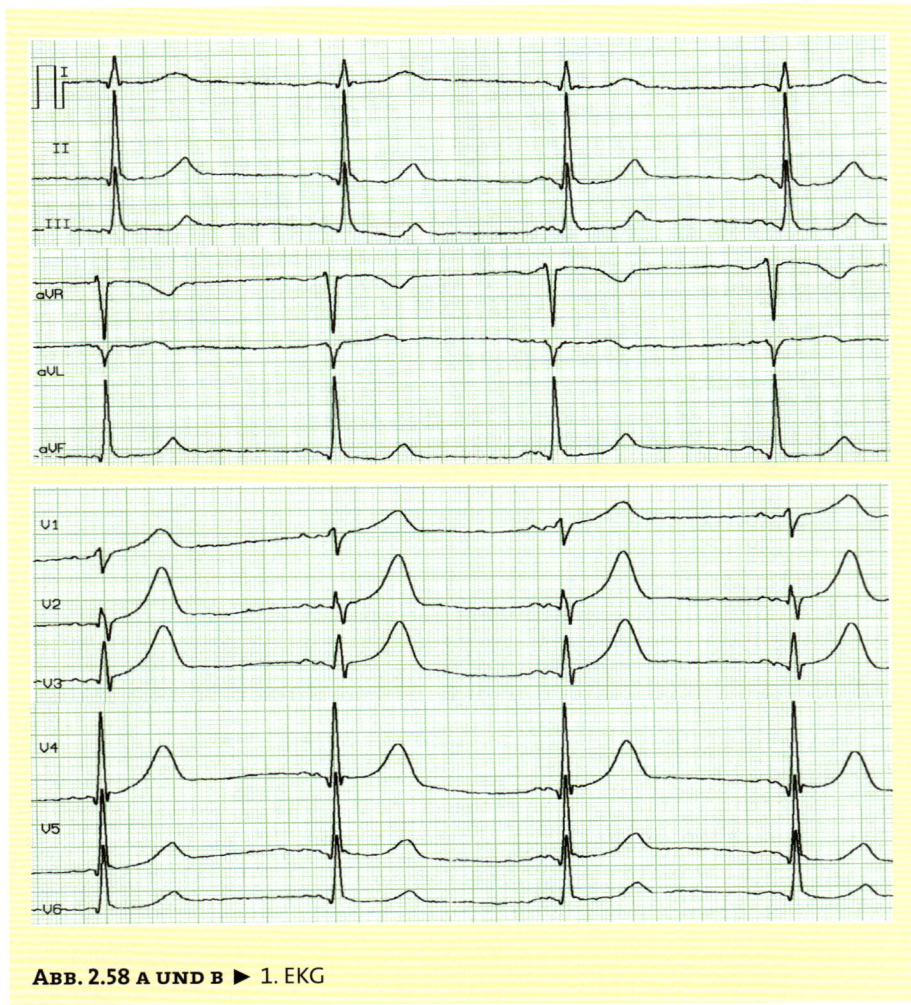

ABB. 2.58 A UND B ▶ 1. EKG

anfall mit Stammhirn- oder Kleinhirnbeteiligung. Die Patientin sagt, dass der Schwindel plötzlich im Stehen aufgetreten sei. Ein Gefühl bevorstehender Ohnmacht wie »Schwarzwerden vor den Augen« habe nicht bestanden. Im Liegen sei es nur zu einer mäßigen Beschwerdelinderung gekommen. Auch jetzt bestehe der Schwindel fort. Der Blutdruck beträgt 140/80 mmHg. Puls: 72/min, SpO$_2$: 96 %, BZ: 105 mg/dl. Kraft und Koordination der Arme und Beine sind seitengleich unauffällig. Kein Nystagmus, keine Schwerhörigkeit, kein Tinnitus. Routinemäßig wird ein EKG geschrieben. (ABB. 2.58 A+B).

Die Patientin wird gebeten, den Schwindel näher zu beschreiben. Liegt ein Drehschwindel oder eher ein Schwankschwindel vor? Na ja, eigentlich, so die Antwort, könne sie das gar nicht genau sagen. »Schwindel« sei vielleicht auch der falsche Ausdruck. »Benommenheit« würde es vielleicht eher treffen. Und sonst? Gibt es weitere Beschwerden? Ja, Durchfall habe sie vorhin gehabt. Diarrhoe – eine neue Fährte: Der Durchfall ist einmalig aufgetreten und war nicht blutig. Exsikkosezeichen liegen nicht vor, die Zunge ist feucht, der Hautturgor normal. Sie habe sicherlich nichts »Falsches« oder Verdorbenes gegessen. Keine Allergien. Hypothyreose als einzige Vorerkrankung, L-Thyroxin als einziges Medikament. Die Körpertemperatur ist mit 36,8 °C normal. Auf die Frage, ob Schmerzen bestehen, zögert die Patientin zunächst und räumt dann ein, dass sie einen leichten Druck im Oberbauch verspüre. Dabei reibt sie mit der flachen Hand über das zentrale obere Abdomen. Eine Schmerzausstrahlung in die Brust, die Schulter, die Arme, den Rücken und den Kiefer wird verneint.

Erstellen Sie eine Verdachtsdiagnose. Welche Maßnahmen ergreifen Sie?

Kurz darauf zeigen sich diskrete Zeichen einer Zustandsveränderung. Die Patientin atmet mit ca. 24 Zügen in der Minute ungewöhnlich schnell. Die Frage nach Atemnot wird zwar zunächst verneint, aber etwas beschwerlich sei das Atmen nun doch geworden. Das Pulsoxymeter zeigt eine Sauerstoffsättigung von 93 %. Die Auskultation der Lunge ergibt keinen pathologischen Befund. Erst auf die gezielte Frage, ob sich auch die Schmerzen

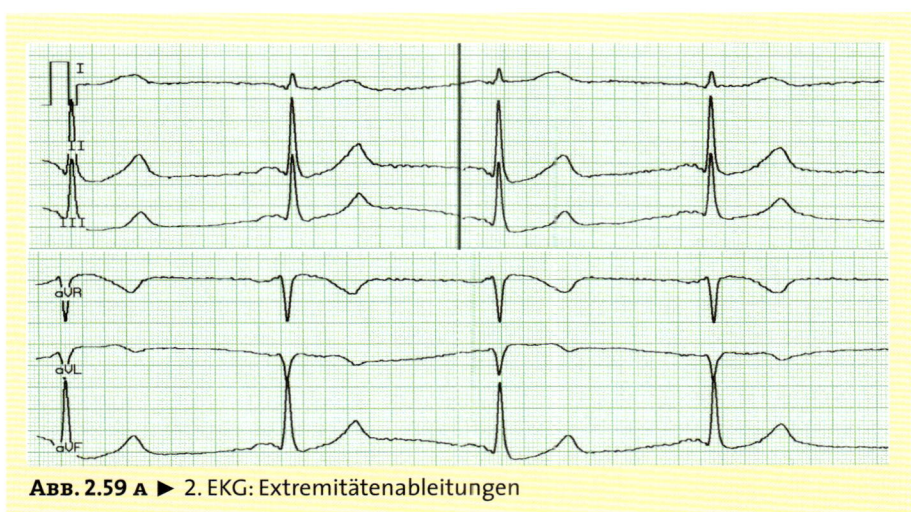

ABB. 2.59 A ▶ 2. EKG: Extremitätenableitungen

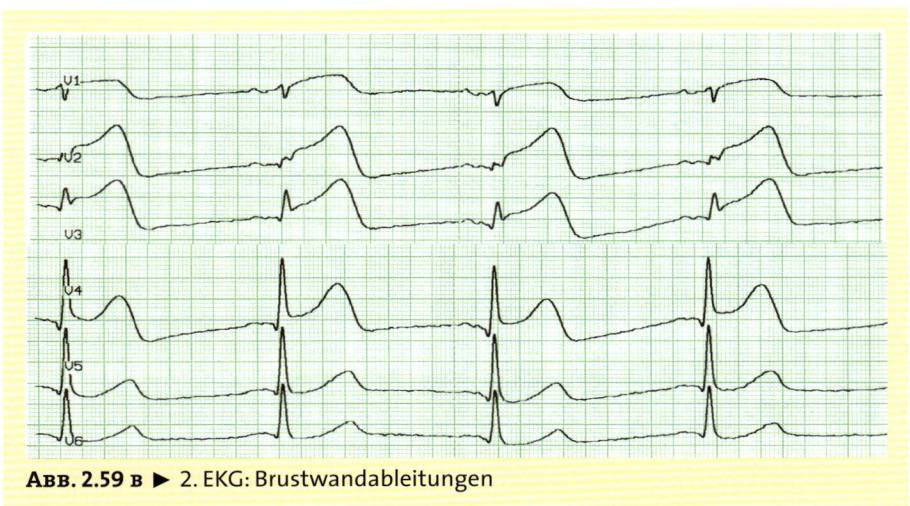

ABB. 2.59 B ▶ 2. EKG: Brustwandableitungen

verändert haben, erklärt die Patientin, dass sie nun auch Schmerzen in der linken Brust mit einer Ausstrahlung in den linken Arm verspüre, die zunehmend intensiver werden. Der Blutdruck beträgt 150/80 mmHg. In der Zwischenzeit wird ein zweites 12-Kanal-EKG angefertigt (ABB. 2.59 A+B).

Wie lautet Ihre abschließende Diagnose? Wo genau ist das Problem lokalisiert? Was tun Sie nun?

2.7 Lösungen

Fall 1: Z. n. irgendwas

Der EKG-Streifen zeigt drei verschiedene Rhythmen, die zu jeweils drei abweichenden klinischen Zuständen passen (zuerst heftiger Schwindel, dann eine Verschlimmerung und schließlich wieder gut). Daher müssen die drei Rhythmen zunächst isoliert befundet werden:

▶ EKG-Interpretationsschema			
	Reizbildung und -leitung		**Repräsentation im EKG**
Norm:			
Patienten-EKG:			
Fragen	Antworten	Abweichung?	Interpretation der Abweichung
1. Frequenz?	ca. 170/min	ja	Tachykardie
2. Rhythmisch?	ja	nein	-
3. Kammererregung: QRS-Komplex schmal oder breit?	schmal	nein	-
4. Vorhof: P-Wellen erkennbar?	P-Wellen nicht erkennbar	ja	P-Wellen sind nicht erkennbar. Da der QRS-Komplex normal schmal ist, scheint der Strom ab dem AV-Knoten den normalen Weg zu nehmen. Auf Kammerebene gibt es also kein elektrisches Problem. Das Fehlen von P-Wellen bei schmalem QRS-Komplex wäre dadurch erklärbar, dass der AV-Knoten der Taktgeber ist. Bei extrem hohen Frequenzen können P-Wellen allerdings auch »versteckt« vorhanden sein, wenn sie von T-Wellen überlagert sind.
5. AV-Knoten-Überleitung: Verhältnis zwischen P-Q?	nicht erkennbar	ja	s. 4.
6. Nach der Kammererregung: ST-Strecke isoelektrisch?	ja	ja	-
7. Rückbildung: T-Welle normal?	ja	ja	-
		Befund:	regelmäßige Schmalkomplextachykardie (wahrscheinlich AV-Knoten-Reentry-Tachykardie)

Zum Zeitpunkt der Symptomatik hatte der Patient also eine regelmäßige Schmalkomplextachykardie. Dass sie hämodynamisch relevant war, zeigt die Symptomatik. Der vom Patienten verspürte Schwindel wird Folge eines reduzierten Herzminutenvolumens mit zerebraler Mangelperfusion gewesen sein. Sehr hohe Frequenzen können zu einer mangelhaften diastolischen Füllung zwischen zwei Systolen führen. Dieses Bild wird sich dem Hausarzt geboten haben, als er den Patienten untersucht hat. Was ist dann passiert? Das zeigt die Interpretation des nächsten Abschnitts des EKG-Streifens.

▶ EKG-Interpretationsschema

	Reizbildung und -leitung		Repräsentation im EKG
Norm:			
Patienten-EKG:			

Fragen	Antworten	Abweichung?	Interpretation der Abweichung
1. Frequenz?	im Streifen: ca. 24/min	ja	kritische Bradykardie nach asystoler Phase
2. Rhythmisch?	nein	ja	völlig unregelmäßige QRS-Verteilung
3. Kammererregung: QRS-Komplex schmal oder breit?	Einige QRS-Komplexe sind breit, andere schmal.	ja	Die beiden ersten QRS-Komplexe sind breit und deformiert – das spricht entweder für einen Schenkelblock oder für einen ventrikulären Impulsgeber. Da zumindest beim ersten (beim zweiten wahrscheinlich ohne Zusammenhang) kein P vorangeht, das eine Vorhoferregung anzeigen würde, liegt hier eine ventrikuläre Erregungsbildung zugrunde. Die beiden hinteren QRS-Komplexe sind schmal und regelrecht.
4. Vorhof: P-Wellen erkennbar?	P-Wellen sind erkennbar, aber nicht regelmäßig.	ja	Die P-Wellen sind normal geformt, treten aber nicht regelmäßig auf.
5. AV-Knoten-Überleitung: Verhältnis zwischen P-Q?	Einige P-Wellen scheinen übergeleitet zu werden, andere nicht.	ja	Nicht jedem QRS-Komplex geht ein P voraus. In diesen Fällen kommt die Erregung nicht aus den Vorhöfen. Dass sie aus den Kammern kommt, zeigt der dann jeweils verbreiterte und deformierte QRS-Komplex an. Nicht jedem P folgt ein QRS-Komplex. Das bedeutet, dass der AV-Knoten einige Impulse nicht überleitet.

6. Nach der Kammer-erregung: ST-Strecke isoelektrisch?	z.T. nicht abzugrenzen, z.T. ja	ja	Beim ersten und zweiten QRST-Komplex wirkt die ST-Strecke angehoben. Das ist normal – wenn die Erregungsausbreitung gestört war, ist auch die Rückbildung gestört. Letztere ist dann für eine Infarktdiagnostik meistens unbrauchbar. Den beiden hinteren Erregungen folgt eine regelrechte ST-Strecke.
7. Rückbildung: T-Welle normal?	z.T. nicht abzugrenzen, z.T. ja	ja	s. 6.
		Befund:	Wiederaufnahme der elektrischen Erregung nach asystoler Phase mit ventrikulären Ersatzschlägen und anschließend einem höhergradigen AV-Block

Als therapeutische Intervention bei einem stabilen Patienten mit einer regelmäßigen Schmalkomplextachykardie sehen die Leitlinien des Europäischen Reanimationsrates nach dem Versuch einer vagalen Stimulation Adenosin (Adrekar®) vor. Schnell und bei zügig laufender Infusion gespritzt, führt es für einige Sekunden v.a. zu einer Blockade der AV-Knoten-Überleitung. Nach spätestens 10 Sekunden ist die Halbwertszeit erreicht. Während dieser Zeit zeigen sich im EKG häufig vorübergehende asystole Phasen, AV-Blockierungen und ventrikuläre Erregungen. Wenn ein Vorhofflattern vorliegt, können jetzt die typischen Vorhofflatterwellen erkannt werden. Nach dem schnell eintretenden Wirkungsverlust sind Patienten, die an einer AV-Knoten-Reentry-Tachykardie gelitten haben, meistens in den Sinusrhythmus konvertiert. Patienten mit einem Vorhofflattern, die wieder in die Ursprungsfrequenz umgesprungen sind, können zur Frequenzkontrolle mit einem Betablocker weiterbehandelt werden. Ist unser Patient wieder im Sinusrhythmus?

▶ EKG-Interpretationsschema

	Reizbildung und -leitung		Repräsentation im EKG
Norm:			
Patienten-EKG:			

Fragen	Antworten	Abweichung?	Interpretation der Abweichung
1. Frequenz?	ca. 100/min	nein	-
2. Rhythmisch?	ja	nein	-

3. Kammererregung: QRS-Komplex schmal oder breit?	schmal	nein	-
4. Vorhof: P-Wellen erkennbar?	ja	nein	-
5. AV-Knoten-Überleitung: Verhältnis zwischen P-Q?	normal	nein	-
6. Nach der Kammererregung: ST-Strecke isoelektrisch?	ja	nein	-
7. Rückbildung: T-Welle normal?	ja	nein	-
	Befund:		normaler Sinusrhythmus

Ja, der Patient hat wieder einen normalen Sinusrhythmus. Der EKG-Streifen wird mit in die Klinik genommen, um das Geschehen auch dort rekonstruieren zu können. Vielleicht findet sich dort ja auch jemand, der die Handschrift auf dem Einweisungsschein entziffern kann …

Fall 2: Eine E-Mail

Lieber Dr. Asmus!
In aller Kürze, denn die Zeit drängt: Ihr Patient hat eine Hyperkaliämie. Darauf weisen die sehr hohen und spitzen T-Wellen im ersten EKG und nur kurz darauf im zweiten EKG die extrem verbreiterten QRS-Komplexe hin. Zusätzliche Hinweise finden sich in Anamnese, Pathomechanismus und den verabreichten Medikamenten. Die vorbestehende Niereninsuffizienz (wird durch die Verbrennung nicht gerade besser!), die verbrennungsinduzierte Gewebszerstörung und das kaliumfreisetzende Succinylcholin sind hinreichende Erklärungen für die Hyperkaliämie. Nach den Leitlinien des ERC sollten Sie Ihrem reanimationspflichtigen Patienten 10 ml Kalziumchlorid 10 % zur Herzprotektion applizieren. Zur Verschiebung des Kaliums können Sie 10 I.E. kurzwirksames Insulin und 25 g Glukose verabreichen. Sie sollten daraufhin natürlich den Blutzuckerspiegel überwachen. Wenn eine schwere Azidose oder Nierenversagen vorliegen, können Sie 50 mmol Natriumbikarbonat geben. Und wenn das alles nicht funktioniert und Sie da am Nordpol die Möglichkeit haben, wäre eine Hämodialyse schön. Achten Sie dabei aber immer auf die Einhaltung der üblichen Regeln zur Reanimation.

Herzliche Grüße und viel Erfolg!
Ihre Kollegen von der Rettungswache

Fall 3: Lysetherapie

Sieht nach einem Schock aus. In diesem Fall wohl leider nach einem iatrogenen obstruktiven Schock, der durch eine Perikardtamponade ausgelöst worden ist. Die dezenten ST-Strecken-Hebungen in den Ableitungen II, III, aVF und V4–V6 hätten bei genauerer Anamnesebewertung ein differenzialdiagnostisches Alarmsignal setzen sollen. ST-Strecken-Hebungen sind ein Zeichen für einen Herzinfarkt – das stimmt schon. Aber nicht ausschließlich! Was spricht im vorliegenden Fall gegen den Infarkt und für eine andere Ursache? Der Patient ist mit 27 Jahren sehr jung. Das schließt den Infarkt natürlich nicht aus, macht ihn aber schon mal rein statistisch betrachtet unwahrscheinlicher. Auffällig ist, dass seit Tagen ein fieberhafter Infekt besteht, der zuletzt als Pleuritis interpretiert wurde, da linksthorakal »schabende« Geräusche auskultiert werden konnten und ein Brustschmerz aufgetreten ist. Dieses schabende Geräusch muss hier allerdings nicht als Pleurareiben, sondern wohl eher als Perikardreiben gedeutet werden, das häufig betont in der Exspiration gehört werden kann. Ein im Liegen zunehmender und beim vornübergebeugten Sitzen nachlassender Schmerz ist ebenfalls typisch für eine Perikarditis.

Im konkreten Fall allein aufgrund der EKG-Veränderungen zwischen einem STEMI und einer Perikarditis unterscheiden zu wollen, wäre sicherlich gewagt, denn die typischen EKG-Unterscheidungsmerkmale waren hier nicht offensichtlich. Häufig geht die ST-Strecken-Hebung bei der Perikarditis aus dem aufsteigenden S hervor und ist konkav geformt, während die infarkttypische ST-Hebung aus der abfallenden R-Zacke abgeht und konvex verläuft. Typisch für eine Perikarditis ist darüber hinaus eine diffuse Verteilung der ST-Hebung über zahlreiche Ableitungen, während der STEMI sich nur in den Ableitungen zeigt, die das Versorgungsgebiet der verschlossenen Koronararterie repräsentieren. Die Beweis- und die Ausschlusskraft dieser EKG-Unterscheidungsmerkmale sind nicht sonderlich ausgeprägt, sodass die Ergebnisse von Anamnese und körperlicher Untersuchung eher zielführend gewesen wären. Nun wurde aber aufgrund der ST-Hebungen lysiert – mit fatalen Folgen! Eine Blutung aus dem entzündeten Gewebe hat zur Perikardtamponade geführt. Deutliche Zeichen für den daraus resultierenden Schock sind Tachykardie und Hypotension. Pulsus paradoxus (RR-Abfall bei der Einatmung, erkennbar an atemabhängig wechselnder Pulsqualität), gestaute Halsvenen, Lungenödem und Niedervoltage-EKG (niedrige Amplitude der QRS-Komplexe im EKG) zeigen die Schockursache an: kein Volumenmangel, sondern ein Umwälzproblem aufgrund einer Obstruktion des Herzens.

Fall 4: Herzinfarkt

Auf den ersten Blick ein scheinbar leitlinienkonformes Vorgehen, und dennoch wäre die Zustandsverschlechterung vermeidbar gewesen. Denn bei genauerer Betrachtung der Ausgangslage war eigentlich klar, wozu Nitro und Morphin bei diesem Patienten führen können. Das EKG zeigt einen AV-Block 3. Grades mit einem vorhofnahen Ersatztaktgeber – erkennbar an der völligen Zusammenhanglosigkeit von P-Wellen und QRS-Komplexen. Auf die Nähe des Ersatztaktgebers zum Vorhof lässt sich aufgrund der schmalen QRS-

Komplexe schließen. Das schnelle Erregungsleitungssystem in der Kammer wird offensichtlich genutzt, denn bei tieferem Erregungsursprung wären verbreiterte QRS-Komplexe zu erwarten. Aufgrund der schmalen QRS-Komplexe bleibt die ST-Strecke hier beurteilbar. Und die ist angehoben – in Abl. II, III und aVF. Das spricht für einen inferioren Infarkt. Sehr häufig liegt bei dieser Infarktlokalisation auch eine Rechtsherzbeteiligung vor. In den normalen Brustwandableitungen zeigen sich ST-Strecken-Senkungen. Spätestens jetzt sollte an die Erfassung der rechtsventrikulären Ableitungen gedacht werden. Auch diskrete ST-Strecken-Hebungen in V3R und V4R lassen den Rechtsherzinfarkt recht sicher erkennen. Das passt übrigens zum AV-Block mit Bradykardie – eine häufige Komplikation bei dieser Infarktlokalisation – und zur Symptomatik: Massiv gestaute Halsvenen bei stauungsfreier Lunge (keine Atemnot, normale SpO$_2$) zeigen einen beeinträchtigten rechten Ventrikel an. Oftmals besteht eine Hypotonie, hier liegt der Blutdruck mit 110/60 mmHg noch gerade im unteren Normbereich. Das offenbart ein rettungsdienstrelevantes Problem: Nitrospray als Vorlastsenker ist eines der beim akuten Koronarsyndrom am häufigsten eingesetzten Medikamente. Gemeinhin werden in »Delegations-Schulungen« für das nicht-ärztliche Rettungsfachpersonal als Kontraindikation lediglich die Hypotonie und die Einnahme von Phosphodiesterasehemmern (z.B. Viagra®) aufgeführt. Doch in diesem Fall besteht trotz Normotonie eine Kontraindikation für Nitro. Denn Patienten mit einem Rechtsherzinfarkt können auf eine hohe Vorlast angewiesen sein, damit eine bestmögliche Füllung des kranken rechten Ventrikels gewährleistet ist. Nitro könnte hier zum Schock führen. Also: Das Wissen um die Zeichen einer rechtsventrikulären Beteiligung gehört zum verantwortungsvollen Umgang mit Nitrospray.

Fall 5: Schlägerei im Altenheim

Im Verlauf stehen zwei EKG-Streifen zur Verfügung. Der erste Rhythmus kann nicht mit abschließender Sicherheit befundet werden – eine hinreichende Erklärung für den Patientenzustand und auch die Therapiebasis liefert er trotzdem:

▶ EKG-Interpretationsschema		
	Reizbildung und -leitung	**Repräsentation im EKG**
Norm:		
Patienten-EKG:		
Fragen	Antworten	Abweichung?	Interpretation der Abweichung
1. Frequenz?	ca. 185/min	ja	Tachykardie
2. Rhythmisch?	ja	nein	-

3. Kammererregung: QRS-Komplex schmal oder breit?	breit	ja	Breite QRS-Komplexe weisen entweder auf einen ventrikulären Erregungsursprung (ohne vorangehende P-Welle) oder einen Schenkelblock (mit vorangehender P-Welle) hin. Bei derart hohen Frequenzen können P-Wellen jedoch nicht sicher identifiziert werden.
4. Vorhof: P-Wellen erkennbar?	nein	ja	Entweder stammt die Erregung nicht aus dem Vorhof oder die P-Wellen sind in den QRST-Komplexen »versteckt«.
5. AV-Knoten-Überleitung: Verhältnis zwischen P-Q?	nicht beurteilbar	ja	s. 4. und 5.
6. Nach der Kammererregung: ST-Strecke isoelektrisch?	nicht beurteilbar	ja	im QRST »versteckt«
7. Rückbildung: T-Welle normal?	nicht beurteilbar	ja	im QRST »versteckt«
	Befund:		regelmäßige Breitkomplextachykardie (entweder ventrikuläre oder supraventrikuläre Tachykardie mit Schenkelblock)

Eine regelmäßige Breitkomplextachykardie bei einem kritischen Patientenzustand (Schock, Synkope, ACS, Atemnot) wird den Leitlinien des Europäischen Reanimationsrates zufolge durch eine sofortige Kardioversion behandelt. Allerdings wird man zuvor eine Analgosedierung durchführen, weil die Prozedur äußerst unangenehm ist. Der präkordiale Faustschlag des Hausarztes wohl auch! Bei Versagen der elektrischen Kardioversion käme Amiodaron als Antiarrhythmikum zum Einsatz. Doch auch der Faustschlag hat offensichtlich eine Wirkung gezeigt, denn das EKG verändert sich. Befundet wird hier nur der erste Teil, denn die letzten drei QRS-Komplexe kennzeichnen den Rückfall in den Ausgangszustand (s.o.).

▶ EKG-Interpretationsschema			
	Reizbildung und -leitung		**Repräsentation im EKG**
Norm:			
Patienten-EKG:			
Fragen	Antworten	Abweichung?	Interpretation der Abweichung
1. Frequenz?	ca. 90/min	nein	-
2. Rhythmisch?	ja	ja	-

85

3. Kammererregung: QRS-Komplex schmal oder breit?	breit	ja	Dem breiten QRS-Komplex geht – nun deutlich erkennbar – eine P-Welle voran. Deshalb muss die Verbreiterung als Schenkelblockzeichen interpretiert werden.
4. Vorhof: P-Wellen erkennbar?	ja	nein	-
5. AV-Knoten-Überleitung: Verhältnis zwischen P-Q?	normal	nein	-
6. Nach der Kammererregung: ST-Strecke isoelektrisch?	nicht beurteilbar	ja	im QRST »versteckt«
7. Rückbildung: T-Welle normal?	nicht beurteilbar	ja	im QRST »versteckt«
		Befund:	Sinusrhythmus mit Schenkelblock

Ob nun retrospektiv gemutmaßt werden kann, dass die Breitkomplextachykardie eine SVT mit Schenkelblock war, da ja auch im Sinusrhythmus ein breiter QRS-Komplex bestehen bleibt, oder aber das etwas andere Aussehen der breiten QRS-Komplexe während der Tachykardie doch als Hinweis auf einen ventrikulären Ursprung gedeutet werden muss – das hat für den folgenden Rückfall in den Ausgangszustand zunächst keine therapeutischen Konsequenzen, denn bei instabilem Patientenzustand wird in beiden Fällen kardiovertiert oder – bei Therapieversagen – Amiodaron gegeben. Ein stabiler Patient könnte indes dann, wenn die Idee einer Vorhoftachykardie mit Schenkelblock verfolgt würde, – analog zu den Empfehlungen für Patienten mit einer regelmäßigen Schmalkomplextachykardie – Adenosin bekommen. Übrigens: Wer auf Adenosin reagiert, hat einen supraventrikulären Rhythmus. Damit wäre dann ein Beweis für den Erregungsursprung in den Vorhöfen erbracht. Da dieser Beweis im Rettungsdienst nicht immer gelingt, sollte daran gedacht werden, die ausgedruckten EKG-Streifen in der Klinik an den Kardiologen zu übergeben.

Eine letzte Bemerkung zum Adrenalin-Vorschlag: Adrenalin wäre hier natürlich absolut kontraindiziert. Selbst bei einer pulslosen Kammertachykardie würde erst nach bis zu drei sofortigen Defibrillationsversuchen in Folge und zwei weiteren nach zwei und vier Minuten Adrenalin verabreicht.

Fall 6: Aus dem Tritt geraten

Bis jetzt (fast) alles richtig gemacht! Die Lage ist ernst. Bei einer Herzfrequenz von 20/min und einer raschen klinischen Verschlechterung, die sich in einem kardiogenen Schock-zustand manifestiert, ist höchste Eile geboten. Die EKG-Befundung ist relativ einfach:

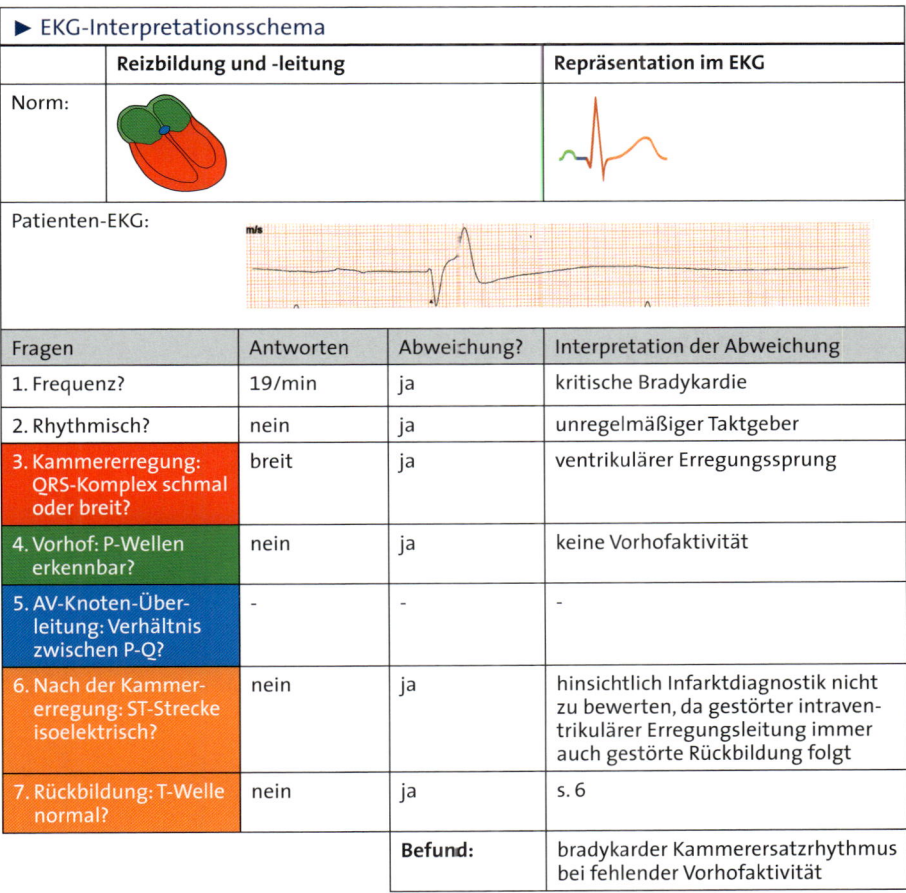

▶ EKG-Interpretationsschema			
	Reizbildung und -leitung		**Repräsentation im EKG**
Norm:			
Patienten-EKG:			
Fragen	**Antworten**	**Abweichung?**	**Interpretation der Abweichung**
1. Frequenz?	19/min	ja	kritische Bradykardie
2. Rhythmisch?	nein	ja	unregelmäßiger Taktgeber
3. Kammererregung: QRS-Komplex schmal oder breit?	breit	ja	ventrikulärer Erregungssprung
4. Vorhof: P-Wellen erkennbar?	nein	ja	keine Vorhofaktivität
5. AV-Knoten-Über-leitung: Verhältnis zwischen P-Q?	-	-	-
6. Nach der Kammer-erregung: ST-Strecke isoelektrisch?	nein	ja	hinsichtlich Infarktdiagnostik nicht zu bewerten, da gestörter intraven-trikulärer Erregungsleitung immer auch gestörte Rückbildung folgt
7. Rückbildung: T-Welle normal?	nein	ja	s. 6
		Befund:	bradykarder Kammerersatzrhythmus bei fehlender Vorhofaktivität

In den ERC-Leitlinien von 2015 heißt es, dass die initiale Behandlung einer Bradykardie medikamentös erfolgen soll und dass die Herzschrittmachertherapie den Patienten vor-behalten ist, die auf die medikamentöse Therapie nicht ansprechen oder bei denen Risiko-faktoren für eine Asystolie vorliegen. Die Gefahr einer Asystolie bestehe, wenn kürzlich eine Asystolie vorgelegen hat oder ein AV-Block Typ Mobitz II, ein totaler AV-Block mit breitem QRS-Komplex oder ventrikuläre Pausen über 3 sec auftreten. Zudem soll eine unverzügliche Schrittmachertherapie dann eingeleitet werden, wenn die Reaktion auf

Atropin ausbleibt oder es unwahrscheinlich ist, dass Atropin effektiv sein wird. Erstens bestehen im konkreten Fall ventrikuläre Pausen von teils deutlich über 3 sec, und zweitens wird Atropin hier nicht wirksam werden können: Die extrem langsamen und breiten Kammerkomplexe ohne vorangehende Vorhofaktivität legen nahe, dass der Ersatztaktgeber tief intraventrikulär lokalisiert ist. Ein Vagushemmer wie Atropin, das hemmend auf den Parasympathikus wirkt, kann hier nichts ausrichten, weil der Parasympathikus keinen Einfluss auf Strukturen unterhalb des AV-Knotens nimmt. Demnach ist die sofortige Schrittmachertherapie angezeigt! Aber sie funktioniert nicht! Im zweiten EKG sind die durch den Schrittmacher ausgelösten strichförmigen vertikalen Spikes gut zu erkennen, deren regelmäßige Abfolge im Demandmodus durch zwei Spontanerregungen kurz unterbrochen wird. Eine funktionierende Schrittmachtherapie wäre gegeben, wenn den Spikes jeweils breite QRS(T)-Komplexe folgen würden und synchron ein Puls zu tasten wäre. Diese Antwort bleibt aber aktuell noch aus. Denn die hinter den Spikes sichtbaren Ausschläge dürfen nicht als QRS-Komplexe, sondern müssen als Artefakte gedeutet werden, die durch stromassoziierte Muskelkontraktionen hervorgerufen werden. Die Pacer-Energie muss weiter gesteigert werden, bis sich hoffentlich dieses Bild zeigt und wieder ein Puls tastbar ist (ABB. 2.60):

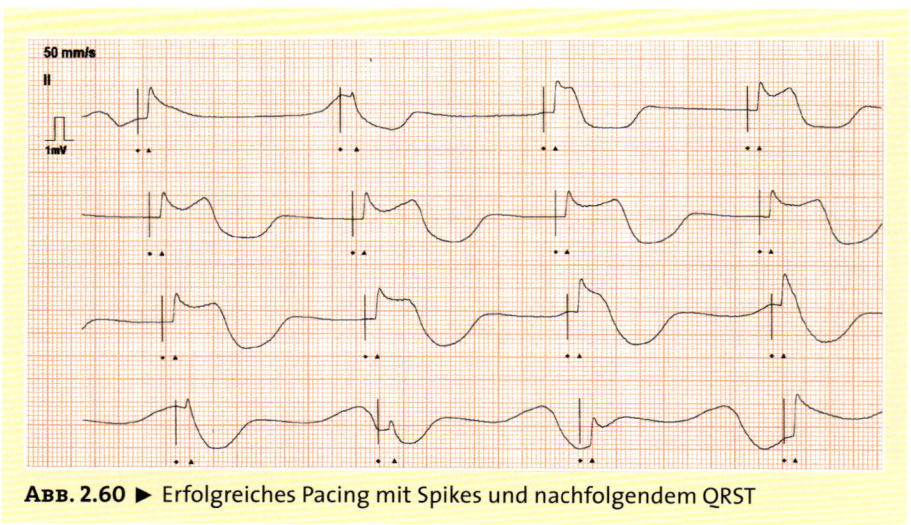

ABB. 2.60 ▶ Erfolgreiches Pacing mit Spikes und nachfolgendem QRST

Fall 7: Krampfanfall

Sherlock stellt die Diagnose »Krampfanfall« nicht besonders gerne! Er findet es grundsätzlich bedenklich, eine Diagnose zu stellen, wenn keine Symptome mehr bestehen. Wie auch in diesem Fall ist der »Krampfanfall« ja meistens vorbei, wenn der Rettungsdienst eintrifft. Die mehr oder weniger detaillierten Beschreibungen eines Ersthelfers dessen, was da vor einigen Minuten passiert sein mag, sollten mit Vorsicht bewertet werden. Leider geschehen gerade bei diesem Bild immer wieder »typische« Verwechslungen.

Ein Mensch verliert das Bewusstsein und fällt um – an was wird man zunächst denken? Eine Synkope! Und wenn währenddessen zuckende Bewegungen auffallen? Ein epileptischer Anfall! Ganz so einfach ist es aber eben nicht. Die vermeintliche Synkope könnte ein nonkonvulsiver Anfall gewesen sein und der vermutete Anfall eine konvulsive Synkope (das ist gar nicht so selten!). Fehldiagnosen bedeuten für den betroffenen Patienten u.U. erhebliche Konsequenzen. Das beginnt bei der Klinikzuweisung im Rettungsdienst – Neurologie oder Innere? – und endet bei Fragestellungen, die sich um das künftige Führen von Kraftfahrzeugen oder Maschinen drehen.

Dabei sind bei näherer Betrachtung häufig schon während des Geschehens Zeichen zu erkennen, die zwischen epileptischem Anfall, psychogenem Anfall und (konvulsiver) Synkope differenzieren können. Für einen *epileptischen Anfall* sprechen laut DGN-Leitlinien offene, starre, leere oder verdrehte Augen, eine Anfallsdauer von unter zwei Minuten und eine verzögerte Reorientierung nach dem Anfall. Bei einem *psychogenen Anfall* werden die Augen oft geschlossen, ggf. regelrecht »zugekniffen«. Häufig ist der Muskeltonus eher schlaff. Das Ereignis dauert oft über zwei Minuten an. Bei einer *konvulsiven Synkope* hingegen sind die Augen offen und nach oben verdreht, der Patient bietet asynchrone Myoklonien, oftmals mit Armbeugung und Beinstreckung. Die Reorientierung verläuft typischerweise rasch. Lowenstein zählt darüber hinaus als typische Zeichen für einen epileptischen Anfall beispielsweise eine vorangehende Aura (z.B. als Geruchsempfindung), den zumeist plötzlich eintretenden Bewusstseinsverlust, eine Zyanose, Schaumbildung vor dem Mund sowie gelegentlich Zungenbiss und Einnässen auf. Synkopierte Patienten hingegen zeigen Prodromi wie Übelkeit, Schwitzen und Gesichtsfeldeinschränkungen. Auch verlieren sie ihr Bewusstsein über Sekunden hinweg. Nichtsdestotrotz sei nochmals vor einer vorschnellen diagnostischen Festlegung gewarnt, zumal Anamnese und Fremdanamnese bei bewusstseinsgestörten Patienten und zufällig anwesenden medizinisch nicht ausgebildeten Passanten bekanntlich zuweilen sehr unsichere Informationen liefern.

Im vorliegenden Fall weisen einige Indizien auf ein synkopales Ereignis statt einen Krampfanfall hin. Die Patientin hat vor Eintritt der Bewusstlosigkeit Kreislaufsymptome wahrgenommen, war nur für einen kurzen Zeitraum symptomatisch und anschließend sehr schnell reorientiert. Zudem haben sich in der jüngeren Vergangenheit wahrscheinlich ähnliche Episoden ereignet, die jeweils am ehesten als Synkopen gedeutet werden konnten. Die Weiterverfolgung der Synkopen-Idee würde als nächstes die Frage aufwerfen, welcher Mechanismus dem vorübergehenden Kreislaufversagen zugrundelag. Eine *neurogene Synkope (Reflexsynkope)*, die durch eine Fehlregulation des Gefäßtonus über das vegetative Nervensystem entsteht? Oder eine *orthostatische Synkope*, die aus einer unzureichenden Anpassung der Kreislaufverhältnisse nach einem Lagewechsel vom Liegen zum Stehen resultiert? Lag vielleicht sogar eine *kardiale Synkope* vor, bei der das Herz schuld ist, weil es entweder strukturell geschädigt ist, wie bei einem Klappenfehler oder einem Herzinfarkt, oder aufgrund einer Rhythmusstörung ein plötzlicher Verlust der Pumpleistung zu verzeichnen war? Es gibt Hinweise für den letzten Punkt: Ein erster oberflächlicher Blick auf das EKG zeigt einen normfrequenten Sinusrhythmus ohne Infarktzeichen. Bei genauerer Betrachtung fällt allerdings auf, dass die QT-Zeit – also die Dauer vom Beginn des QRS-Komplexes bis zum Ende der T-Welle – deutlich verlängert ist. Eine allgemeingültige Normzeit für die QT-Zeit gibt es nicht, weil sie sich frequenzabhängig verändert. So liegt der Mittelwert bei einer Frequenz von 60/min bei 0,39 sec, bei einer Frequenz von 120/min hingegen bei 0,28 sec. Wer es also ganz genau wissen will, muss die Zeit exakt ausmessen und mit Tabellenwerten vergleichen. Zum Teil übernehmen diese Aufgabe auch EKG-Geräte, die eine frequenzkorrigierte QT-Zeit errechnen. So wird jeweils angezeigt, wie die QT-Zeit bei einer Herzfrequenz von 60/min wäre. Als normgerechter Mittelwert gilt bei dieser Frequenz eine QT-Dauer von 0,39 sec. Ab dem oberen Grenzwert von 0,44 sec besteht ein Long-QT-Syndrom. Ein wahrscheinlich hinlänglich genauer Indikator für den rettungsdienstlichen Gebrauch ist der Vergleich zwischen QT-Zeit und RR-Abstand (ABB. 2.61). Wenn die QT-Zeit mehr als die Hälfte des Abstands zwischen zwei R-Zacken beträgt, ist das zu lang.

Das *Long-QT-Syndrom* ist eine lebensgefährliche Krankheit, der auf zellulärer Ebene eine Hemmung von Ionenströmen zugrundeliegt. Sie ist deshalb so bedrohlich, weil sie zum plötzlichen Herztod führen kann. Häufig entstehen auch *selbstlimitierende tachykarde Herzrhythmusstörungen* wie z.B. eine *Torsade de pointes* (ABB. 2.62), die über einen Abfall des Herzminutenvolumens zu Synkopen führen können.

Dieser Erklärungsansatz sollte bei der Patientin im Fall als realistische Möglichkeit angenommen werden. Zumal es nicht nur angeborene Varianten des Long-QT-Syndroms (Romano-Ward-Syndrom, Jervell-Lange-Nielsen-Syndrom) gibt, sondern auch erworbene. Als potenzielle Auslöser zu nennen wären verschiedene Herzerkrankungen, Elektrolytstörungen und insbesondere auch die Einnahme bestimmter Medikamente. Die Patientin im Fall hatte gleich mehrere »Verdächtige« in ihrer Medikation, die leider von verschiedenen Ärzten und z.T. sogar selbstverantwortlich zusammengestellt wurde, so dass ein kumulativer Effekt nicht vorhergesehen wurde: Antidepressivum, Antihistaminikum, Antibiotikum, Antiemetikum – das war für die QT-Zeit dann wohl zu viel des Guten! Vorsicht übrigens im Falle tachykarder Rhythmusstörungen bei betroffenen Patienten: Auch

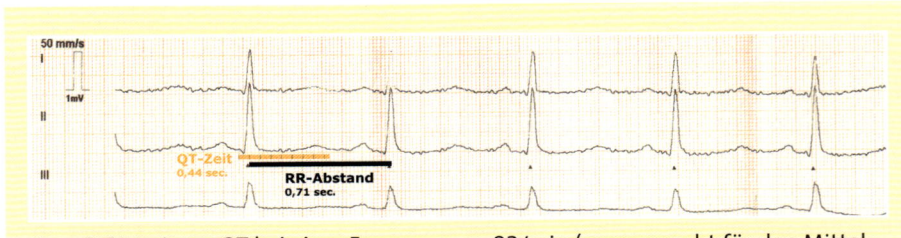

ABB. 2.61 ▶ Long-QT bei einer Frequenz von 83/min (normgerecht für den Mittelwert der QT-Zeit wären bei dieser Frequenz ca. 0,33 sec)

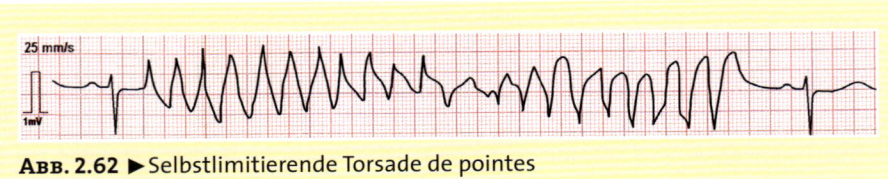

ABB. 2.62 ▶ Selbstlimitierende Torsade de pointes

Antiarrhythmika wie z. B. Amiodaron können die QT-Zeit verlängern und sind somit ungeeignet. Insgesamt betrachtet also vermutlich kein Krampfanfall, sondern eine Synkope – und zwar eine der gefährlichen Art, weil Rezidive passieren werden. Und dann, wenn sich die Störung der Hämodynamik nicht schnell zurückbildet, kann das Geschehen einen tödlichen Verlauf nehmen.

Fall 8: Ein überraschendes EKG

Jetzt ist das Team doch etwas überrascht: In den Ableitungen II, III und aVF zeigen sich ST-Strecken-Hebungen! Nach den Empfehlungen des ERC von 2015 sollte ein STEMI angenommen werden, wenn in mindestens zwei zusammenhängenden Extremitätenableitungen ST-Strecken-Hebungen von ≥ 0,1 mV bzw. in mindestens zwei zusammenhängenden Brustwandableitungen von ≥ 0,2 mV bestehten. Diese Kriterien sind erfüllt. Die Form der gehobenen ST-Strecken ist zwar nicht »stark infarktverdächtig«, aber durchaus mit der Verdachtsdiagnose »STEMI« vereinbar. Als Frau im höheren Lebensalter gehört die Patientin zudem einer Gruppe von Menschen an, die sich mit einer untypischen Herzinfarktsymptomatik präsentieren können. Hat die Patientin einen ST-Elevations-Myokardinfarkt? Ist die Atemnot doch Ausdruck einer kardialen Problematik (Infarkt, Hypertonie)? Oder hat die Situation – Hypoxie, Stress, hypertensive Entgleisung auf dem Boden eines erheblichen Risikoprofils – sekundär für die kardiale Ischämie gesorgt? Die betroffenen Ableitungen weisen auf einen Hinterwandinfarkt hin. Das Team ergänzt die Therapie: 500 mg Aspirin, 5 000 I.E Heparin, 20 mg Furosemid, 10 mg Urapidil. Es erfolgen die Voranmeldung in der Klinik und der Transport unter Verwendung von Sondersignalen. Die Übergabe enthält die Verdachtsdiagnosen »Exazerbierte COPD und STEMI«.

Nur zwei Tage später dann die nächste Überraschung: Die Leitstelle alarmiert denselben RTW zur selben Adresse zur selben Patientin. Klinikentlassung nach zwei Tagen bei akutem Herzinfarkt? Das Team fährt zum Einsatzort und begibt sich erneut in die Wohnung der Patientin. Die Situation gleicht der von vor zwei Tagen, wenngleich die Patientin insgesamt einen etwas besseren Eindruck macht. Sie spricht zusammenhängend, scherzt sogar, hat aber Sorge, mit der erneut bestehenden Atemnot allein über Nacht zu Hause zu bleiben. Auf dem Tisch liegt ein Klinikentlassungsbrief, dem zu entnehmen ist, dass aufgrund einer ST-Streckenhebung bei atypischer AP-Symptomatik und Dyspnoe eine Koronarangiografie vorgenommen wurde. Diese und auch die wiederholte Enzymdiagnostik erbrachten allerdings keinen herzinfarkttypischen Befund. Als Diagnosen werden eine exazerbierte COPD und eine Kardiomyopathie angegeben. Eine Kardiomyopathie ist ein eher unspezifischer Oberbegriff für verschiedene Erkrankungen des Herzmuskels. Dazu zählen beispielsweise die *hypertrophe Kardiomyopathie* (verdickte Muskulatur des linken Ventrikels), die *dilatative Kardiomyopathie* (Erweiterung des linken Ventrikels mit eingeschränkter Kontraktionsfähigkeit) oder auch eine *Myokarditis*. Woran genau die Patientin leidet, lässt sich den Papieren nicht entnehmen. Nach stationärer Behandlung der COPD-Exazerbation wurde die Patientin am Folgetag der Einweisung nach Hause entlassen.

Da hat das EKG das Rettungsteam offenbar auf eine falsche Fährte gelockt. Wie konnte das passieren, und: Ist das schlimm? Die Spezifität einer ST-Elevation zur Erkennung des Herzinfarkts – also die Wahrscheinlichkeit, dass ein nicht am Herzinfarkt erkrankter Patient auch keine ST-Hebung im EKG bietet – gilt als sehr hoch, aber eben nicht als absolut sicher. Auch Patienten mit einer Hypertrophie, einem Linksschenkelblock, einem Herzwandaneurysma, einer Perimyokarditis, einer Pankreatitis und dem Brugada-Syndrom können ST-Hebungen zeigen, die zwar aufgrund ihrer Konfiguration und der betroffenen Ableitungen zuweilen als infarktuntypisch erklärt werden können, aber immer größte diagnostische Sorgfalt erfordern. STEMI-Mimics! Solange im Rettungsdienst kein CT, kein Herzkatheter und kein Labor zur Verfügung stehen, werden sich eine zweifelsfreie Festlegung auf eine Diagnose und zweigleisige Therapien nicht immer vermeiden lassen, da es immer wieder Symptomkonstellationen geben wird, die nicht hochspezifisch für ein einziges Krankheitsbild sprechen. Rettungsdienstliche Therapien sind allerdings meistens nicht auf Heilung ausgerichtet – dazu wäre es schon wichtig zu wissen, was genau geheilt werden soll – sondern auf Symptombekämpfung (z. B. Atemnot) und Schadensminimierung (z. B. Aspirin® beim Herzinfarkt). Und für diesen Zweck reichen die diagnostischen Mittel i. d. R. aus. Die betroffene Patientin dürfte durch die begleitende »Infarkttherapie« keinen Schaden davongetragen haben, im Falle eines möglichen – und diagnostisch folgerichtig hergeleiteten – Infarkts hätte sie aber davon profitiert.

Fall 9: Typisch untypisch

Bereits im ersten EKG-Ausdruck fallen in den Ableitungen V2–V4 deutlich überhöhte T-Wellen auf. T-Wellen gelten als überhöht, wenn sie mehr als zwei Drittel der Höhe der Amplitude der R-Zacke betragen. Wenn die erhöhte T-Welle asymmetrisch geformt ist, also langsamer aufsteigt als abfällt, sodass der Gipfel nach rechts verschoben ist, kann das eine Normvariante ohne Krankheitswert sein. Symmetrische hohe T-Wellen allerdings können auf eine Pathologie aufmerksam machen. Natürlich nutzt man die T-Welle nicht exklusiv und isoliert vom Gesamtbild zur Diagnosestellung. Wie kann man also Benommenheit, Durchfall und einen Druck im Oberbauch mit der EKG-Auffälligkeit in einen sinnvollen Zusammenhang bringen? Symmetrische hohe, spitze T-Wellen könnten eine Hyperkaliämie anzeigen. Neben der typisch schmalen und spitzen Konfiguration der T-Welle, die hier eher breit ist, und weiteren EKG-Veränderungen, wie beispielsweise abgeflachten oder fehlenden P-Wellen und verbreiterten QRS-Komplexen, fehlen jedoch noch weitere Hinweise. Weder aus Anamnese (es besteht lediglich eine gut substituierte Hypothyreose), noch aus der Medikation (L-Thyroxin) ergeben sich hinlängliche Erklärungsansätze für den Entstehungsmechanismus einer Kaliumentgleisung. Die Patientin ist nicht niereninsuffizient und nimmt auch keine Hyperkaliämie-verdächtigen Medikamente wie z. B. ACE-Hemmer, kaliumsparende Diuretika, nicht-steroidale Antirheumatika oder Betablocker ein. Symmetrische sehr breite T-Wellen können im Rahmen eines zerebralen Notfallereignisses auftreten. Der Schwindel bzw. die Benommenheit würden zwar dazu passen, aber weitere, eigentlich zu erwartende Symptome, wie z. B. Kopfschmerzen, Bewusstseinstrübungen, Hemiparese sowie Sprach-, Sprech-, Koordinations- oder Sehstörungen fehlen.

Symmetrische hohe T-Wellen kommen schließlich auch bei koronaren Prozessen vor. So ist das sogenannte Erstickungs-T zuweilen die erste EKG-Veränderung bei einem akuten Herzinfarkt. Natürlich gehören Benommenheit, Durchfall und ein leichtes Druckgefühl im Oberbauch nicht zu den eben typischen Symptomen für einen akuten Herzinfarkt, doch lässt sich die Patientin aus rein statistischen Gründen sehr wohl einer Gruppe zuordnen, bei der eine untypische Symptomatik nicht ganz untypisch ist.

Typische Zeichen für einen Herzinfarkt sind retrosternale und linksthorakale Brustschmerzen (oder Druck- bzw. Engegefühl) mit einer Ausstrahlung in den linken Arm und/oder den Hals und Kiefer, begleitet von z B. Kaltschweißigkeit. Die Deutsche Gesellschaft für Kardiologie warnt allerdings davor, dass insbesondere bei älteren Patienten (> 75 Jahre), Frauen, Diabetikern und Menschen mit chronischer Niereninsuffizienz oder Demenz eine untypische Symptomatik vorliegen kann, die eine rechtzeitige Erkennung des Infarkts erschwert. Diese untypische Symptomatik ist vielgestaltig und umfasst epigastrische Missempfindungen, Bauchschmerzen, Luftnot, Verdauungsstörungen, allgemeine Schwäche, Benommenheit, Müdigkeit, Taubheitsgefühle, Verwirrtheit, Palpitationen, Synkope etc. Das alles ist, wie durch die Kategorisierung »untypisch«bereits angedeutet, natürlich nicht hochspezifisch. Doch zu erhöhter Wachsamkeit besteht in diesem Fall aufgrund der Summierung untypischer Symptome in Kombination mit einem verdächtigen EKG-Befund Anlass genug.

Die Patientin erhält einen i.v. Zugang, über den Blut abgenommen wird. Kurz darauf kommt es zu einer Zustandsveränderung. Die Atemfrequenz erhöht sich auf ca. 24 Züge in der Minute. Das ist ein auffälliges Zeichen. Ein Sauerstoffsättigungsabfall auf 93 % ist unter diesen Bedingungen ebenfalls eines Die Auskultation der Lunge ergibt keinen pathologischen Befund. Trotzdem benötigt die Patientin nun Sauerstoff. Zudem entwickelt sich der diffuse Druck im Oberbauch nun zu einem sehr viel unangenehmeren thorakalen Schmerz mit einer Ausstrahlung in den linken Arm. Die neue Schmerzqualität sowie die Wandlung vom auffälligen zum beweisenden EKG erfordern eine konsequente Herzinfarkttherapie, die mit Nitro, ASS, Heparin, Morphin und MCP initiiert wird. Der STEMI offenbart sich in den Ableitungen V1–V4 und ist somit ein anteroseptaler Infarkt. Im Herzkatheterlabor kann wenige Minuten später eine Dreigefäßerkrankung mit akutem Verschluss des Ramus interventricularis anterior (RIVA) nachgewiesen und erfolgreich behandelt werden.

Zum Abschluss: Schmerzen etwas Positives abzugewinnen, mag auch dem größten Optimisten schwerfallen. Und doch ist es so: Schmerzen sind wichtig, weil sie den Menschen vor einer möglicherweise ernsten Störung warnen und einen Handlungsbedarf anzeigen. Patienten mit einem Vernichtungsschmerz werden schneller zum Telefon greifen um die 112 zu wählen, als solche, die nur einen leichten und diffusen Druck im Oberbauch oder eben gar keine Schmerzen verspüren. Diese Patienten mit untypischer Klinik sind die »Sorgenkinder« der rettungsdienstlichen Infarktdiagnostik, und zwar nicht nur auf dem Papier: Neben der hier geschilderten Kasuistik gibt es zahlreiche weitere Fallbeschreibungen, nachzulesen z.B. beim Stöbern im Archiv der Seite *www.jeder-fehler-zaehlt.de*. Apropos Fehler! Man wird nicht jeden Infarkt mit untypischer Präsentation präklinisch sicher erkennen können. Aber durch eine sorgfältige Anamnese und Untersuchung sowie

– ganz wichtig! – ein großzügig zum Einsatz gebrachtes 12-Kanal-EKG lässt sich die Trefferquote bestimmt erhöhen. Bei einem STEMI beweist das EKG den Infarkt, aber auch bei NSTEMI sind häufig unspezifischere ST- und T-Veränderungen zu sehen, die auf einen ischämischen Prozess am Herzen hinweisen könnten und somit das diagnostische Kalkül um entscheidende Verdachtsmomente bereichern können. Viel wichtiger als den Infarkt zu beweisen, erscheint im Rettungsdienst ohnehin das Bewusstsein, ihn in vielen Fällen nicht ausschließen zu können und folgerichtig den weiteren Verlauf mit großer Vorsicht zu beobachten.

3 Kapnografie

3.1 Power on: Sherlocks Einsatz

»Okay Leute, haben wir an alles gedacht?«

Der Notarzt ist ein Teamplayer, der etwas von Team Resource Management versteht und der weiß, dass in stressigen Reanimationssituationen schon einmal der Überblick verloren gehen kann. Daher ist die Frage, ob etwas übersehen wurde oder das Team weitere Ideen hat, sinnvoll. Also noch mal zusammengetragen: Ein Angehöriger hat den Kollaps beobachtet und sofort den Notruf gewählt. Nachdem der Leitstellendisponent aufgrund der standardisierten Notrufabfrage den Kreislaufstillstand erkannt hat, wurde der Ersthelfer zu Thoraxkompressionen angeleitet. Nach Übernahme der Behandlung durch RTW- und NEF-Team wurden die Thoraxkompressionen bei persistierendem Kreislaufstillstand fortgeführt und ein Larynxtubus eingeführt. Die Beatmung erfolgte mit einem angeschlossenen Demand-Ventil leckagefrei und daher parallel zur Herzdruckmassage. Zeitgleich wurden Defibrillationselektroden aufgeklebt, über die ein Kammerflimmern abgeleitet werden konnte, das durch eine sofortige Defibrillation zu beenden versucht wurde. Unter fortgesetzten Reanimationsmaßnahmen konnte bei schlechten Venenverhältnissen ein i. o. Zugang geschaffen werden. Zudem wurde ein 4-Pol-EKG-Kabel angeschlossen; die zweite EKG-Analyse nach zwei Minuten zeigte jedoch ebenfalls ein Kammerflimmern, das wiederum defibrilliert wurde.

Bis hierher an alles gedacht? Sherlock schlägt vor, das Monitoring um die Kapnografie zu ergänzen.

Der Notarzt stimmt zu: »Ja, meinetwegen. Bau mal dran!« Ein weiterer Kollege murrt, ob das auch noch nötig sei.

Bevor Sherlock seinen Vorschlag begründen kann, ergibt sich eine Veränderung am Patienten: Das EKG zeigt einen Sinusrhythmus mit ST-Strecken-Hebungen im Sinne eines

akuten Herzinfarkts. Auch zentrale und periphere Pulse können wieder getastet werden. Der Blutdruck liegt bei 90/60 mmHg. Aspirin und Heparin werden injiziert. Wahrscheinlich aufgrund einer peripheren Mangelperfusion kann kein Pulsoxymetersignal detektiert werden. Die Blutzuckermessung ergibt einen Wert von 100 mg/dl. Der $etCO_2$ beträgt 58 mmHg – nicht ungewöhnlich in der frühen Phase des ROSC, meint der Notarzt und bittet nun um einen schnellen Transport zum RTW, damit eine Katecholamintherapie über Perfusor und ein zielgerichtetes Temperaturmanagement eingeleitet werden können.

Auf geht's! Zum Bedauern des Teams befindet sich der Einsatzort im 5. Stock, und ausgerechnet heute ist der Fahrstuhl defekt. Nach Sicherung aller Schläuche, Leitungen und Kabel beginnt der Transport im Tragetuch. Das Monitoring (EKG, Kapnografie, Pulsoxymetrie – leider immer noch ohne SpO_2-Anzeige) wird aufrechterhalten. Auf dem Treppenabsatz zwischen dem 3. und 4. Stockwerk behauptet Sherlock plötzlich, dass der Patient wieder im Kreislaufstillstand sei. Seine Kollegen sehen ihn ungläubig an: Erstens hat Sherlock beide Hände am Tragetuch und kann somit gar keinen Puls getastet haben, und zweitens zeigt das EKG nach wie vor einen unveränderten Sinusrhythmus. Sherlock besteht darauf, den Patienten abzulegen, um den Puls zu tasten; er behauptet, dass der Rhythmus eine pulslose elektrische Aktivität (PEA) sei – und er hat recht, wie die Kontrolle der zentralen Pulse zeigt.

Sherlock hat neben dem EKG, das leider keine Hämodynamik, sondern lediglich elektrische Aktivität anzeigt, kontinuierlich die Kapnografieanzeige im Blick behalten. Ihm ist aufgefallen, dass die Werte rasch und deutlich abgefallen sind. Das kann mit dem Eintritt eines neuerlichen Kreislaufstillstands gut erklärt werden, weil in diesem Fall kein Kohlendioxid mehr in die Lunge transportiert wird. Der erneute Reanimationsbedarf konnte somit trotz der Transportsituation, die nur einen eingeschränkten Zugriff auf den Patienten bietet, schnell erkannt werden. Andernfalls wäre der Kreislaufstillstand vielleicht erst einige Minuten später aufgefallen.

3.2 Grundlagen: Wie entsteht der Wert?

Die Kapnometrie misst die Kohlendioxidkonzentration in der Ausatemluft. Um den Wert dieser Information einschätzen zu können, lohnt sich ein kurzer Ausflug in die Physiologie von Kohlendioxidentstehung und -transport. Bis das Kohlendioxid (CO_2) am Sensor außerhalb des Körpers ankommt, hat es einen langen Weg zurückgelegt, der von verschiedenen Körperfunktionen ermöglicht und manchmal auch begrenzt wird.

Kohlendioxid entsteht als Stoffwechselprodukt des Körpers – also immer. Grob und ohne die intrazellulären Prozesse der Energiegewinnung näher zu betrachten, kann gesagt werden, dass der Zelle Sauerstoff und ein Energiestoff (z. B. Glukose) zugeführt werden und als Endprodukte Kohlendioxid und Wasser entstehen. Nach abgelaufenem Stoffwechsel wartet das Kohlendioxid vor der Zelle auf Abholung. Die erfolgt normalerweise prompt: Das Blut fließt mit niedrigem Kohlendioxidgehalt ins Kapillargebiet und stellt somit ein attraktives Diffusionsziel dar. Im Blut wird das Kohlendioxid in unterschiedlichen Formen transportiert: 10 % des CO_2 werden im Plasma physikalisch gelöst – d. h., es ist einfach vorhanden, ohne in irgendeiner Form mit einem anderen Stoff reagiert zu haben. Weitere 10 % werden als $HbCO_2$ an das Hämoglobin gebunden. Als größte Fraktion werden bis zu 80 % des CO_2 als Bikarbonat (HCO_3^-) entweder in den Erythrozyten oder im Plasma transportiert. Bikarbonat ist – neben Wasserstoffionen – das Produkt einer chemischen Umwandlungsreaktion: $CO_2 + H_2O \rightarrow H_2CO_3 \rightarrow HCO_3^- + H^+$.

In der Lunge verlaufen diese Umwandlungsprozesse umgekehrt. Das wieder »freie« Kohlendioxid diffundiert in die Alveolen, und zwar theoretisch so lange, bis die CO_2-Konzentration in der Alveole genauso hoch ist wie im Blut, das die Alveole umspült. Danach erfolgt keine weitere Teilchenwanderung, weil Diffusion immer entlang eines Konzentrationsgefälles, also von einem Ort hoher zu einem Ort niedrigerer Konzentration, stattfindet. Es werden auch nicht alle Bikarbonat-Verbindungen aufgelöst und nicht alle CO_2-Moleküle eliminiert, denn physiologische Konzentrationen im Blut sind u.a. für die Atemsteuerung und den pH-Wert wichtig.

Wenn im Körper etwas schiefgelaufen ist und eben keine physiologischen Konzentrationen mehr vorliegen, stellt die Atmung eine wichtige Ausgleichsfunktion dar. Zum Beispiel fallen bei hyperglykämen Patienten im ketoazidotischen Koma häufig eine besonders tiefe Atmung und ein Azetongeruch der Ausatemluft auf. Zugrunde liegt eine metabolische Azidose, die u.a. über die Abatmung von Kohlendioxid respiratorisch zu kompensieren versucht wird.

Kurz zusammengefasst:

Wenn ein Kapnometer oder Kapnograf angeschlossen und Kohlendioxid in der Ausatemluft gemessen wird, hat der Mensch zuvor drei Leistungen vollbracht:

1. Er hat Stoffwechsel betrieben. → Kohlendioxid ist entstanden.
2. Er hatte einen Blutkreislauf. → Kohlendioxid ist von den Zellen abgeholt und in die Lunge transportiert worden.
3. Er hat geatmet (bzw. wurde beatmet). → Kohlendioxid wurde ausgeschieden.

Wenn die Ergebnisse der Kohlendioxidmessung ausschließlich numerisch angezeigt werden, spricht man von *Kapnometrie*. Wird auch eine grafische Kurve des Konzentrationsverlaufs der einzelnen Exspirationen dargestellt, wird dies als *Kapnografie* bezeichnet. Dadurch lassen sich nicht nur Auffälligkeiten und Abweichungen innerhalb der einzelnen Ausatemphasen, sondern insbesondere auch Trends wesentlich besser analysieren. Dazu später mehr. Das normale Kapnogramm gliedert sich in vier Phasen (Abb. 3.1).

In der Inspirationsphase 1, wenn der Patient gerade beatmet wird, liegt die Grundlinie des Kapnogramms auf der Nulllinie (kein CO_2) – logisch, es wird ja mit Sauerstoff bzw. Umluft-Sauerstoff-Gemisch und nicht mit Kohlendioxid beatmet. Wer in dieser Phase also Kohlendioxid in relevanter Konzentration misst, sollte im Hinblick auf das eigene Wohlbefinden eine kurze Ursachenforschung betreiben, um dann mal schnell das Fenster zwecks Durchlüftung zu öffnen oder gar die Räumlichkeiten zu wechseln. Wahrscheinlicher ist es allerdings, dass der Patient spontan »mitatmet« und deshalb spontane Ausatemluft während einer »versuchten« Beatmung gemessen wird. Phase 2 des Kapnogramms repräsentiert die beginnende Exspiration. Zunächst wird der Messkopf von einem Gasgemisch passiert, das sich aus kohlendioxidhaltiger Luft aus tieferen Bronchialabschnitten und Totraumluft (Luft, die sich im luftleitenden Atemweg befunden hat, aber nicht am Gasaustausch in den Alve-

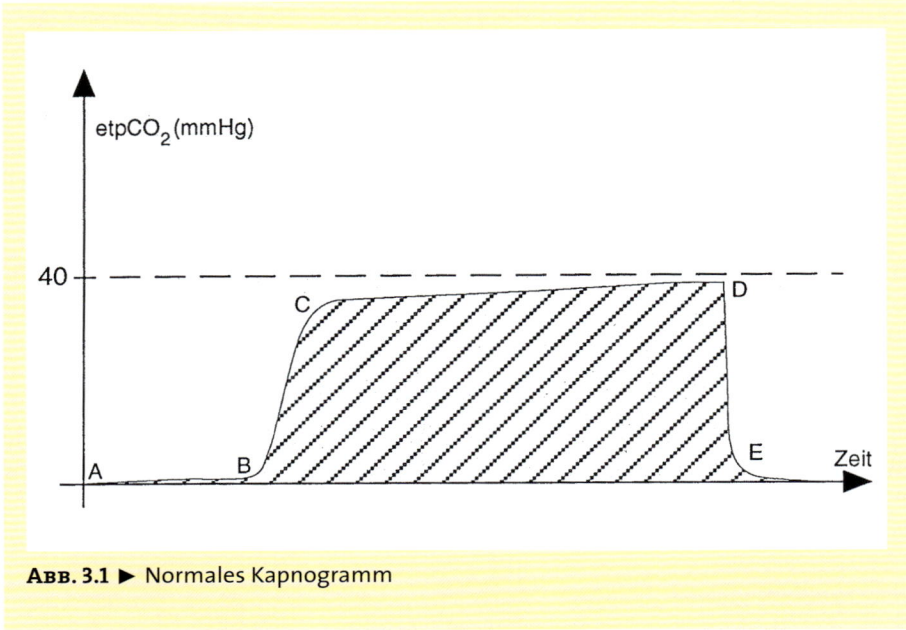

ABB. 3.1 ▶ Normales Kapnogramm

olen beteiligt war) zusammensetzt. Letztere Fraktion enthält nicht besonders viel Kohlendioxid, daher steigt die Kapnografiekurve zwar rasch, aber nicht senkrecht an. In Phase 3 folgt ein typisches Plateau, das der Abatmung CO_2-reicher Alveolarluft entspricht. Am Ende dieses Plateaus erreicht die Kurve ihren Höhepunkt, den endexspiratorischen oder endtidalen CO_2-Wert ($etCO_2$), der normalerweise zwischen 35 und 45 mmHg bzw. zwischen 4,5 und 6 Vol% liegt. Phase 4 zeigt einen raschen Abfall des CO_2 bis zur Nulllinie und entspricht dem Beginn der nächsten Inspiration mit kohlendioxidfreier Luft. Bis zur nächsten Ausatmung folgt dann wieder die Grundlinie des Kapnogramms.

3.3 Technik: Wie funktioniert die Messung?

Eine Eigenschaft von Kohlendioxid besteht darin, Infrarotlicht innerhalb eines bestimmten Wellenlängenbereiches (426 nm) zu absorbieren. Ein Kapnometer durchstrahlt die kohlendioxidhaltige Ausatemluft mit diesem Licht und lässt es von einem Sensor wieder aufnehmen. Aus der Absorptionsdifferenz in der Exspirationsluft kann die exspiratorische CO_2-Konzentration errechnet werden. Grundsätzlich stehen auf der Basis dieser Infrarotspektrometrie im Rettungsdienst zwei Messtechniken zur Verfügung: das Hauptstrom- und das Nebenstromverfahren.

Für die Messung im Hauptstrom wird ein Messröhrchen zwischen Tubus und Beatmungsbeutel oder Beatmungsgerät eingefügt, das auf der einen Seite von einer Lichtquelle und auf der anderen Seite von einem Sensor umgeben ist (ABB. 3.2). So kann die Expirationsluft direkt nach Passage des Tubus durchstrahlt werden. Um ein Beschlagen

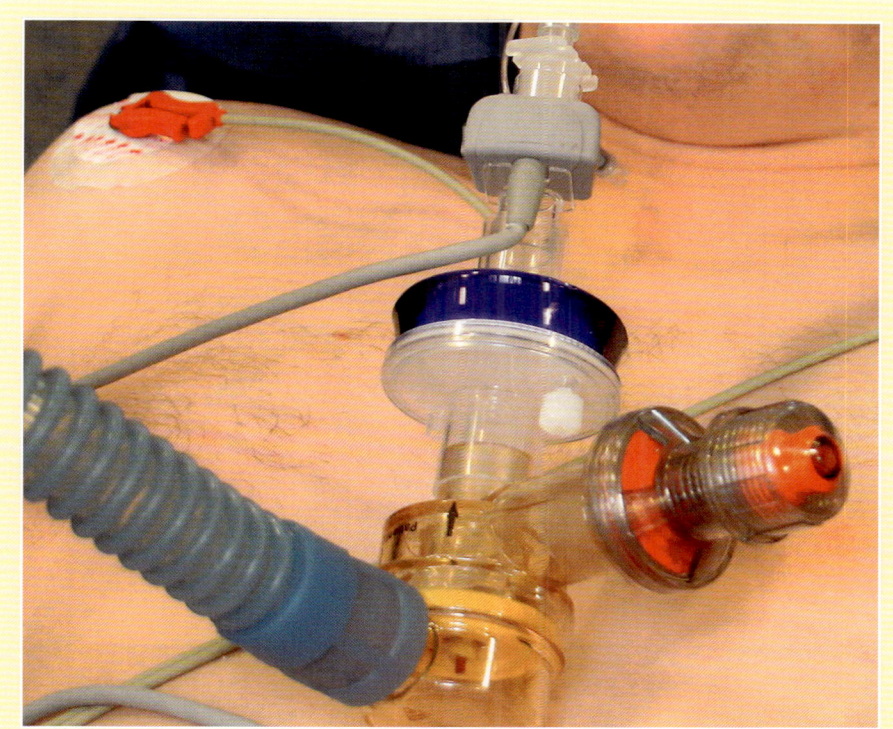

Abb. 3.2 ▶ Kapnografie im Hauptstromverfahren

des Sensors durch die feucht-warme Atemluft zu vermeiden, wird er vor der Inbetriebnahme aufgeheizt. Dieser Messkopf aus Küvette, Lichtquelle und Sensor ist nicht nur im übertragenen Sinn ein diagnostisches »Schwergewicht«, er zieht auch rein physikalisch betrachtet am Tubus und begünstigt Dislokationen. Eine sichere Tubusfixierung verdient demnach immer besondere Aufmerksamkeit!

Nebenstrom-Kapnometer saugen über einen Schlauch Exspirationsluft ab, die dann der Messung im Gerät zugeführt wird (Abb. 3.3). Hier wird der Luft durch eine »Wasserfalle« die Feuchtigkeit entzogen.

Die Anzeige der Werte erfolgt bei Kapnometern numerisch. Kapnografiegeräte zeigen zudem eine Verlaufskurve der Kohlendioxidkonzentration während der einzelnen Exspirationen an (Abb. 3.4). Bei Multifunktionsgeräten, die EKG, Sauerstoffsättigung, Kapnografie etc. über einen einzigen Monitor anzeigen, muss der Anwender häufig aus »Platzgründen« eine Entscheidung darüber treffen, welche Werte als Kurve und welche rein numerisch angezeigt werden sollen. Das EKG ist gesetzt! Bei der Belegung des zweiten Anzeigeplatzes wird man sich zur Überwachung beatmeter Patienten i.d.R. für die Kapnografiekurve entscheiden und sich mit dem Zahlenwert der Sauerstoffsättigung und (!) dem nebenstehenden Symbol für eine ausreichende SpO_2-Signalstärke zufriedengeben.

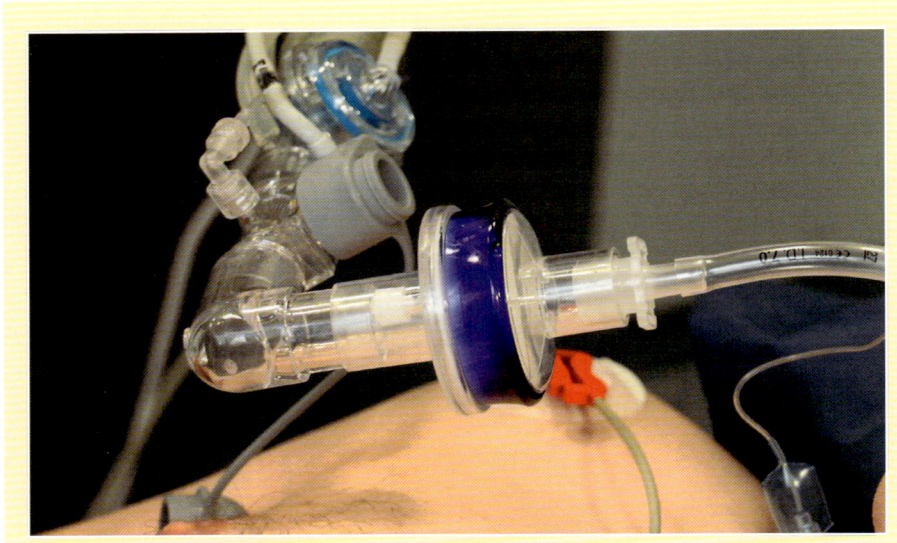

ABB. 3.3 ▶ Kapnografie im Nebenstromverfahren

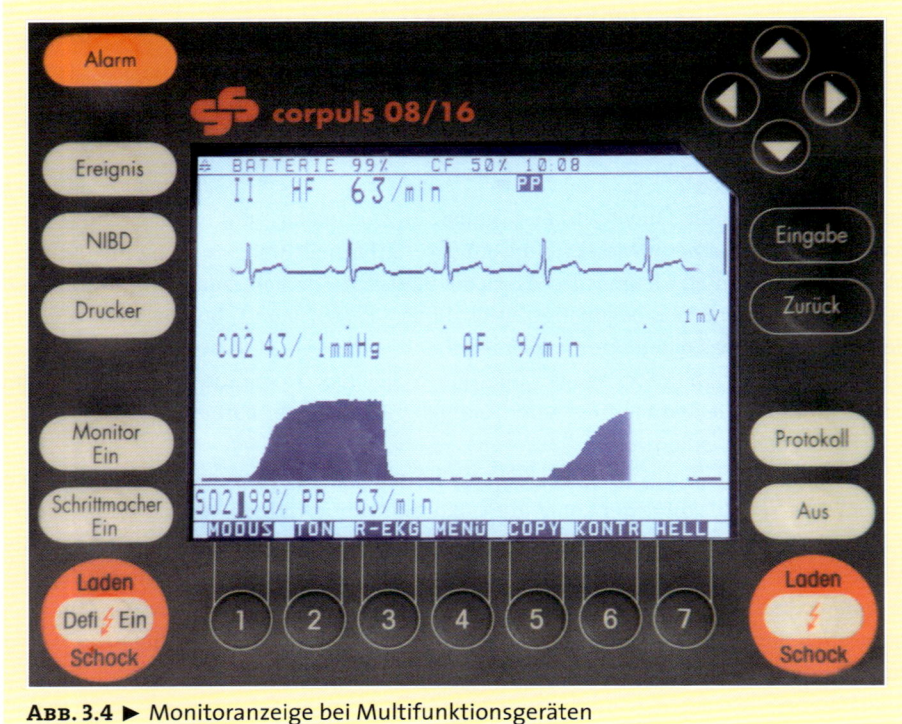

ABB. 3.4 ▶ Monitoranzeige bei Multifunktionsgeräten

3.4 Erkenntniswert: Welchen Informationsgewinn liefert die Kapnografie?

Da mit dem Stoffwechsel, dem Kreislauf und der Atmung gleich drei komplexe Körperfunktionen an der Entstehung der Kohlendioxidwerte in der Ausatemluft beteiligt sind, erfordert die Suche nach Erklärungen für Abweichungen von der Norm einen mehrdimensionalen Zugang. Klar ist, dass wenn der $etCO_2$-Wert nicht »normal« ($35 – 45$ mmHg) ist, eine Auffälligkeit von Kreislauf, Atmung oder Stoffwechsel – entweder isoliert oder kombiniert – besteht. Sherlock findet, dass sich in Anbetracht der vitalen Bedeutung dieser Funktionen die Aufnahme weiterer Ermittlungen immer lohnt. Denn auffällige Kapnografiewerte lassen z.T. sehr zuverlässig auf dramatische Fehlentwicklungen schließen – und das bei Patienten, die keine Beschwerden äußern können, weil sie bewusstlos und beatmungspflichtig sind. Das macht die Kapnografie zu einem außerordentlich wertvollen Diagnostik- und Monitoring-Instrument. Beispielsweise konnte gezeigt werden, dass sich durch den kombinierten Einsatz von Pulsoxymetrie und Kapnometrie 93 % der Anästhesiezwischenfälle vermeiden lassen. Die Pulsoxymetrie allein identifizierte nur 40 % dieser Zwischenfälle. Welche Auffälligkeiten und Störungen von Atmung, Kreislauf oder Stoffwechsel zeigt die Kapnografie an? Worin liegt der Informationsgewinn?

Stoffwechsel

Ein besonders reger Stoffwechsel, wie er beispielsweise bei einer Hyperthermie oder einem Krampfanfall vorliegt, führt zu erhöhten Kapnometriewerten, weil einfach mehr Kohlendioxid produziert wird. Liegt allerdings eine bedrohliche Sepsis mit hohen Laktatwerten und einer metabolischen Azidose vor, wird eine respiratorische Kompensation versucht; Patienten atmen schneller und senken somit den $etCO_2$. Das wird im septischen Schock unterstützt, indem infolge der Perfusionsstörungen weniger Kohlendioxid transportiert werden kann. Niedrige $etCO_2$-Spiegel (< 25 mmHg) korrelieren bei septischen Patienten mit hohen Laktatwerten und sollten an eine metabolische Azidose und einen hohen Gefährdungsgrad denken lassen. Bei sepsisverdächtigen Patienten (nach qSOFA: RR_{sys}: ≤ 100 mmHg, AF: ≥ 22/min, verändertes Bewusstsein und ggf. zusätzliche Tachykardie, Fieber oder Hypothermie und ein bereits offensichtlicher Infektfokus) könnte sich die Kapnografie auch beim spontan atmenden Patienten als aufschlussreich erweisen. Bei unterkühlten Patienten lassen sich sinkende $etCO_2$-Spiegel durch die reduzierte Stoffwechselaktivität erklären.

Kreislauf

Das Kohlendioxid gelangt über den Blutstrom aus dem rechten Herzen in die Lunge, wo es abgeatmet wird. Wenn der körpereigene Spediteur »Blutkreislauf« nur noch eingeschränkt funktioniert, wirkt sich das unmittelbar auf den CO_2-Gehalt der Exspirationsluft aus. Patienten im Schock – egal welcher Genese – haben niedrige CO_2-Werte. So geht es auch Patienten mit einer Lungenembolie, bei der die Blutpassage einer zuführenden Lungenarterie durch einen Embolus unmöglich gemacht wird. Wenn der CO_2-Spiegel bei einem beatmeten Patienten nicht schlagartig, aber schnell abfällt, könnte das einen

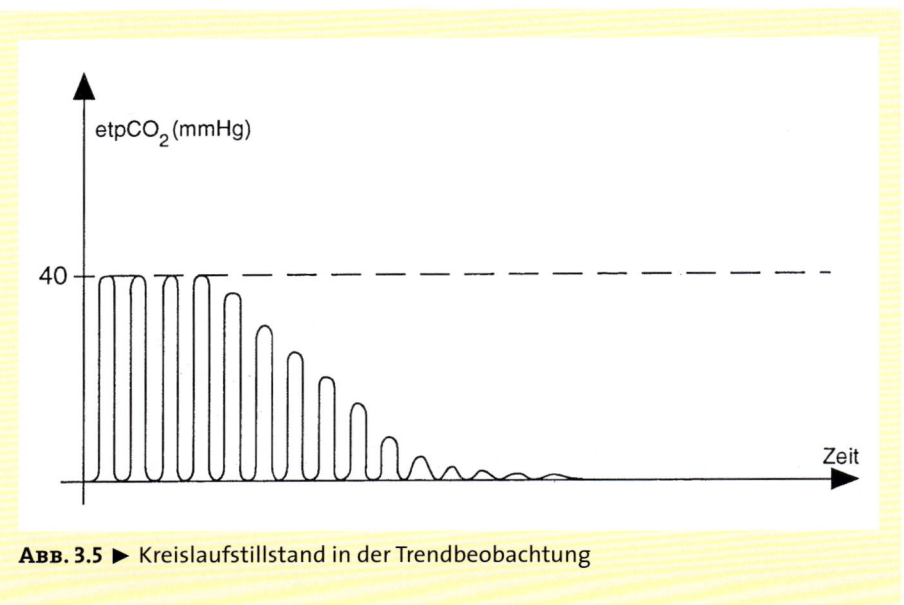

ABB. 3.5 ▶ Kreislaufstillstand in der Trendbeobachtung

soeben eingetretenen Kreislaufstillstand anzeigen. Nach kurzer Zeit wird in einem solchen Fall gar kein Kohlendioxid mehr gemessen – so lange, bis die nun folgende Herzdruckmassage einen »Not-Kreislauf« aufbaut.

Meistens führen *Thoraxkompressionen* zu niedrigen, aber sicher messbaren CO_2-Werten, insbesondere dann, wenn sie gut sind. Ermüdete oder zu zaghafte Helfer produzieren weniger Kohlendioxid in der Ausatemluft. Daher sollte die Kapnografie im Reanimationsverlauf als ein Gütekriterium – neben Frequenz und Drucktiefe – für die extrem wichtigen Thoraxkompressionen herangezogen werden. Zu 100 % zuverlässig ist das natürlich nicht. Schließlich kann auch der beste Thoraxkomprimierer bei einer fulminanten Lungenembolie als Ursache für den kardiopulmonalen Arrest wahrscheinlich nicht so viel CO_2 transportieren wie bei einem Patienten, der einen plötzlichen Herztod mit Kammerflimmern ohne mechanische Hindernisse erlitten hat. Aber im Trend kann das CO_2-Monitoring durchaus Hinweise geben. Als Faustregel gilt: Ein Wert von mindestens 15 mmHg wäre schön, bleibt der Wert darunter, sollte man schauen, ob es Potenzial für Verbesserungen der Thoraxkompressionen gibt. Bleibt der Wert trotz hochwertiger Thoraxkompressionen unter 14 mmHg, könnte das ein erster Indikator für eine schlechte Prognose sein.

Ein plötzlicher Anstieg des $etCO_2$, häufig sogar auf überhöhte Werte, ist ein guter Anlass, auch innerhalb der zweiminütigen CPR-Intervalle zwischen zwei Defibrillationen eine EKG- und Kreislaufkontrolle vorzunehmen. Vermutlich hat der Patient gerade einen ROSC (Return of Spontaneous Circulation) erlebt. Ein eigener Kreislauf ist immer suffizienter als die beste Herzdruckmassage und »wäscht« jetzt das verbliebene Kohlendioxid aus. Auch nach dem ROSC bietet die Kapnografie ein unverzichtbares Kreislaufmonitoring: Wenn plötzlich ein Kammerflimmern auftritt, zeigt das EKG (und eine kurze klinische Kontrolle der Lebenszeichen) ausreichend sicher einen neuerlichen Kreislaufstillstand an, aber bei einer pulslosen elektrischen Aktivität ist das schon schwieriger. Das Pulsoxymeter findet bei peripher minderdurchbluteten Patienten häufig kein Signal. Blutdruck und Puls werden nicht permanent, sondern sporadisch gemessen. Bewusstlos ist der Patient schon vorher gewesen. Zuverlässig und konstant gemessen wird allein der etCO$_2$. Man muss ihn nur nutzen: Ein schnell abfallender CO$_2$-Wert weist deutlich auf ein erneutes Perfusionsproblem hin und kann somit helfen, einen Kreislaufstillstand zu erkennen.

Atmung

Mit jeder Exspiration wird Kohlendioxid an die Außenluft abgegeben. Die Höhe des etCO$_2$ kann demnach durch die Beatmungsparameter beeinflusst werden. Wenn das Beatmungsgerät auf eine langsame Frequenz eingestellt ist, kann die CO$_2$-Konzentration zwischen den einzelnen Beatmungen länger ansteigen. Der etCO$_2$ ist hoch. Wird ein Patient dagegen hyperventiliert, sinkt der etCO$_2$ ab. Das hat Konsequenzen, z.B. für Patienten mit einem Schädel-Hirn-Trauma: Ein niedriger Kohlendioxidspiegel im Blut sorgt für eine Engstellung der Hirngefäße. Die daraus folgende Reduktion des Blutvolumens im Gehirn senkt auch den Druck im Gehirn. Das führte eine Zeit lang zu der Empfehlung, Patienten mit SHT zu hyperventilieren, um den Hirndruck zu senken. Allerdings wird – neben anderen ungünstigen Veränderungen – eine übertriebene Gefäßengstellung die Sauerstoffzufuhr in den ohnehin kritisch versorgten Schadensbereichen weiter einschränken. In der S3-Polytraumaleitlinie von 2016 wird zu einer kapnografisch gesteuerten *Normoventilation* aufgefordert. Ein Pulsoxymeter zeigt irgendwann eine »gute« Sauerstoffsättigung an und befriedigt damit sicherlich das primäre Erkenntnisinteresse, ob eine ausreichende Oxygenierung gelungen ist. Ob der Patient allerdings überbeatmet ist, zeigt das Pulsoxymeter weniger zuverlässig an. Viel mehr als »gut« kann der Wert eben nicht werden. Jetzt kommt die Kapnografie als wichtige Ergänzung ins Spiel: Eine *Hyperventilation* mit allen potenziellen Folgeproblemen würde durch einen tiefen etCO$_2$ angezeigt werden. Zumindest dann, wenn andere Ursachen für einen erniedrigten etCO$_2$ (z.B. Schock, s.o. und KAP. 4.5) ausgeschlossen sind oder zumindest für unwahrscheinlich gehalten werden. Letztlich wird man eine Anpassung der Beatmungsparameter nur in plausiblen Einstellungsbereichen vornehmen und nicht einen Anstieg des etCO$_2$ zur vermeintlichen Normoventilation durch eine Beatmungsfrequenz von 5/min erzwingen, obwohl der betroffene Schock-Patient ganz andere Probleme hat. Die Beatmungsfrequenz kann über ein Kapnogramm ebenfalls abgelesen werden.

Besonders wichtig: Wenn gar kein CO$_2$ gemessen wird, eine Kreislaufaktivität aber sicher festgestellt werden kann, dann funktioniert die Beatmung nicht. Es besteht dringender Verdacht auf eine ösophageale Fehlintubation! Die Kapnografie gilt als recht sicheres Lagekontrollkriterium. Wenn exspiratorisches Kohlendioxid gemessen werden kann, muss die untersuchte Luft vorher in der Lunge gewesen sein. Einzige und nur vorübergehend auftretende Ausnahme: Hat der Patient vor kurzem kohlensäurehaltige Getränke oder Antazida zu sich genommen oder von einem Ersthelfer eine gut gemeinte, aber leider intragastrale Atemspende erhalten, kann ggf. auch dann CO$_2$ gemessen werden, wenn der Tubus in der Speiseröhre platziert wurde. Diese »Cola-Komplikation« hält allerdings nur für einige wenige Beatmungshübe an und führt zudem zu einer untypischen Kapnografiekurve. Wenn also auch nach fünf oder sechs Beatmungen weiterhin kohlendioxidhaltige Luft ausgeatmet wird, gilt die ösophageale Tubuslage als ausgeschlossen. Nicht ausgeschlossen ist jedoch die einseitige Intubation eines Hauptbronchus, weil auch aus nur einem Lungenflügel Kohlendioxid in akzeptabler Konzentration abgeatmet werden kann. Eine einseitige Fehlintubation wird durch die Auskultation im Seitenvergleich, die Kontrolle der Einführtiefe und ggf. den Beatmungsdruck festgestellt.

Trotzdem: Bezogen auf die Frage, ob wie gewünscht die Lunge beatmet wird, ist ein falsch positives Kapnografieergebnis nicht möglich. Das ist schon mal gut, weil die Kapnografie somit davor schützt, über einen falsch liegenden Tubus zu beatmen. Unter bestimmten Voraussetzungen kann allerdings ein falsch negatives Resultat entstehen: Wenn im Rahmen eines Kreislaufstillstands insuffiziente Thoraxkompressionen durchgeführt werden, kann trotz korrekt platziertem Tubus kein CO_2 gemessen werden. Dann liegt kein Beatmungs-, sondern ein Kreislaufproblem vor. Wird das nicht erkannt, fällt man auf ein falsch negatives Ergebnis herein und kann in der Konsequenz eigentlich nur noch die Entscheidung treffen – unnötigerweise! – zu extubieren. Da die Verifizierung der Tubuslage eine im Wortsinne existenziell bedeutsame Maßnahme darstellt, gilt sie heutzutage als obligat – und zwar nicht nur in ethischer Hinsicht, sondern auch mit juristischer Konsequenz: Eine unerkannte Fehlintubation mit letalem Verlauf aufgrund des Verzichts auf die Kapnografie hat in der jüngeren Vergangenheit bereits zu Verurteilungen geführt.

Wenn die Tubuslage bestätigt ist, dient die Kapnografie der Überwachung der Beatmung. Was konstant hohe oder niedrige CO_2-Werte über die Beatmung aussagen können, wurde weiter oben bereits dargelegt. Ein besonderes Augenmerk verdienen im Rettungsdienst immer *plötzliche Veränderungen*. Ein abrupt auf die Nulllinie abfallender etCO2 beispielsweise lässt nur einen Schluss zu: Apnoe durch Extubation oder Diskonnektion. Eine Leckage im Beatmungssystem kann durch einen verspäteten Anstieg oder auch einen vorzeitigen Einbruch und Abfall der Kurve auffällig werden. Einziehungen im Plateau der CO_2-Kurve sprechen für spontane Inspirationsbemühungen des Patienten. Kohlendioxidanstiege zwischen zwei Exspirationen, also in der Inspirationsphase, lassen annehmen, dass der Patient spontan gegen das Beatmungsgerät ausatmet oder hustet, was zu einer Überprüfung der Narkosetiefe veranlassen sollte.

Wenn unter laufender Herzdruckmassage während der Inspirationen CO_2-Spikes gesehen werden, obwohl man in dieser Phase eigentlich nur die Grundlinie erwartet, dann kann das durch Anteile des exspiratorischen Reservevolumens erklärt werden, die durch die Kompressionen des Thorax »ausgestoßen« werden. Nicht zuletzt sollten unklare Kohlendioxidgehalte außerhalb der Exspiration, erkennbar durch eine von der Nulllinie abgehobene Grundlinie, daran denken lassen, dass Kohlendioxid in der Beatmungsluft enthalten sein könnte. Wenn in verdächtigen Umgebungen (Silo, Weinkeller, Höhle) mit Umluft beatmet wird, lohnt sich diese Überlegung auch im Hinblick auf die eigene Sicherheit.

Eine abgeflachte »haifischflossenartige« CO_2-Kurve erklärt sich durch einen trägen Luftausstrom, wie es bei einem Asthmaanfall oder auch anders gearteten Atemwegsobstruktionen (abgeknickter Tubus, Schleim) typisch ist.

Algorithmus: Kapnografie-Interpretation

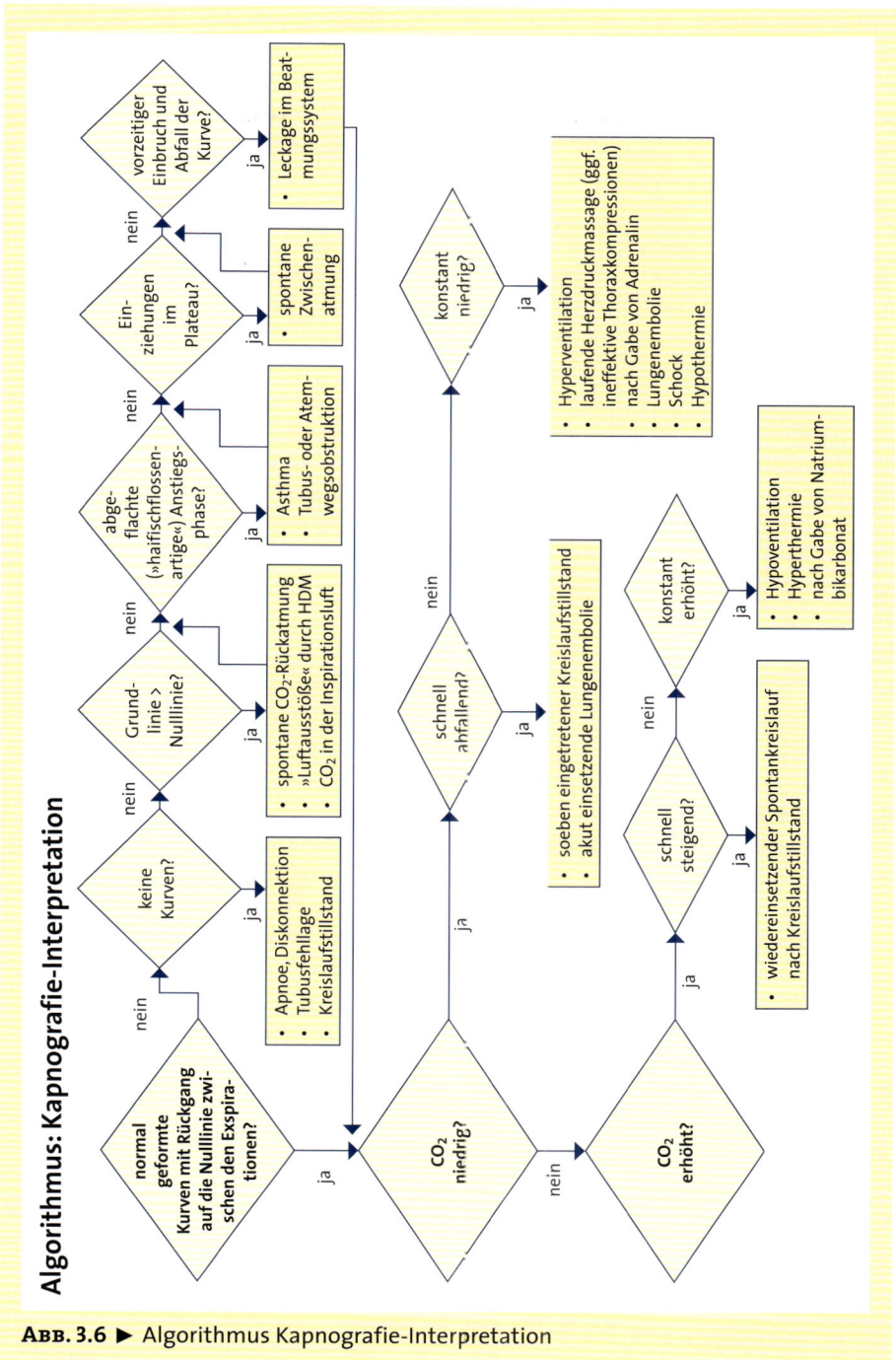

ABB. 3.6 ▶ Algorithmus Kapnografie-Interpretation

Sherlock ist begeistert: so viele Informationsmöglichkeiten durch ein einziges Gerät! Andererseits muss das alles natürlich beherrschbar bleiben. Es wäre schon gut, für eine auffällige Kapnografieveränderung das jeweils zutreffende Patientenproblem verantwortlich zu machen. Das kann durchaus komplex sein! Sherlock findet es fraglich, ob die Aufzählung von Erklärungen für Kapnografieabweichungen in diesem Kapitel im Stress der kritischen Notfallsituation auf den konkreten Fall übertragen werden kann. Wo ist der »diagnostische rote Faden«?

Zugegeben, die vorab gewählte Gliederung der Informationen und Probleme nach den verursachenden Funktionen Atmung, Kreislauf und Stoffwechsel war für dieses Kapitel einfach zu verlockend, um sie nicht zu wählen; eine schöne Strukturierung theoretischer Inhalte. Fraglich ist allerdings tatsächlich, ob sie auch hilfreich für den Praktiker im Einsatzgeschehen ist, wenn keine Überschriften, von denen etwas abgeleitet werden kann, vorgegeben sind. Es ist genau umgekehrt! Situationen bieten Informationen, die zu einer Diagnose zusammengeführt werden müssen. Die Überschrift muss erarbeitet werden. Bevor also der kapnometrisch ermittelte Anfangsverdacht auf – zunächst einmal – *irgendein* Problem sich letztlich als Kreislauf-, Atem- oder Stoffwechselstörung definieren lässt, muss ein wenig Kombinationsarbeit geleistet werden. Der Praktiker braucht ein Interpretationsschema, das von der Art der aktuell gebotenen Auffälligkeit ausgeht und zielgerichtet nach Lösungen sucht. Daher ist das auf der vorhergehenden Seite abgebildete Schema als Kapnografie-Interpretationsalgorithmus aufgebaut (Abb. 3.6). Es werden drei einfache Grundfragen gestellt, die dann so präzisiert werden, dass am Ende des Interpretationspfades nur noch eine oder zumindest nur wenige Diagnosen infrage kommen. In diesem letzten Schritt müssen weitere Untersuchungen oder Beobachtungen am Patienten den Findungsprozess ergänzen.

Kurze Zusammenfassung:
Die Kapnografie hat folgenden Erkenntniswert, der sich im Einzelfall v.a. in Kombination mit anderen Untersuchungsmethoden oder Beobachtungen entfaltet:

▶ Tubuslagekontrolle (Fehllage im Ösophagus?)
▶ Beatmungsmonitoring (Passen die Beatmungsparameter zum Patienten? Akute Beatmungsprobleme?)
▶ Narkosemonitoring (zu flache Narkose?)
▶ Reanimationsmonitoring (Effektivität der Thoraxkompressionen? ROSC?)
▶ Kreislaufmonitoring (plötzliche Kreislaufdekompensation?)
▶ diagnostische Hinweise bei verschiedenen Krankheitsbildern (Asthma? Lungenembolie?).

3.5 Fallstricke: Welche Fehlinformationen sind möglich?

»Guck mal, der $etCO_2$ ist nur noch bei 24 mmHg. Na, dann dreh mal die Frequenz und das Tidalvolumen ein bisschen runter. Der hat ja ein SHT. Hyperventilieren ist nicht gut. Das ist schlecht für die Hirndurchblutung«, sagt der Notarzt.

Sherlock zögert. Er hält das für einen Fehler. Der 48-jährige Mann war beim Kirschen-pflücken in der Abenddämmerung aus dem Baum gefallen. Neben einem instabilen Becken fiel bei dem zunächst ansprechbaren, aber desorientierten Patienten (GCS 13) eine Prellmarke am Kopf auf. Man wollte keine Zeit vergeuden und lagerte den Patienten nach HWS-Immobilisation und Sauerstoffgabe sofort auf das Spineboard um. Begleitend wurde eine Beckenschlinge angebracht, um die Fraktur zu stabilisieren. Während diese Maßnah-men vorbereitet wurden, gelang dem Notarzt die Anlage eines großlumigen i. v. Zugangs, über den der ca. 80 kg schwere Mann 10 mg S-Ketamin und 2 mg Midazolam erhielt. Unter fortlaufender Überwachung und Re-Evaluation des Patientenzustands konnte der Einsatz-ort nach 12 Minuten in Richtung Schockraum verlassen werden.

Während des Transports wurden die folgenden Werte erhoben: P: 120/min, RR: 115/90 mmHg, BZ: 102 mg/dl, SpO_2: 95 %. Leider verschlechterte sich der Patientenzu-stand: Neben einer Bewusstlosigkeit (GCS 6) fielen eine Pupillendifferenz und eine Atem-insuffizienz auf. Der Transport wurde unterbrochen, um eine Intubation vorzunehmen, dazu erhielt der Patient weitere 50 mg S-Ketamin und 10 mg Midazolam. Die Beatmung erfolgte über ein Beatmungsgerät (AF: 12, V_T: 500 ml, FiO_2: 1,0) und wurde kapnografisch kontrolliert. Der $etCO_2$ lag bei 35 mmHg. Der Transport wurde umgehend fortgesetzt.

Nach zehn weiteren Fahrtminuten fielen veränderte Werte auf: P: 140/min, RR: 65/40 mmHg, SpO_2: 96 %, $etCO_2$: 24 mmHg. Der Notarzt sagte: »Das Kreislaufproblem versuchen wir jetzt erst mal mit einer forcierten Volumengabe in den Griff zu bekommen. Und die Hyperventilation – Gott sei Dank haben wir die Kapnografie an Bord, sonst hätten wir das gar nicht gemerkt – beenden wir durch eine Anpassung der Beatmungsparameter. Alle einverstanden?« Sherlock wendet ein: »Aber wir hyperventilieren doch gar nicht. Die Beatmung ist o. k.« Antwort: »Aber trotzdem hat er zu wenig Kohlendioxid im Blut. Ein $etCO_2$ von 24 ist nicht genug. Überleg doch mal, was das bei dem SHT für Konsequenzen haben kann.« Sherlock: »Wir wissen doch gar nicht, wie viel CO_2 der im Blut hat. Das sagt der $etCO_2$ bei diesem Patienten doch überhaupt nicht aus. Dafür brauchen wir eine Blutgasanalyse.« Sherlock hat recht, wie die BGA im Schockraum zeigt. Der p_aCO_2 ist sogar leicht erhöht und nicht etwa erniedrigt wie der $etCO_2$.

Der p_aCO_2? Was ist denn der Unterschied zwischen p_aCO_2 und $etCO_2$? Warum hat die Kapnografie das Team in diesem Fall beinahe zu einem Fehler verführt?

Ein Blick in die Lunge: Wie in Kapitel 3.2 beschrieben, diffundiert das im Blut enthal-tene Kohlendioxid so lange aus den Kapillaren des Lungenkreislaufs in die Alveole, bis die Konzentration ausgeglichen ist. Demzufolge dürfte es im Idealfall tatsächlich keine Rolle spielen, ob das Kohlendioxid direkt im Blut (p_aCO_2) oder endexspiratorisch ($etCO_2$) gemes-sen wird – es müsste ja auf das Gleiche herauskommen. Das Ventilations-Perfusions-Ver-hältnis in der Lunge ist jedoch nicht ideal. Das wäre es, wenn tatsächlich ein vollständiger CO_2-Ausgleich zwischen Blut und Atemweg stattfinden würde. Dann betrüge das Ver-hältnis zwischen Ventilation und Perfusion 1 : 1. Das würde allerdings voraussetzen, dass eine perfekte Ventilation auf eine perfekte Perfusion trifft. Doch selbst unter »gesunden« Bedingungen besteht bereits ein Ungleichgewicht, das sich aus ungleichmäßig ausge-prägter Durchblutung und Belüftung der verschiedenen Lungenregionen erklärt. So wird die Lunge in den oberen Bereichen besser belüftet als durchblutet und an der Lungenbasis besser durchblutet als belüftet. Allein durch die Lagerung des Patienten kann dieses Missverhältnis beeinflusst werden. So kann z.B. eine Seitenlagerung die Lungenperfusion lokal einschränken. In der Folge sinkt das Kontaktvolumen zwischen Blut und Alveole und weniger CO_2 wird aus dem Blut diffundieren können. Also: Der p_aCO_2 (Blut) dürfte auch bei einem gesunden Menschen 1–4 mmHg höher sein als der $etCO_2$ (Ausatemluft).

Ist eine der beiden Größen Ventilation oder Perfusion über die physiologischen Grenzen hinaus eingeschränkt, entsteht ein für den Gasaustausch in relevantem Ausmaß nutzloser Raum: Funktioniert die Ventilation nicht in allen Teilen der Lunge gleich gut, umspült ein Teil des Blutes die betroffenen Alveolen, ohne das enthaltene CO_2 abgeben zu können. Ein Shunt ist entstanden. So etwas passiert z.B. Patienten mit Atelektasen, Aspirationen, Pneumonien oder auch nach einseitiger Intubation.

Wenn umgekehrt die Ventilation zwar uneingeschränkte Be- und Entlüftung garantiert, aber Teile der Lunge nicht mehr vom Blut durchströmt werden, hat eine Vergrößerung des Totraums stattgefunden, weil in diesen Bereichen kein Gausaustausch erfolgen kann. Dies kann bei einer Lungenembolie und auch beim Schock der Fall sein, wie in Sherlocks Beispiel. Da sich die Durchblutungsverhältnisse der Lunge im Schock aufgrund von Makro- und Mikrozirkulationsstörungen ändern und keine in allen Lungenabschnitten gleichmäßige und ausreichende Perfusion fortbesteht, werden nicht mehr alle Alveolen versorgt. Der $etCO_2$ sinkt – abgesehen von der allgemein reduzierten Transportfunktion des Kreislaufs im Schock – auch deshalb, weil ein Teil des Kohlendioxids nicht mehr der Ausatmung zugeführt wird, sondern ohne effektiven Kontakt zur schockgeschädigten Alveole vom arteriellen in den venösen Teil des Lungenkreislaufs übertritt. Somit kann der p_aCO_2 sogar im erhöhten Bereich liegen. Das Atemminutenvolumen, wie im Beispiel gefordert, zu reduzieren, wäre also fatal. Nicht nur, weil der sauerstoffbedürftige Patient weniger gut oxygeniert würde, sondern eben auch, weil seine Fähigkeit, Kohlendioxid zu eliminieren, zusätzlich eingeschränkt wäre. Wenn beide Werte – p_aCO_2 und $etCO_2$ – verfügbar sind, ist natürlich der Blutwert für therapeutische Veränderungen maßgeblich. Denn nicht-physiologische Kohlendioxidwerte im Blut verändern u.a. die Gefäßweite, beeinflussen den pH-Wert und begünstigen gefährliche Herzrhythmusstörungen. Da im Rettungsdienst üblicherweise keine BGA-Geräte zur Verfügung stehen, muss man diesen Schwachpunkt der Kapnografie kennen und v.a. bei kreislauf- und/oder respiratorisch instabilen Patienten in seine Überlegungen miteinbeziehen.

Die Kapnografie lädt neben der Fehlinterpretation, p_aCO_2 und $etCO_2$ gleichzusetzen, zu weiteren Irrtümern ein. Dass über exspiratorisches Kohlendioxid nur zwischen endotrachealer und ösophagealer Tubuslage differenziert werden kann und nicht zwischen endotrachealer und einseitig bronchialer, wurde im vorangehenden Kapitel gezeigt. Auch die »Cola-Komplikation« mit CO_2-Nachweis nach Genuss kohlensäurehaltiger Getränke, die glücklicherweise nur einige wenige Beatmungen lang verwirren kann, weil das Kohlendioxid aus dem Magen dann eliminiert sein sollte, ist bereits in KAPITEL 3.4 erklärt worden. Aber dass auch Medikamente den $etCO_2$ beeinflussen können, muss ebenfalls erwähnt werden. Insbesondere im Rahmen der Reanimation, wo immer ein Auge auf die Kapnografie gerichtet sein sollte, um die Tubuslage, die Effektivität der Thoraxkompressionen und auch einen plötzlich ansteigenden etCO$_2$ als Zeichen eines ROSC zu überwachen, kann dies zum Tragen kommen. Wenn nach der Applikation von *Adrenalin* der etCO$_2$ sinkt, muss das nicht für eine nachlassende Qualität der Thoraxkompressionen sprechen, sondern kann einfach anzeigen, dass das Adrenalin seine u. a. vasokonstriktorische Wirkung entfaltet, die zu einem verminderten CO$_2$-Transport in die Austauschgebiete der Lunge führt. Andersherum kann nach der Infusion von *Natriumbikarbonat* (macht man nicht mehr zur routinemäßigen Pufferung, aber bei Intoxikationen mit trizyklischen Antidepressiva ist es indiziert) der etCO$_2$ ansteigen, was nicht unbedingt effektive Thoraxkompressionen oder gar die Wiederkehr des Spontankreislaufs anzeigt. Natriumbikarbonat setzt vorübergehend einfach mehr Kohlendioxid frei, das über die Lunge ausgeschieden und kapnografisch gemessen wird.

Ein letzter Warnhinweis gilt *Gerätefehlern*. Wenn Werte ganz und gar nicht plausibel erscheinen, kann es sich lohnen, einen neuen Beatmungsfilter aufzustecken und einmal selbst Luft ins Beatmungssystem zu pusten. Die eigene Ausatemluft ist ein praktisches Referenzgas – immer verfügbar und mit größter Wahrscheinlichkeit innerhalb physiologischer Grenzen. Bleibt das Kapnogramm unerklärlich, liegt wahrscheinlich ein Gerätefehler vor.

Sowohl in diesem Fall als auch bei allen vorgenannten Fehlerquellen gilt: Wenn ein Wert unglaubwürdig ist, sollte er nicht zur Therapiebasis werden, sondern durch andere Informationsquellen verifiziert oder als unzutreffend bewiesen werden.

3.6 Einsatz RTW: Ihre Diagnose, bitte!

Fall 1: Trying in the Discotheque

Einsatzort Szene-Disco: Es sollte ein grandioser Auftritt werden. Fernando live on Stage. Der Veranstalter hatte keine Kosten und Mühen gescheut, um seinen großen Schlagerstar in Szene zu setzen. Aus einem kleinen Kellerraum wurde Fernando mit einer hydraulischen Hebevorrichtung auf die Bühne gefahren. Doch als der zusammen mit dem Sänger aus der Grube empor wallende Trockeneisnebel sich verzogen hatte, sah man Fernando bewusstlos auf seiner Plattform liegen. Technikteam und DJ reagierten sofort. Um eine Panik in der vollbesetzten Großraumdiskothek zu vermeiden, wurde die Hebebühne sofort wieder heruntergefahren und Musik aus der Konserve gespielt. Das bei Veranstaltungen dieser Größenordnung natürlich anwesende Sanitätspersonal kam sofort dazu und übernahm die primäre Versorgung. Gleichzeitig wurden RTW und NEF angefordert.

Das ersteintreffende RTW-Team wird an den Rand der Vertiefung geführt, aus der die Hebebühne hochgefahren werden kann. In einem sehr kleinen Raum knien zwei ehrenamtliche Rettungssanitäter und reanimieren Fernando. Da neben den drei Personen, EKG, Koffer und einigen Blöcken Trockeneis für den Nebeleffekt kein Platz mehr in der »Grube« ist, lassen sich die Kollegen des RTW kurz von unten herauf »briefen«. Sie erhalten folgende Informationen: seit ca. vier Minuten laufende Reanimation bei Kreislaufstillstand unklarer Genese; primärer Rhythmus Kammerflimmern, das in 2-Minuten-Abständen bislang zwei Mal zu defibrillieren versucht wurde. Die Beatmung erfolgt mit Umluft – die

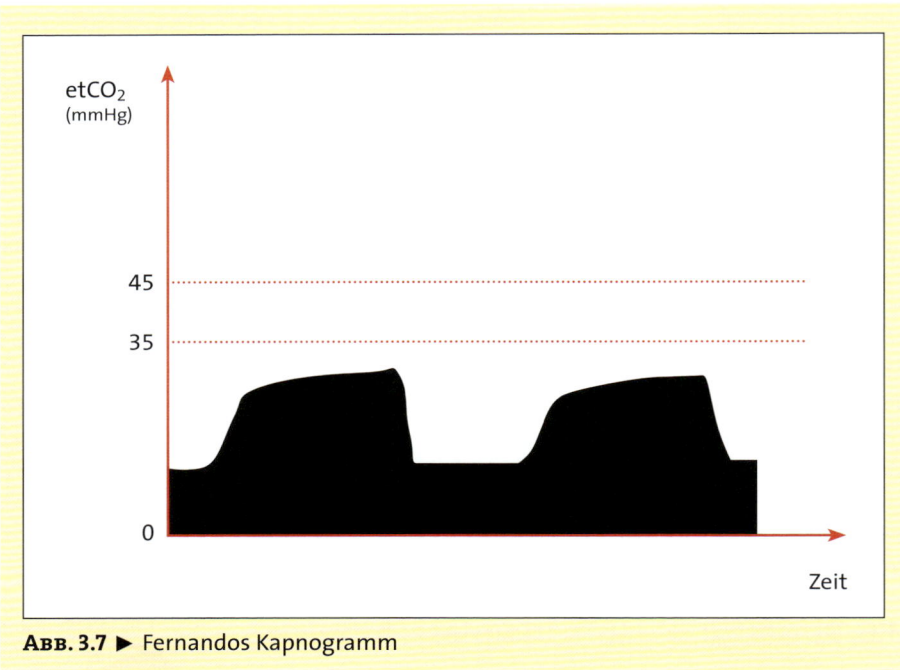

ABB. 3.7 ▶ Fernandos Kapnogramm

Sauerstoffflasche war leider leer – über einen Larynxtubus und wird kapnografisch kontrolliert. Auskultatorisch seien seitengleiche und freie Beatmungsgeräusche zu hören. Die Thoraxkompressionen erscheinen effektiv. Ein i. v. Zugang wurde noch nicht gelegt. Dafür hat einer der Kollegen während der Reanimation versucht, über das Management des Stars weitere Informationen einzuholen.

Fernando ist 55 Jahre alt und hatte schon mal einen Herzinfarkt. Er raucht und trinkt regelmäßig – und zwar nicht nur Wasser! Hin und wieder ist wohl auch etwas Kokain im Spiel. Sein Hausarzt hatte kürzlich empfohlen, die Blutfett- und -zuckerwerte häufiger zu kontrollieren. Medikamente nehme Fernando, außer gelegentlich mal Viagra®, nicht ein. Es besteht eine Allergie gegen ein Antibiotikum. Im Verlauf des heutigen Tages habe es keinerlei Anzeichen dafür gegeben, dass Fernando sich nicht wohl gefühlt hat. Einige Werte konnten bereits erhoben werden: BZ: 189 mg/dl, T: 36,5 °C. Die Pulsoxymetrie liefert unter den Reanimationsbedingungen keine Werte. Die Analysephase des halbautomatischen Defibrillators wird genutzt, um ein Kapnogramm auszudrucken und nach oben zu reichen (ABB. 3.7). Das Kammerflimmern besteht fort.

Die Kollegen vom RTW waren natürlich bislang nicht untätig und haben die Disco-Mitarbeiter aufgefordert, die Hebebühne hochzufahren, damit man die Reanimation übernehmen kann. Das ist den Kollegen vom Sanitätsdienst ganz recht, weil sich mittlerweile Ermüdungserscheinungen zeigen. Einer hat schon Kopfschmerzen vor lauter Anstrengung.

Was tun Sie jetzt? Kennen Sie die Ursache für Fernandos Kreislaufstillstand?

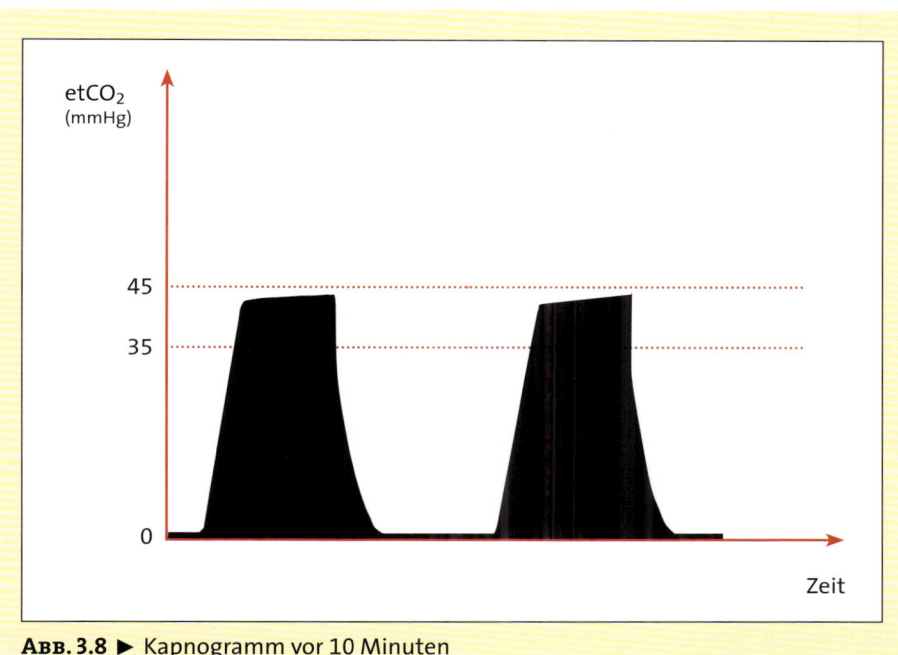

Abb. 3.8 ▶ Kapnogramm vor 10 Minuten

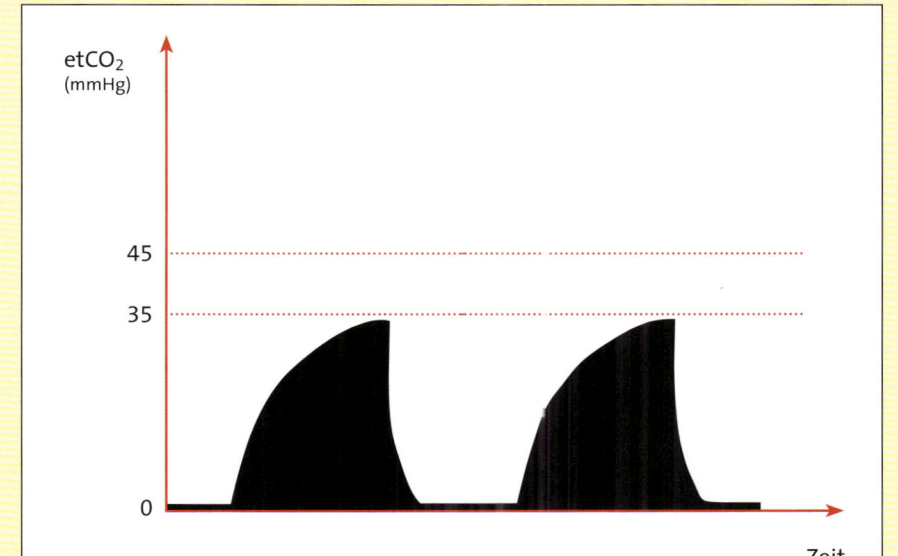

Abb. 3.9 ▶ Aktuelles Kapnogramm

Fall 2: Intensivverlegung

Sekundärtransport: Sie verlegen einen beatmeten Patienten von der Intensivstation in eine Spezialklinik. Die Abfahrt verzögert sich, weil ein wichtiger Laborwert fehlt. Als dieser eingetroffen ist, wird noch schnell eine Antibiose angehängt – dann kann's losgehen. Im Fahrstuhl schlägt das Beatmungsgerät Alarm. Der Beatmungsdruck ist gestiegen. Ein P_{max} von 30 mbar reicht nicht mehr aus, um das eingestellte Tidalvolumen (500 ml bei einer Frequenz von 12/min) in den Patienten (75 kg Körpergewicht) zu bringen. Die Sauerstoffsättigung fällt auf 89 %, RR: 80/60 mmHg. Das EKG zeigt eine Sinustachykardie. P: 130/min, T: 39,5 °C, BZ: 78 mg/dl. Das Kapnogramm verändert sich ebenfalls (ABB. 3.9). Vorhin hat es noch ganz anders ausgesehen (ABB. 3.8).

   Was ist passiert? Was tun Sie jetzt?

Fall 3: Von Hs und HITS im Wald

Ihre Einsatzfahrt führt Sie an einem angenehmen Frühlingstag zu einem Rastplatz an einer Waldlichtung, der mit dem RTW nicht direkt zu erreichen ist. Da die Meldung eine bewusstlose Person erwarten lässt, haben Sie Ihr komplettes Equipment auf die Trage gelegt und sind von einem Forstarbeiter über einen Waldweg zum Patienten geführt worden. Der Hubschrauber kommt auch gleich. Dauert aber wahrscheinlich noch ca. zehn Minuten. Sie treffen auf einen ca. 50-jährigen zentral zyanotischen Patienten, der von zwei Ersthelfern reanimiert wird. Allesamt Kollegen, die mit Baumfällarbeiten beschäftigt waren.

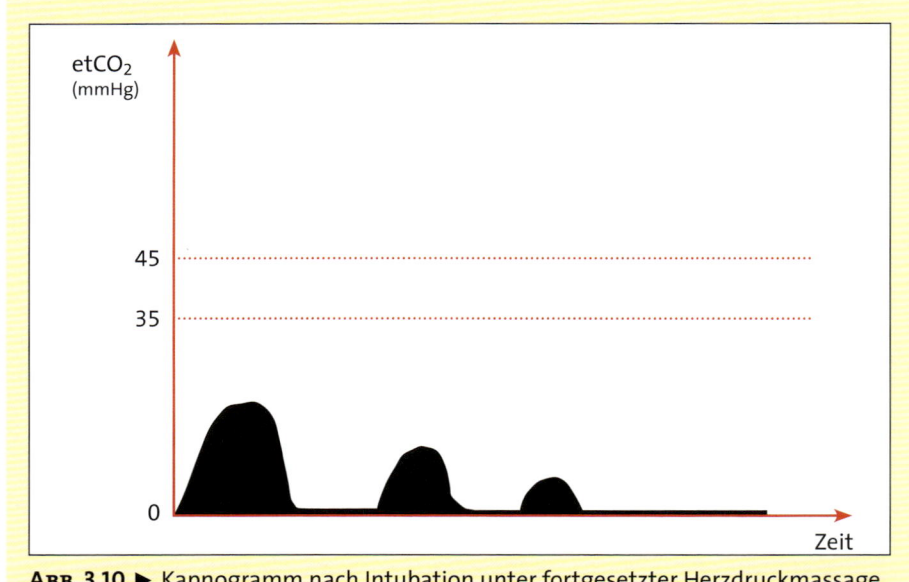

ABB. 3.10 ▶ Kapnogramm nach Intubation unter fortgesetzter Herzdruckmassage

Während einer der beiden Helfer scheinbar eher ineffektive Thoraxkompressionen durchführt, ist der andere mit einer Mund-zu-Mund-Beatmung beschäftigt. Leider halten die beiden das 30:2-Verhältnis nicht ein sondern drücken und beatmen gleichzeitig. Zudem erfolgt die Beatmung mit viel zu hohen Volumina. Kein Wunder also, dass der Patient bereits einen massiven Rückfluss von Mageninhalt mit nachfolgender Aspiration erlitten hat. Sie übernehmen sofort die Thoraxkompressionen, während Ihr Kollege für Atemwegssicherung und Belüftung sorgen will. Er entschließt sich angesichts der möglicherweise andauernden Aspiration bei nicht restlos freizumachendem Atemweg und deutlich überblähtem Magen für eine sofortige Intubation, die ihm auch schnell gelingt. Die Tubuslage wird während der ersten beiden Beatmungshübe auskultatorisch und kapnografisch bestätigt. Parallel hat der Praktikant die Defibrillationselektroden aufgeklebt. Die erste Analyse ergibt ein Kammerflimmern, das umgehend mit 200 Joule defibrilliert wird. Anschließend werden Herzdruckmassage (100/min) und Beatmung (10/min) bei gesichertem Atemweg zeitgleich fortgeführt (ABB. 3.10). Am Schienbein kann ein intraossärer Zugang gelegt werden, über den eine Vollelektrolytlösung infundiert wird. Zwei Minuten später folgt die zweite und nach vier Minuten die dritte Defibrillation bei persistierendem Kammerflimmern, dessen Amplitude allerdings merklich abgenommen hat. Der Patient erhält 1 mg Adrenalin und 300 mg Amiodaron.

Sie begeben sich auf die Suche nach reversiblen Ursachen für den Kreislaufstillstand. Die Umstehenden berichten, dass der Mann schon mehrfach an Beinvenenthrombosen gelitten habe. Ansonsten bestehen ein Diabetes mellitus, Bluthochdruck, Asthma bronchiale und eine Niereninsuffizienz, die jedoch nicht dialysepflichtig sei. Über seine Medikamente wissen seine Kollegen nicht Bescheid. Vor dem Kollaps habe er keinen Unfall erlitten oder Schmerzen geäußert. Man habe gerade in die Mittagspause gehen wollen. Es fallen keine Verletzungszeichen auf. Die Haut ist zyanotisch. Der Bauch erscheint aufgetrieben. Blutbeimengungen im Erbrochenen lassen sich jedoch nicht erkennen. Der Blutzuckerspiegel beträgt 207 mg/dl. Die Körpertemperatur liegt bei 36 0 °C. Ihr Kollege hört nochmals die Lunge ab und berichtet, zwar leise aber seitengleiche Beatmungsgeräusche zu hören.

Gehen Sie die Hs und HITS der reversiblen Ursachen einmal durch: Hypoxie, Hypovolämie, Hypothermie, Herzbeuteltamponade, Hypo-/Hyperkaliämie/Stoffwechselentgleisung, Intoxikation, Thromboembolie, Spannungspneumothorax. Was können Sie ausschließen? An welche Ursache glauben Sie?

Fall 4: Polytrauma auf der Landstraße

Mit der Einsatzmeldung »Schwerer Verkehrsunfall, MANV, Nachforderung von Nachbarleitstelle« geht es an einem warmen Sommertag ins Grüne. Der Unfall hat sich auf einer Landstraße ereignet, die in der Szene als Motorradrennstrecke bekannt ist. In zahlreichen unübersichtlichen Kurven zieht sich die Piste durch hügeliges und waldreiches Gelände. Als Sie mit Ihrem Rettungswagen nach 20 Minuten Anfahrtzeit eintreffen, werden Sie vom OrgL in Empfang genommen. Ein bergan fahrender Motorradfahrer ist mit offensichtlich überhöhter Geschwindigkeit in eine Rechtskurve gerast und hat die Kontrolle verloren. Mitsamt seiner Maschine ist er in eine Radlergruppe geschleudert worden, die auf der Gegenfahrbahn unterwegs war. Insgesamt sind acht Personen verletzt worden, davon vier schwer. Auf einem Spineboard der Feuerwehr bereits suffizient immobilisiert und fixiert, wird Ihnen nun vom LNA ein polytraumatisierter Radfahrer übergeben.

Der etwa 65-jährige Mann sei bei einem GCS von 7 (1-2-4) primär nicht ansprechbar gewesen. Neben einer Platzwunde am Kopf waren offene Frakturen beider Unterarme und großflächige Abschürfungen an den Beinen aufgefallen. Daraufhin wurde bei dem ca. 80 kg schweren Patienten eine Narkose mit 160 mg Propofol, 0,4 mg Fentanyl und 100 mg Succinylcholin eingeleitet. Es folgte eine problemlose Intubation mit einem 8er-Tubus. Bislang wurden darüber hinaus 500 ml kristalloide und 500 ml kolloidale Infusionen verabreicht. Aktuell lassen sich folgende Werte ermitteln: RR: 120/70 mmHg, EKG: Sinusrhythmus, SpO_2: 100 %, P: 90/min, $etCO_2$: 26 mmHg, BZ: 128 mg/dl, T: 36,8 °C, CPPV-Beatmung mit PEEP 5 cm H_2O, FiO_2: 1,0; Tidalvolumen: 800 ml, AMV: 16 l, P_{max}: 30 mbar.

Was tun Sie als nächstes?

Fall 5: Irgendetwas läuft schief ...

Unfall im Containerhafen. Bei Verladungsarbeiten löste sich ein Container aus seiner Verankerung und stürzte auf Herrn Müller. Der 40-jährige, ca. 100 kg schwere Mann wurde in Hüfthöhe eingeklemmt und erlitt schwerste Verletzungen der unteren Extremitäten. Vor der technischen Rettung durch die Feuerwehr wurde aufgrund unerträglicher Schmer-

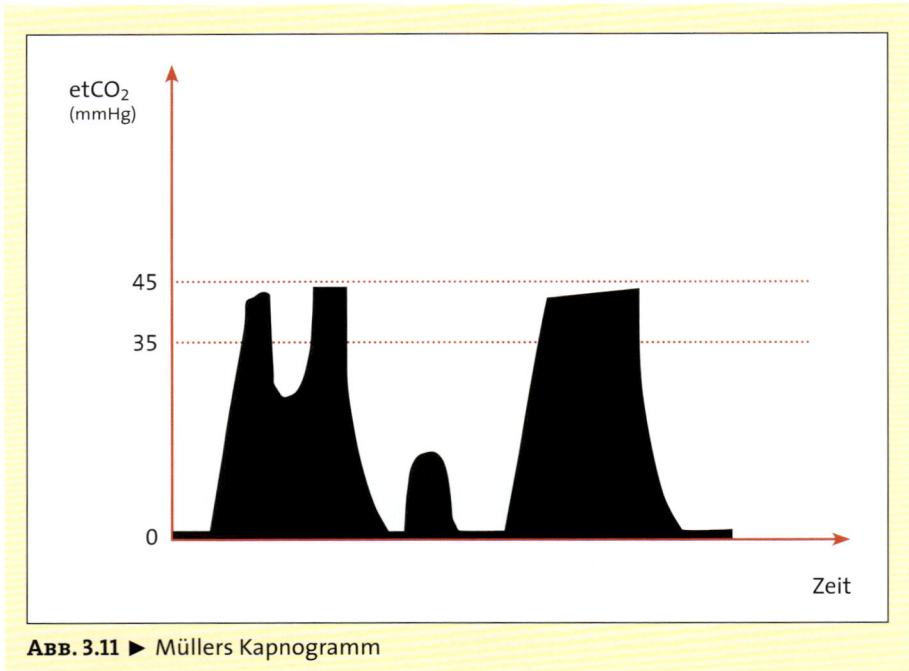

ABB. 3.11 ▶ Müllers Kapnogramm

zen eine Narkose eingeleitet: 0,01 mg Fentanyl, 20 mg Propofol und 100 mg Lysthenon. Um den ohnehin stark begrenzten Bewegungsspielraum der Feuerwehr nicht zusätzlich einzuschränken, erfolgt die Beatmung über einen Beatmungsbeutel, der von einem Kollegen der Freiwilligen Feuerwehr mit Einsatzsanitäterausbildung bedient wird.

Die Kollegen vom Rettungsdienst hatten leider keine ausreichende persönliche Schutzausrüstung dabei. Die Überwachung erfolgt also knapp zwei Meter Kabel entfernt über die Geräte. Die ersten fünf Minuten der Narkose verlaufen problemlos. Doch plötzlich fallen den Kollegen Veränderungen auf. Der Blutdruck beträgt 185/100 mmHg. Die Pulsfrequenz liegt bei 130/min. Das Kapnogramm findet sich in ABBILDUNG 3.11.

Was genau läuft hier schief?

Fall 6: Reanimationsfeedback

Praktikum auf der Intensivstation. Ein beatmeter Patient hat einen Kreislaufstillstand erlitten. Nachdem im EKG die Asystolie erkannt worden war, ging alles sehr schnell. Der Reanimationsalarm wurde ausgelöst. Innerhalb kurzer Zeit waren ausreichend viele Helfer beim Patienten und die Wiederbelebung wurde eingeleitet. Nach Ihrem Einsatz werten Sie die Trendbeobachtung des Kapnografen über die gesamte Reanimationsdauer aus. Es ergeben sich Fragen zu den entscheidenden Veränderungen, die in ABBILDUNG 3.12 mit Zahlen versehen sind.

Was könnte hier jeweils geschehen sein?

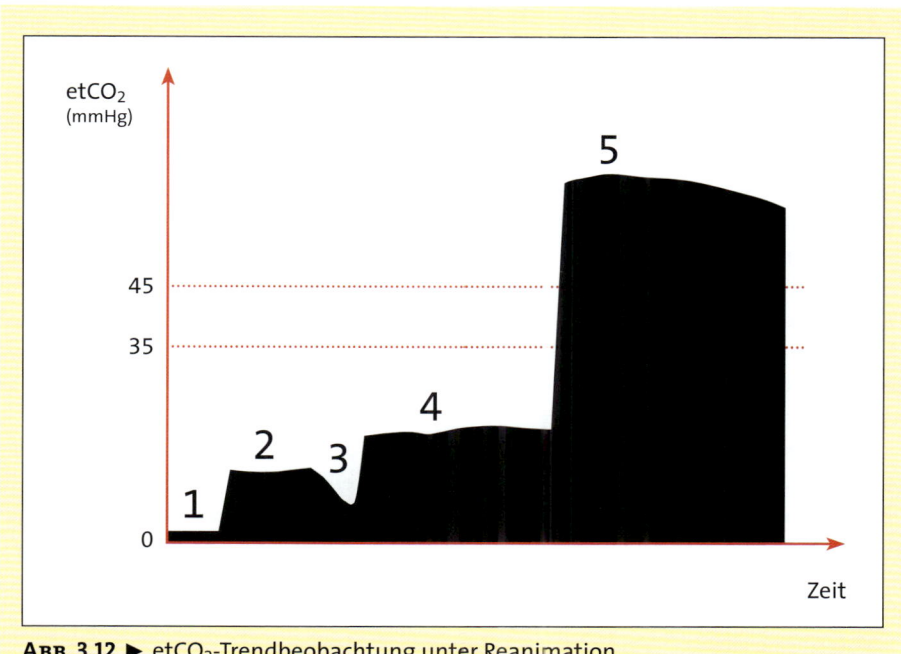

ABB. 3.12 ▶ etCO$_2$-Trendbeobachtung unter Reanimation

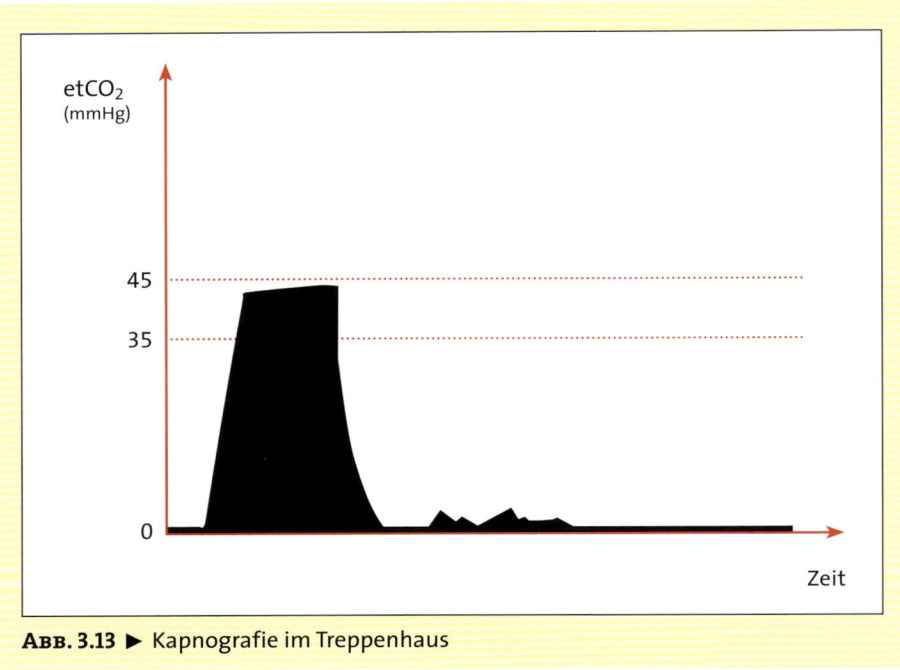

ABB. 3.13 ▶ Kapnografie im Treppenhaus

Fall 7: Alarm

Ihr Einsatz führt Sie in das Obergeschoss eines Mehrfamilienhauses. In der Küche hat die Fritteuse Feuer gefangen. Leider hat der Patient versucht, das brennende Fett mit Wasser zu löschen. Schwere Verbrennungen waren die Folge. Nachdem die Feuerwehr den stark übergewichtigen Patienten aus der Wohnung gerettet und ein Stockwerk tiefer dem Rettungsdienst übergeben hat, wird schnell klar, dass eine Narkose erforderlich sein wird. Es besteht dringender Verdacht auf ein Inhalationstrauma. Die Atemwegsverlegung zeichnet sich bereits ab. Der Patient wird intubiert und über einen Beutel mit angeschlossenem Demand-Ventil beatmet. Er soll nun schnell in die Klinik transportiert werden. Angehörige stehen herum und schreien panisch – utopische Forderungen werden gestellt: Hubschrauber, Chefarzt muss kommen etc. Aggressive Schuldzuweisungen erschweren die Teamkommunikation.

Der inzwischen auf ein Tragetuch umgelagerte Patient wird mit Unterstützung mehrerer Feuerwehrleute durch das Treppenhaus nach unten getragen. Weil es extrem eng ist, wird der Beatmungsbeutel von Hand zu Hand weitergereicht, um die Ventilation fortzusetzen. Sie bemühen sich, die Übersicht zu bewahren, und schauen auf die Gerätedisplays. EKG: Sinusrhythmus, Pulsoxymetrie: SpO_2 92 %, P: 82/min, RR: 135/80 mmHg; $etCO_2$: SIEHE ABBILDUNG 3.13.

Was tun Sie jetzt?

3.7 Lösungen

Fall 1: Trying in the Discotheque

Sofort den Gefahrenbereich evakuieren! Gefahrenbereich? Evakuieren? Ja, denn sonst könnte hier nicht nur Fernando Schaden nehmen. Die Kapnografie zeigt eine deutlich angehobene Grundlinie. Also auch dann, wenn kein CO_2 zu sehen sein sollte, weil der Patient gerade einen Inspirationshub erhält. Dabei sollte in der Inspirationsluft nun wahrlich kein CO_2 in dieser Konzentration enthalten sein. Die Kollegen beatmen mit Umluft. Das bedeutet – vorausgesetzt der Beatmungsbeutel ist intakt und lässt keine Rückatmung zu –, dass die Luft, die auch von den beiden Helfern im Kellerraum eingeatmet wird, eine gefährliche Kohlendioxidkonzentration aufweist. Woran könnte das liegen? Wir erinnern uns: Fernando sollte in einer Nebelwolke aus dem kleinen Kellerraum emporgefahren werden. Dieser Effektnebel ist mit Trockeneis (einige Blöcke lagen noch neben den Kollegen im Raum!) hergestellt worden. Trockeneis besteht zu 100 % aus festem, tiefkaltem Kohlendioxid. Wird es mit wärmerem Wasser übergossen, verändert es seinen Aggregatzustand und wird freigesetzt. Es entsteht ein über den Boden wabernder Nebel. Kohlendioxid ist relativ schwer, der Kellerraum ist recht klein und wird wahrscheinlich auch nicht gut gelüftet. So konnte eine gefährlich hohe Konzentration erreicht werden. Fernando ist erstickt.

Fall 2: Intensivverlegung

Das Kapnogramm, vor zehn Minuten noch völlig normal, ist deutlich verändert. Zum einen ist der $etCO_2$ unter den Normwert gesunken, obwohl die Beatmungsparameter nicht auf eine Hyperventilation hindeuten. Zum anderen sieht die Kurve anders aus. Der initiale Anstieg des CO_2 ist auffällig verzögert und von einem richtigen Plateau, das nur ganz leicht zur $etCO_2$-Spitze ansteigt, kann nicht mehr gesprochen werden. Diese Kurve erinnert eher an eine Haifischflosse. Wie können diese Veränderungen erklärt werden? Möglicherweise handelt es sich um ein kombiniertes Atem- und Kreislaufproblem. Tachykardie und Hypotonie weisen auf ein mögliches Schockgeschehen hin, das zu einem verminderten Kohlendioxidtransport in die Lunge geführt haben kann. Lungenembolie? Herzinfarkt? Eine mit 89 % besorgniserregend niedrige Sauerstoffsättigung trotz Ventilation mit 100 % Sauerstoff und ein ansteigender Beatmungsdruck zeigen ein ernstes Beatmungsproblem an. Herzinfarkt mit pulmonaler Stauung und Lungenödem? Die zögerlich ansteigende CO_2-Kurve spricht hingegen für ein Entlüftungsproblem. Denn die Erklärung für nur sehr langsam ansteigendes Kohlendioxid im Kapnogramm ist eine verzögerte Rückkehr der Luft aus der Lunge. Also keine Lungenembolie und kein Herzinfarkt? Zu denken ist eher an COPD, Bronchospasmus oder Tubusobstruktion. Und konkret in diesem Fall: Welches Krankheitsbild kombiniert in fataler Weise Kreislaufinsuffizienz mit obstruktiver Atemstörung durch Bronchospasmus? Genau –

ein anaphylaktischer Schock! Kurz vor Transportbeginn hat der Patient eine i.v. Antibiose erhalten. Das hat allergisches Potenzial! Wer jetzt noch Hautreaktionen wie Schwellungen, Rötungen und Urtikaria sucht und findet, ist diagnostisch ausreichend abgesichert, um seine antiallergische Therapie zu beginnen.

Fall 3: Von Hs und HITS im Wald

Akut bedeutsamer als die Suche nach der potenziell reversiblen Ursache des Kreislaufstillstands ist die Frage, aus welchem Grund das Problem trotz aller Bemühungen fortbestehen wird. Denn das wird so sein – egal, welche erweiterten Therapien hier noch ausprobiert werden. Das A und O der Reanimation ist unzweifelhaft die Behebung von H – der Hypoxie. Es geht in erster Linie immer um die Oxygenierung von Herz und Hirn. Zurzeit wird jedoch leider nur der Magen mit Sauerstoff versorgt, denn der Patient wurde ösophageal fehlintubiert. Das ist katastrophal! Dabei wurden doch zwei Lagekontrollkriterien bemüht. Zum einen konnten beidseitige Atemgeräusche – zwar leise, aber der Kollege war sich sicher – auskultiert werden. Kein sicheres Lagekontrollkriterium! Magen und Lunge liegen nicht weit voneinander entfernt, und wenn eine kräftige Beatmung im Magen landet, können manchmal übertragene Geräusche über der Lunge gehört werden. Aber das zweite Lagekontrollkriterium, die Kapnografie, war doch auch positiv. Ja, aber nur ganz kurz und außerdem mit einer untypischen CO_2-Kurve. Im Kapnografieausschnitt sieht man drei CO_2-Ausschläge, die erstens immer niedriger werden bis schließlich gar kein Kohlendioxid mehr zurückkommt. Zweitens fehlt die typische Konfiguration der CO_2-Verlaufskurve mit Anstieg, Plateau und $etCO_2$-Spitze, die sich durch Anatomie und Physiologie der Atmungsorgane erklärt. Da der Patient von seinen Kollegen vor Eintreffen des RTW eine Atemspende erhalten hat, die ja zudem wohl zu einer Magenüberblähung geführt hat, muss davon ausgegangen werden, dass das rückströmende Kohlendioxid nicht vom Patienten produziert wurde, sondern der Beatmungsluft des Ersthelfers entstammt. Nach einigen Beatmungen war dieses Kohlendioxid ausgewaschen. Die Kapnografie zeigte trotz suffizienter Herzdruckmassage fortan eine Nulllinie.

Fall 4: Polytrauma auf der Landstraße

Der $etCO_2$ ist mit 26 mmHg viel zu niedrig. Eine Kreislaufproblematik erklärt diesen Wert nicht, denn Frequenz und Blutdruck sind unauffällig. Die Kollegen sollten die Beatmungsparameter anpassen. Ein Atemminutenvolumen von 16 l, also bei einem Tidalvolumen von 800 ml und 20 Beatmungen pro Minute, ist definitiv eine Hyperventilation. Nicht ganz ungefährlich im Kontext des Verletzungsmusters. Eine Hyperventilation senkt zwar den Hirndruck bei Patienten mit einem Schädel-Hirn-Trauma, reduziert aber auch die zerebrale Durchblutung. Dieser Preis ist zu hoch. Deshalb sollte der Patient normoventiliert werden. 12-mal pro Minute mit 500 ml Tidalvolumen beatmen, das sollte reichen.

Fall 5: Irgendetwas läuft schief ...

Und zwar einiges! Die Narkosemedikamente sind erheblich unterdosiert. Einzig die Dosis des Muskelrelaxans ist adäquat. Das dürfte auch der Grund dafür sein, dass während der ersten fünf Minuten der Narkose keine Spontanbewegungen des Patienten aufgefallen sind. 0,5 statt 0,01 mg Fentanyl und 200 statt 20 mg Propofol wären hier angemessen gewesen. Die erhöhten Blutdruck- und Herzfrequenzwerte zeigen Stress an.

Ein zweiter Punkt: Einen beatmeten Patienten überwacht man natürlich nicht aus einigen Metern Entfernung. Die Beatmung ist zu wichtig, als dass sie der unmittelbaren eigenen Kontrolle entzogen werden darf. Also: Wenn schon nicht über das Gerät mit all seinen Alarmfunktionen beatmet wird, dann zumindest den Beutel selbst bedienen! Dann wären wichtige Warnmechanismen erhalten geblieben. Spontaninspirationen zeigen sich über Entleerungen des Beutels zwischen zwei Beatmungen oder nachlassenden Beatmungsdruck während der Beatmung. Hingegen können Spontanexspirationen an einem Gegendruck während der Beatmung erkannt werden. Dieses »Monitoring« kann man nicht von jemandem verlangen, der wenig Erfahrung mit der Beatmung hat. Glücklicherweise wurde wenigstens die Kapnografie überwacht: Im Plateau der Kohlendioxidkurve findet sich eine tiefe Einziehung. Hier bricht also der CO_2-Ausstrom kurz ab und wird durch kohlendioxidfreie Luft ersetzt. Wo sollte diese Luft herkommen? Aus der Lunge nicht, sondern von außen: Der Patient hat eine spontane Inspirationsbemühung gezeigt. Zwischen den beiden Kurven sieht man eine kurze CO_2-Spitze: eine Ausatmung oder ein kurzer Hustenstoß gegen den Beatmungshub.

Die Lösung: Narkose vertiefen und Beatmung selbst übernehmen!

Fall 6: Reanimationsfeedback

Die Zeitspanne unter 1 zeigt die therapiefreie Phase bis zum Beginn der Reanimation. Seit einiger Zeit kein Kreislauf – also auch kein exspiratorisches Kohlendioxid. Dann beginnt die CPR. Unter 2 ist ein Anstieg des $etCO_2$ auf konstante Werte zu erkennen. Der Ersatzkreislauf transportiert wieder CO_2 in die Lunge. Phase 3 zeigt einen $etCO_2$-Einbruch. Der für die Thoraxkompressionen zuständige Helfer scheint zu ermüden. Wenngleich auch zu spät, wurde dieses Problem immerhin erkannt, denn Phase 4 zeigt, dass der Helfer durch einen anderen ausgetauscht wurde: Die Kohlendioxidwerte steigen deutlich an, und zwar sogar auf ein Niveau, das zuvor nicht erreicht worden ist. Die Thoraxkompressionen sind wahrscheinlich deutlich effektiver, als die des ersten Helfers. Unter 5 ist ein deutlicher $etCO_2$-Anstieg zu sehen. Das weist auf einen ROSC hin. Keine Herzdruckmassage ist so gut wie ein Spontankreislauf. Und da unter der Herzdruckmassage, so suffizient sie auch gewesen sein mag, schon noch etwas Kohlendioxid liegengeblieben ist, werden hier die Reste »ausgewaschen«. Daher sind die Kohlendioxidwerte im ersten Abschnitt von Phase 5 auch stark überhöht. Wie in der Folge erkennbar, sinken die Werte dann langsam ab, bis irgendwann ein normales Niveau erreicht sein sollte.

Fall 7: Alarm

Hoppla, da stand wohl jemand auf der Leitung. Das Beatmungssystem funktioniert nicht: Dislokation oder Diskonnektion. Entweder ist der Tubus herausgerutscht, oder der Beatmungsbeutel ist nicht mehr am Tubus angeschlossen. Das zeigt die Kapnografie: Zuvor normale CO_2-Kurven werden abrupt – von einer zur anderen Beatmung – durch 0-Werte abgelöst. Ein so schlagartiger CO_2-Einbruch auf nicht mehr messbare Werte zeigt immer ein sehr ernstes Beatmungsproblem an. Also, auf dem nächsten Absatz anhalten und entweder reintubieren oder rekonnektieren.

4 Pulsoxymetrie

4.1 Power on: Sherlocks Einsatz

Sherlock fährt heute NEF. Es ist ein sonniger und ruhiger Frühlingsnachmittag. Sherlock und der diensthabende Notarzt nutzen daher die Zeit und gönnen sich ein Eis. Das war zumindest der Plan. Aber ausgerechnet im stillen Intervall zwischen »Bezahlen« und »Schlecken« erklingt der Alarm über die Funkmeldeempfänger. Eine KTW-Besatzung hat das NEF nachgefordert: »Atemnot«. Die Fahrt führt zu einem Schrebergarten, an dessen Eingang die NEF-Besatzung von einem Rettungssanitäter des KTW in Empfang genommen wird. Sherlock wird gebeten, die Sauerstofftasche mitzunehmen, weil im Krankenwagen nur eine stationäre Einheit zur Verfügung steht.

Während der Kollege vom KTW das Team zum Notfallort führt, werden die ersten Informationen zur Patientin übermittelt. Es handelt sich um ein 16-jähriges Mädchen mit schwerer Atemnot. Anamnestisch besteht ein allergisches Asthma, das in der Vergangenheit, insbesondere nach Pollenexposition, zu anfallsartiger Atemnot geführt hat. Differenzialdiagnostisch müsse man allerdings auch an eine Lungenembolie denken, meint der Kollege, denn die Patientin habe vor zehn Tagen eine Beinfraktur erlitten und nach der OP bislang allenfalls im Rollstuhl gesessen. Aus Angst vor Spritzen habe sie die prophylaktischen Heparininjektionen verweigert, und das, obwohl eine familiäre Häufung von Thrombosen bestehe. Nähere Untersuchungen haben ein Faktor-5-Leiden aufgedeckt, das mit einer deutlich erhöhten Thromboseneigung assoziiert ist.

Soweit die Anamnese. Am Einsatzort wird das NEF-Team bereits erwartet. In einem Garten, unter einem in voller Blüte stehenden Kirschbaum, sitzt die junge Frau auf einem Gartenstuhl und ringt panisch nach Luft. Sie atmet schnell und kann keine Angaben zu ihren Beschwerden machen. Neben ihr steht der zweite Kollege des KTW und misst den Blutdruck – 150/85 mmHg. Ein i.v. Zugang ist bereits gelegt. Das Monitoring ist angeschlossen. Medikamente habe die Patientin noch nicht erhalten. Man habe aber schon mal alles herausgesucht, was man bei einem Asthmaanfall oder eben einer Lungenembolie braucht.

Also: Asthmaanfall oder Lungenembolie? Die KTW-Besatzung sieht belastbare Indizien für beide Bilder. Nach einem kurzen Blick auf die Anzeige des Monitors haben Sherlock und der Notarzt ihre Verdachtsdiagnose gestellt, auf die sie sich aber nicht vorschnell festlegen wollen. Zur weiteren Erhärtung ihrer Annahme hört der Notarzt mit dem Stethoskop die Lunge ab: schnelle und tiefe, aber freie Atemgeräusche. Unterdessen hat Sherlock die Finger der Patientin unter die Lupe genommen. »Pfötchenstellung« – eine Tetanie. Die Frage nach Kribbelgefühlen wird bejaht. Kein Asthma, keine Lungenembolie – die Tachypnoe ist eine Hyperventilation. Nach beruhigender Erläuterung der Situation mit Atemanweisungen und einer pulsoxymetrisch kontrollierten CO_2-Rückatmung über eine Hyperventilationsmaske bilden sich die Beschwerden zurück.

Auf die Frage der KTW-Kollegen, was den Ausschlag für die richtige Diagnose gegeben habe, deutet Sherlock zum Monitor, auf dem die Pulsoxymetriekurve angezeigt wird. Die Sauerstoffsättigung betrug 100 % unter Raumluft. Das ist für einen gesunden Menschen schon ungewöhnlich hoch. Zu einem ernsten Atemproblem – und das subjektive Empfinden deutete auf einen enormen Leidensdruck hin – passt das nicht so gut. Man muss natürlich trotzdem immer aufpassen, ob nicht doch etwas anderes dahintersteckt. Für eine erste differenzialdiagnostische Wahrscheinlichkeitskalkulation kann man das Pulsoxymeter aber in solchen Situationen ganz gut nutzen.

4.2 Grundlagen: Wie entsteht der Wert?

Eine Grundvoraussetzung für das Leben eines Menschen ist sein Stoffwechsel. Ohne Stoffwechsel keine Funktion: keine Atmung, kein Herzschlag, kein Wärmeerhalt ... Wenn die Zellen des Körpers ihre Aufgabe für die Gesamtheit der Gewebe, Organe und Organsysteme ausüben, dann sind sie zuvor mit bestimmten Stoffen versorgt worden und haben wiederum andere Stoffe abgegeben. Ein Stoffwechsel hat stattgefunden. Beispielsweise erfordern alle Vorgänge im Körper Energie – also muss ein Energiestoffwechsel aus bestimmten »Werkstoffen« die notwendigen »Energieträger« produzieren und anschließend »Abfallprodukte« freigeben.

Bei einem *aeroben Stoffwechsel* sind die »Werkstoffe« Glukose und Sauerstoff, produziert wird der »Energieträger« Adenosintriphosphat (ATP), und als »Abfallprodukte« fallen Kohlendioxid und Wasser an. Glukose kann im Körper gespeichert werden und ist auch nach längerfristigem Aufnahmestopp noch verfügbar. Ausserdem ist Glukose nicht der einzige Werkstoff für die Energiegewinnung, denn auch Fette und Eiweiße können Energie liefern. Mit dem Sauerstoff sieht das schon anders aus. Es gibt keine relevanten Speicher und keinen Ersatz. Damit wird Sauerstoff zu einem limitierenden Faktor. Wird dem Organismus nicht permanent Sauerstoff zugeführt, werden bestimmte Organe ihre Funktionen auf zellulärer Ebene schnell nicht mehr ausüben können, während andere, wie z.B. die Muskeln, auch unter anaeroben Bedingungen vorübergehend durchhalten. Leider ist das Organ mit der geringsten Sauerstoffmangeltoleranz zugleich ein sehr entscheidendes: Wird dem Gehirn nur für wenige Minuten der Sauerstoff entzogen, sterben die zentralen Nervenzellen unwiederbringlich ab.

Sauerstoff: unersetzliche Voraussetzung zum Leben? Rasante Zellschädigung mit unausweichlichem Tod bei Nichtverfügbarkeit? Willkommen in der Notfallmedizin! Der Fokus aller rettungsdienstlichen Einsätze ist grundsätzlich und immer auf die Sicherstellung einer ausreichenden Sauerstoffaufnahme (A und B für Atemweg und Belüftung) und -verteilung (C für Circulation [Kreislauf]) im Körper gerichtet. Neben körperlichen Befunden und anamnestischen Informationen (z.B. Zyanose, subjektiv empfundene Atemnot) steht mittlerweile in jedem RTW ein Gerät zur Verfügung, das einen objektiven Beitrag zur Frage nach der Sauerstoffversorgung

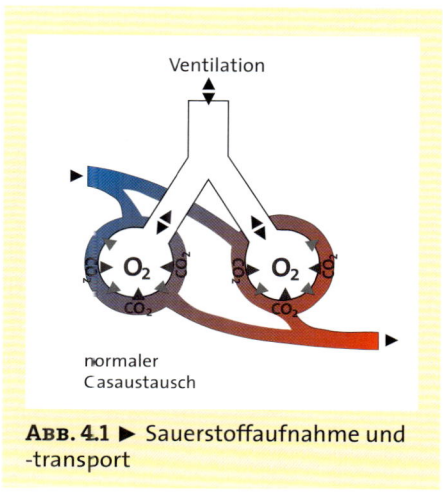

ABB. 4.1 ▶ Sauerstoffaufnahme und -transport

eines Patienten liefert: das Pulsoxymeter. Ein gewinnbringender Umgang mit dem Gerät setzt einige Grundlagen voraus: Wie kann ein Gerät, mit dem üblicherweise am Finger (peripherer geht es nicht) die Messung vorgenommen wird, einen soliden Rückschluss auf so zentrale Funktionen wie Atmung und – bedingt – Kreislauf erlauben? Wie entsteht der Wert? Wie kommt der Sauerstoff aus der Luft in den Finger des Menschen?

Die Luft, die wir atmen, ist kein homogenes Gas, sondern ein Gemisch aus verschiedenen Stoffen, dessen Hauptbestandteile Stickstoff (ca. 78 %) und Sauerstoff (ca. 21 %) sind, dazu kommen ein wenig Edelgas und ein kleines bisschen Kohlendioxid (0,03 %). Diese Zusammensetzung der Luft ist unabhängig von der Höhe, in der Menschen sich üblicherweise bewegen, konstant. Sie enthält also sowohl auf Borkum als auch auf der Zugspitze 21 % Sauerstoff. Der *Sauerstoffpartialdruck* (pO_2) – das ist der Teildruck, den der Sauerstoff im Gesamtgasgemisch der Luft ausübt – variiert jedoch abhängig von der Höhe über dem Meeresspiegel erheblich. Auf Meereshöhe beträgt der Gesamtluftdruck 760 mmHg. Da die Luft zu 21 % aus Sauerstoff besteht, muss der Anteil des Sauerstoffs am Gesamtdruck – also der Sauerstoffpartialdruck – rein rechnerisch 159 mmHg betragen. Diese Luft wird nun eingeatmet (ABB. 4.1).

Eine Aufgabe der Atemwege besteht in der Anfeuchtung der Inspirationsluft. Es wird also Wasserdampf beigemischt, der seinen eigenen Partialdruck beansprucht. Dadurch sinkt der Sauerstoffpartialdruck auf 150 mmHg. Auf dem weiteren Weg durch den Atemweg in das Blut entstehen weitere Verluste, v.a. durch die Vermischung der Inspirationsluft mit »Restluft«, die bei der letzten Exspiration zurückgeblieben ist. Im Blut kommt zunächst physikalisch gelöster Sauerstoff mit einem Partialdruck zwischen altersabhängig knapp 80 bis knapp 100 mmHg an. Die physikalische Lösung ist jedoch auf dem weiteren Weg zu den Zellen nicht effektiv. In 100 ml Blut werden lediglich 0,3 ml physikalisch gelöster Sauerstoff transportiert – viel zu wenig, um den Sauerstoffbedarf des Körpers von ungefähr 250 ml pro Minute zu decken.

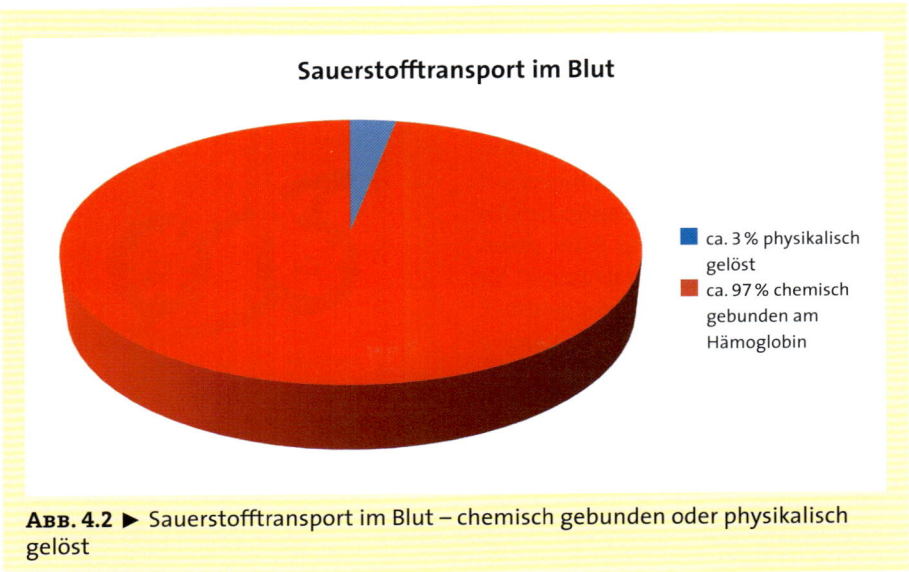

ABB. 4.2 ▶ Sauerstofftransport im Blut – chemisch gebunden oder physikalisch gelöst

Ein wesentlich effektiveres Transportmedium sind die roten Blutkörperchen, genauer gesagt das Hämoglobin in den Erythrozyten. Hämoglobin ist ein Eiweißmolekül, das über eine eisenhaltige Farbstoffkomponente Bindungsstellen für Sauerstoff bietet. Ein Gramm Hämoglobin kann 1,34 ml Sauerstoff binden. Pro 100 ml Blut schwimmen ca. 21 ml Sauerstoff durch den Körper. Das ist eine Menge, wenn man an die physikalisch gelösten 0,3 ml Sauerstoff pro 100 ml Blut denkt. Bei einem normalen Sauerstoffpartialdruck gehen etwa 97 % des Sauerstoffs die Bindung mit dem Hämoglobin ein (ABB. 4.2). Es entsteht Oxyhämoglobin (HbO_2).

Wenn das zu versorgende Gewebe erreicht ist, löst sich der Sauerstoff aus der Hämoglobinbindung und diffundiert zur Zielzelle. Vorher jedoch muss das oxygenierte oder nicht oxygenierte Hämoglobin am Pulsoxymetersensor vorbei, der misst, wie hoch die *prozentuale Sauerstoffsättigung* (sO_2) der möglichen Bindungsstellen am Hämoglobin ist. Für gewöhnlich werden 96 – 98 % angezeigt. Als normgerecht können, etwas großzügiger ausgelegt, 95 – 99 % bezeichnet werden.

Auf dem Weg zurück zum Herzen ist das nunmehr venöse Blut nicht frei von Sauerstoff. Bei einem Sauerstoffbedarf von 250 ml pro Minute schöpfen die Gewebe des Körpers durchschnittlich 25 % O_2 ab. Bei einer Sauerstoffsättigung des arteriellen Blutes von 98 % wäre somit eine venöse Sauerstoffsättigung von 73 % zu erwarten. Der Sauerstoffbedarf der Organe variiert dabei beträchtlich: Das Herz nimmt 60 % des angebotenen Sauerstoffs ab, die Nieren nur 7 %. Ein Skelettmuskel benötigt in Ruhe 28 %, unter Belastung diffundieren jedoch bis zu 80 % des Sauerstoffs aus dem Blut in die Muskelzellen.

Wie weiter oben beschrieben, hängt die Sauerstoffsättigung vom Sauerstoffpartialdruck ab. Auf der *Sauerstoffbindungskurve* (Sauerstoffdissoziationskurve) lässt sich diese Beziehung nachvollziehen (ABB. 4.3).

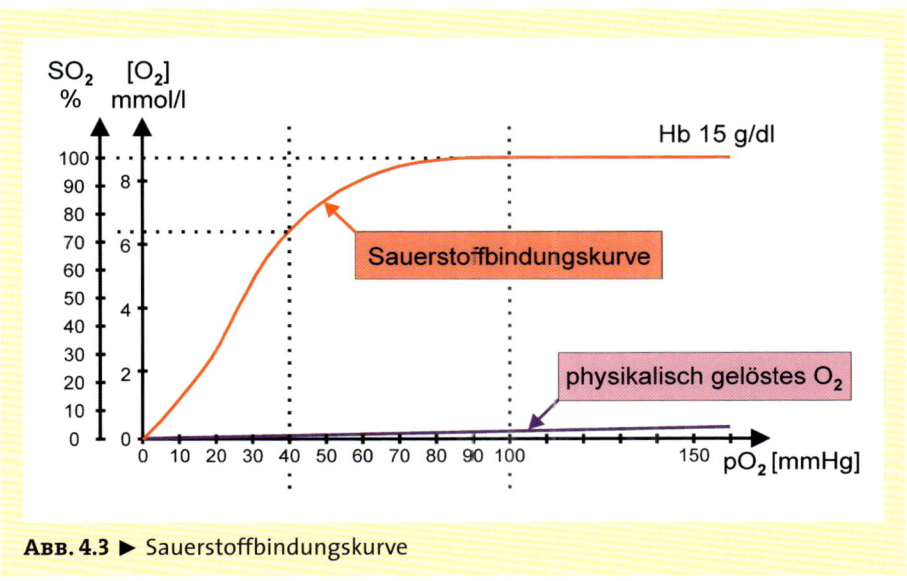

ABB. 4.3 ▶ Sauerstoffbindungskurve

In der grafischen Darstellung des Abhängigkeitsverhältnisses der Sättigung vom Partialdruck findet sich allerdings keine lineare Beziehung. Die Sauerstoffbindungskurve nimmt einen S-förmigen Verlauf. Einem pO_2 von 80 mmHg entspricht beispielsweise eine sO_2 von 95 %. Das reicht! Also führt ein pO_2 von 100 mmHg (immerhin plus 20 mmHg) zu keiner wesentlichen sO_2-Steigerung – gerade mal 2 % mehr werden erreicht: 97 %. Im Bereich hoher pO_2-Werte verläuft die Bindungskurve demnach flach. Ein pO_2 von 60 mmHg entspricht immer noch einer sO_2 von 90 %. Das ist zwar nicht normal, aber wahrscheinlich noch nicht unmittelbar schädlich. Dann geht es jedoch rasant abwärts: Ein Sauerstoffpartialdruck unter 60 mmHg lässt die Sauerstoffsättigung sehr schnell sinken. Das sieht man z. B., wenn eine Narkose ohne adäquate Präoxygenierung (Auffüllen der funktionellen Residualkapazität mit Sauerstoff und resultierendem Anstieg des Sauerstoffpartialdrucks) eingeleitet wird. Für kurze Zeit sinkt die pulsoxymetrisch ermittelte Sauerstoffsättigung trotz Atemstillstand nicht oder nur langsam. In dieser Zeit nimmt der Sauerstoffpartialdruck jedoch schon erheblich ab. Gelingt es jetzt nicht sehr schnell, den Tubus zu platzieren, bricht die Sauerstoffsättigung ein. Also: nicht in falscher Sicherheit wiegen lassen! Trotz noch beruhigender Sättigungswerte drängt die Zeit.

Unter bestimmten Voraussetzungen ist die Sauerstoffbindungskurve nach links oder rechts verschoben. Eine Azidose bewirkt beispielsweise eine Rechtsverschiebung. In der Folge wird bei gleichem pO_2 weniger Sauerstoff an das Hämoglobin angelagert. Die Sättigung wird also geringer sein. Dafür verbessern sich die Desoxygenation im Zielgebiet und der Sauerstofftransport zu den Zellen.

Um Begriffsverwirrungen zu vermeiden, hier noch einmal die wichtigsten Ausdrücke:

▶ Der *Sauerstoffpartialdruck* (pO_2) repräsentiert den physikalisch gelösten Sauerstoff und somit ca. 3 % des über den Blutstrom transportierten Sauerstoffs. Normwert in der BGA: 75–97 mmHg.

▶ Die *Sauerstoffsättigung* (sO_2) zeigt die Beladung des Hämoglobins an und repräsentiert ca. 97 % des Sauerstofftransports. Normwert: 95–99 %.

▶ Die SaO_2 ist die *arterielle Sauerstoffsättigung*, die über eine Blutgasanalyse gemessen werden kann.

▶ Die SpO_2 ist die *pulsoxymetrisch* (perkutan = durch die Haut) *bestimmte Sauerstoffsättigung*, die in Sättigungsbereichen über 70 % nur unwesentlich von der SaO_2 abweicht.

▶ Die *Sauerstoffbindungskurve* stellt die Beziehung zwischen Sauerstoffpartialdruck und Sauerstoffsättigung grafisch dar.

▶ Die wichtigste Größe ist der tatsächliche *Sauerstoffgehalt des arteriellen Blutes*. Wenn Sauerstoffpartialdruck (für den physikalisch gelösten O_2), Sauerstoffsättigung (für den chemisch an das Hämoglobin gebundenen O_2) und der Hämoglobingehalt des Blutes bekannt sind, kann der Sauerstoffgehalt errechnet werden. Im Normalfall beträgt er rund 20 ml/dl.

4.3 Technik: Wie funktioniert die Messung?

Zu den Werten, die eine Blutgasanalyse (BGA) liefert, gehört die SaO_2: die Sauerstoffsättigung des arteriellen Blutes – ein außerordentlich wichtiger Wert zur Beurteilung der respiratorischen Funktion eines Patienten. Leider ist zur Bestimmung eine Blutentnahme aus einer Arterie erforderlich, zumindest aber aus hyperämisierten Kapillargebieten (arterialisiertes Kapillarblut), sowie ein technisch aufwendiges, nicht wirklich platzsparendes und auch nicht ganz billiges Mini-Labor. Etwas einfacher, handlicher, preiswerter und aktuell bereits omnipräsent sind Pulsoxymeter, die noch dazu auf unblutige Weise die Sauerstoffsättigung des arteriellen Blutes messen. Für die pulsoxymetrisch bestimmte Sauerstoffsättigung gilt die Abkürzung SpO_2, womit dokumentiert ist, dass keine blutige Messung stattgefunden hat. Die Abweichungen der SpO_2 von der SaO_2 sind in Sättigungsbereichen über 70 % mit 2–3 % nur sehr gering. Unter 70 % werden Pulsoxymeter signifikant ungenau, was in der Praxis egal sein dürfte, denn bevor man lange überlegt, ob die Sättigung nun 68 oder 62 % beträgt, sollte man sich in erster Linie um das Hirn des Patienten sorgen und aggressiv oxygenieren. Wie funktioniert nun die Messung?

Obwohl ein Pulsoxymeter so klein und einfach wirkt, ist die verbaute Technik ziemlich komplex. Als Nichtphysiker kann man sich Folgendes vorstellen: Wenn man die Mini-Taschenlampe aus der Einsatzjacke nimmt, einschaltet und in eine dunkle Ecke richtet, wird es dort hell. Wenn man sie aber – meistens versehentlich – bereits in der Jackentasche einschaltet, dann werden die Lichtstrahlen durch den Stoff der Jacke abgeschwächt, und das Licht erscheint weniger hell. Das ist ziemlich ärgerliche Physik, denn so bemerkt man, dass die Lampe an war, häufig erst beim nächsten Einsatz, wenn die Batterie leer ist. Ein Pulsoxymeter ist da wachsamer. Die Erfassung von abgeschwächtem Licht ist seine Hauptaufgabe. Die üblicherweise im Rettungsdienst eingesetzten Geräte nutzen das Ver-

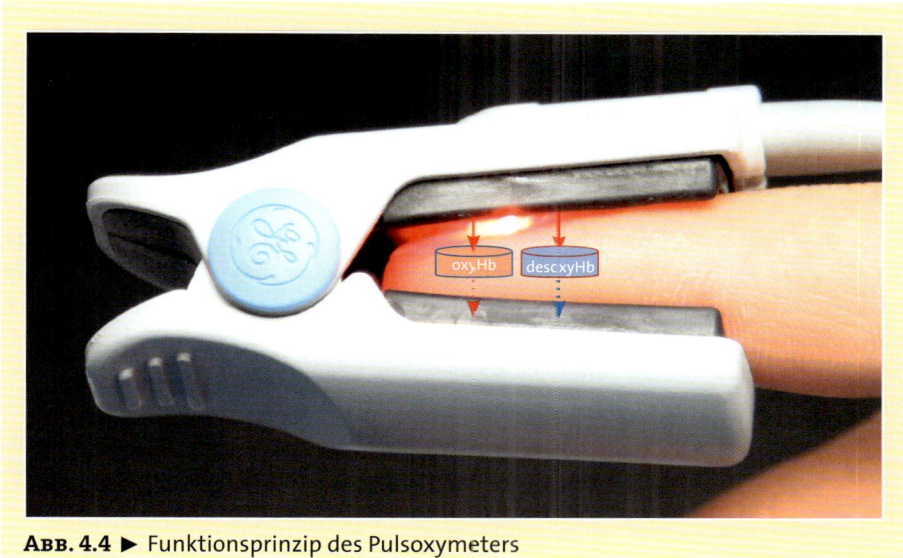

ABB. 4.4 ▶ Funktionsprinzip des Pulsoxymeters

fahren der *Transmissionspulsoxymetrie*. Auf der einen Seite des Messortes – das wird meistens ein Finger sein, aber auch andere Körperstellen sind möglich – wird eine Lichtquelle angebracht. Diese schickt Licht unterschiedlicher Wellenlänge durch den Finger, das auf der gegenüberliegenden Seite von einem Sensor erfasst wird. Auf dieser Seite kommt aber nicht mehr alles an. Ein Teil des ausgestrahlten Lichts ist auf dem Weg durch den Finger absorbiert worden. Wie die Bezeichnung besagt, ist ein Pulsoxymeter dazu da, die arterielle (»puls«) Sauerstoff(»oxy«)-Sättigung zu messen (»meter«). Und da oxygeniertes Hämoglobin andere Lichtabsorptionseigenschaften als desoxygeniertes Hämoglobin besitzt, kann anhand der Abschwächung der Lichtstrahlen errechnet werden, wie hoch der prozentuale Anteil des oxygenierten Hämoglobins ist (ABB. 4.4). Dieses Messprinzip wird als *Spektrophotometrie* bezeichnet.

Das durchstrahlte Innere eines Fingers besteht jedoch nicht nur aus Hämoglobin in arteriellem Blut. Auch Strukturen wie Knochen, Haut, Muskeln und venöses Blut haben spezifische Absorptionseigenschaften, die »herausgerechnet« werden müssen.

Zur Definition dessen, was tatsächlich gemessen werden soll, nutzt das Pulsoxymeter die *Plethysmografie*. Mit dieser Technik können Volumenschwankungen innerhalb des Fingers gemessen werden. Und da die einzig relevante Volumenschwankung im Finger durch das pulsierend einströmende Blut entsteht, kann das Pulsoxymeter die Systole abgrenzen. Wenn die Systole erkannt ist, muss der Rest die Diastole sein. Diese Unterscheidung nutzt das Pulsoxymeter nun, um die jeweiligen Lichtabsorptionsraten entweder der Diastole oder der Systole zuzuordnen. Letztlich muss jetzt nur noch die konstante Lichtabsorptionsrate durch Knochen, Gewebe und venöses Blut, welche die Diastole ausmacht, aber als permanente Größe natürlich auch in der Systole bestehen bleibt, rechnerisch von dem getrennt werden, was in der Systole dazukommt.

Im Ergebnis entsteht auf diese Weise die SpO_2, die pulsoxymetrisch ermittelte Sauerstoffsättigung des arteriellen Blutes. Und nebenbei entsteht ein Plethysmogramm, über das die Qualität der Pulskurven und deren Frequenz beurteilt werden kann.

4.4 Erkenntniswert: Welchen Informationsgewinn liefert die Pulsoxymetrie?

Als Sherlock kürzlich den Notarzt vor dem Patiententransfer zur Intensivstation fragte, welche Überwachungsgeräte mitgenommen werden sollten, erwiderte dieser: »Kannst alles hier lassen. Wir orientieren uns klinisch!« Sherlock ist natürlich immer dankbar für sinnvolle Arbeitserleichterungen, aber in diesem Fall hatte er mit einer anderen Antwort gerechnet. Er überlegt: Klinische Zeichen sind Symptome, die von einem Untersucher ohne Zuhilfenahme technischer Geräte festgestellt werden können. Der Patient hatte eine Heroinintoxikation und musste beutelbeatmet werden. Mit viel Fingerspitzengefühl wurde genau so viel Naloxon als Antidot verabreicht, dass eine suffiziente Spontanatmung gesichert war, der Patient aber nicht erwachte.

Sherlocks Sorge: »Ja, und wenn die Atmung gleich wieder insuffizient wird? Woran sollen wir das merken?«

»Na ja, Atemfrequenz und -tiefe können wir auf dem Weg durch die Gänge natürlich nicht so leicht erkennen. Aber eine Zyanose schon. Ist ja hell genug. Wenn er also blau wird, beatmen wir ihn wieder.«

Wenn der Patient blau wird, sind 5 g Hämoglobin pro 100 ml Blut nicht mehr mit Sauerstoff beladen. Seine Sauerstoffsättigung dürfte dann noch bei ungefähr 75 % liegen. Die Erkenntnis, dass sich eine Hypoxämie entwickelt hat, kommt dann ziemlich spät. Darüber hinaus ist das Auftreten einer Zyanose von weiteren Faktoren wie Hautpigmentierung, Hautperfusion und Hb-Konzentration abhängig. Wie schon dargelegt, ist die Oxygenierung eines Patienten von elementarem Interesse für den rettungsdienstlichen Praktiker. In didaktischer Konsequenz wird deshalb in jeder Aus- und Fortbildungsveranstaltung

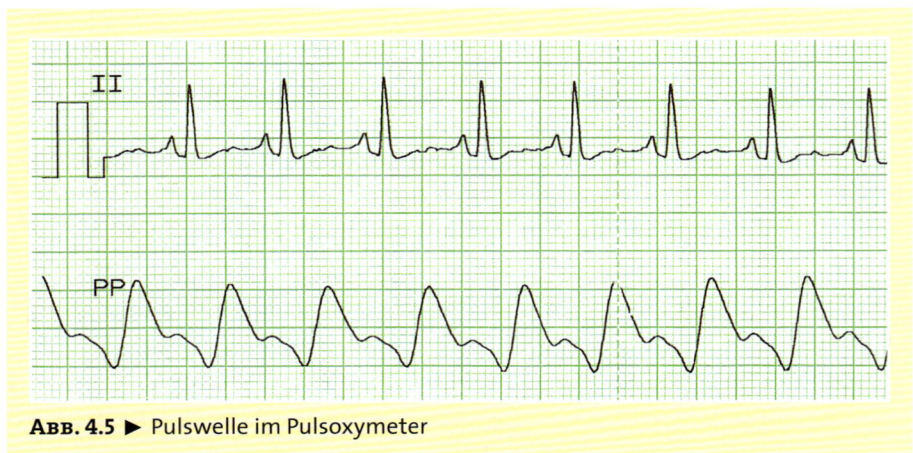

ABB. 4.5 ▶ Pulswelle im Pulsoxymeter

nahezu gebetsmühlenartig akronymisiert: ABC! A für Atemweg, B für Belüftung und C für Circulation (Kreislauf). Neben klinischen Eindrücken, die sicher enorm wichtig sind, gibt von allen Geräten das Pulsoxymeter den umfassendsten Einblick in das ABC eines Patienten. Und das ohne irgendeinen Nachteil – kein Zeitverlust, keine Nebenwirkungen oder Komplikationen. Los, Pulsoxymeter mitnehmen, Sherlock!

Das Pulsoxymeter misst objektiv und zuverlässig die Oxygenierung eines Patienten und erlaubt damit Rückschlüsse auf die Effektivität der äußeren Atmung. Der Normwert liegt zwischen 95 und 99 %. Sauerstoffsättigungen unter 90 % zeigen ein ernstes Problem an. Nebenbei werden die periphere Pulsfrequenz bestimmt (Normwert: 60 – 80/min; unter 60: Bradykardie; über 100: Tachykardie) und eine Pulskurve angezeigt. Diese *Pulskurve* nimmt einen typischen Verlauf: Dem steilen Anstieg folgen eine abgerundete Spitze und anschließend ein rascher Abfall der Kurve. Meistens ist im Abfall ein Einschnitt (Inzisur) zu erkennen, dem eine zweite kleinere Welle (dikrotische Erhöhung) folgt. Der Einschnitt kennzeichnet den Schluss der Aortenklappe (ABB. 4.5). Statt Inzisur und zweiter Welle ist auch eine deutliche Abflachung der abfallenden Linie mit einer kurzfristig plateauförmig verlaufenden Linie möglich.

Aus diesen Informationen ergeben sich die folgenden diagnostischen *Erkenntnispotenziale*, die immer im Kontext aller geräteabhängig und -unbhängig gewonnenen Informationen zu bewerten sind:

▶ Ein Pulsoxymeter hilft dabei, den Schweregrad einer Oxygenierungsstörung objektiv zu erfassen.

▶ Es kann einen Beitrag zum differenzialdiagnostischen Ausschluss einer Hyperventilation leisten (SpO$_2$ von 100 % spricht bei entsprechender Klinik gegen eine ernsthafte Störung der Oxygenierung).

▶ Über die SpO$_2$ kann bei vielen Krankheitsbildern exakter als durch eine rein klinische Beobachtung der Bedarf für eine Sauerstofftherapie und deren Zielwerte festgelegt werden:

  • Bei akutem Koronarsyndrom (oder Atemnot und/oder Herzinsuffizienz) wird vom ERC empfohlen, erst bei einer Sauerstoffsättigung unter 94 % Sauerstoff zu verabreichen. In der Postreanimationsphase soll die SpO$_2$ laut ERC zwischen 94 und 98 % betragen.

  • Die nationalen Versorgungsleitlinien zur Behandlung des Asthma bronchiale von Bundeärztekammer, Kassenärztlicher Bundesvereinigung und der Arbeitsgemeinschaft der Wissenschaftlichen Medizinischen Fachgesellschaften geben vor, dass bei einem Asthmaanfall eine SpO$_2$ von über 92 % erreicht werden soll. Bei einem schweren Asthmaanfall in der Schwangerschaft soll die Sättigung über > 95 % liegen.

  • Die nationalen Versorgungsleitlinien von BÄK, KBV und AWMF für die COPD-Therapie fordern eine Sauerstoffsättigung von über 90 % bei Patienten mit einer COPD-Exazerbation. Im COPD-Pocket Guide der GOLD (2015: 20) heißt es noch genauer – und ergänzt um ein oberes Limit –, dass zusätzlicher Sauerstoff zur Besserung der Hypoxämie des Patienten mit einer Zielsättigung von 88 – 92 % titriert werden sollte.

▶ Pulsoxymeter sind unverzichtbarer Bestandteil der Überwachung sedierter oder bewusstseinsgetrübter – also hypoxiegefährdeter – Patienten. Die abfallende Sauerstoffsättigung kann ein frühes Zeichen für eine sich entwickelnde Oxygenierungsstörung sein.

▶ Normale SpO$_2$-Werte sind *kein* frühes Kontrollkriterium für die korrekte Lage eines Endotrachealtubus. Bei präoxygenierten Patienten können Minuten vergehen, bis die Sauerstoffsättigung im Falle einer Fehlintubation abfällt. Allerdings kann bei steigenden und/oder konstant hohen Werten angenommen werden, dass die Beatmung funktioniert. Zur Feineinstellung der Beatmungsparameter wird neben dem Pulsoxymeter ein Kapnografiegerät benötigt.

▶ Die Kreislaufkomponente liefert die Plethysmografie: Die meisten Pulsoxymeter stellen die Pulskurve auf dem Monitor grafisch dar. Wenn sie normal geformt ist, kann auf eine gute und ungestörte Signalqualität rückgeschlossen werden. Das kann auf eine ausreichende periphere Durchblutung hinweisen, muss aber durch z.B. eine Blutdruckmessung bestätigt werden.

▶ Ein Pulsoxymeter zeigt kontinuierlich die periphere Pulsfrequenz an.

▶ Wenn das Pulsoxymeter eine deutlich niedrigere Frequenz zählt als das EKG, kann ein peripheres Pulsdefizit vorliegen. Das sieht man relativ häufig bei Herzrhythmusstörungen wie z.B. einem tachykarden Vorhofflimmern oder bei Extrasystolen (ABB. 4.6).
Hier kann die diastolische Füllungszeit einzelner Herzschläge stark verkürzt gewesen sein, sodass in der Systole nur eine geringe Blutmenge ausgeworfen wird, die sich peripher in einem sehr schwachen oder gar nicht zu detektierenden Puls äußert. Im Falle einer pulslosen elektrischen Aktivität fällt das Pulsoxymeter plötzlich aus, was zu einer sofortigen Kreislaufkontrolle veranlassen sollte.

▶ Eventuell kann die Form der Pulskurve Verdachtsmomente hinsichtlich bestimmter Krankheitsbilder wie z.B. einer Aortenklappenstenose (niedrige Amplitude und ggf. Einschnitt im verlangsamten Anstieg der Pulswelle) bestärken.

Abschließend werden die altersabhängigen Normwerte zu den pulsoxymetrisch erhobenen Informationen Sauerstoffsättigung und Pulsfrequenz zusammengefasst (TAB. 4.1).

TAB. 4.1 ▶ Altersabhängige Normwerttabelle						
	Erwach-sene	Jugend-liche	Schul-kinder	Klein-kinder	Säuglinge	Neu-geborene
Sauer-stoffsätti-gung	95–99%*					
Pulsfre-quenz / min	60–80	ca. 80	80–100	100–120	ca. 120	ca. 140

*In den ersten Lebensminuten ist die Sauerstoffsättigung Neugeborener meistens niedriger.

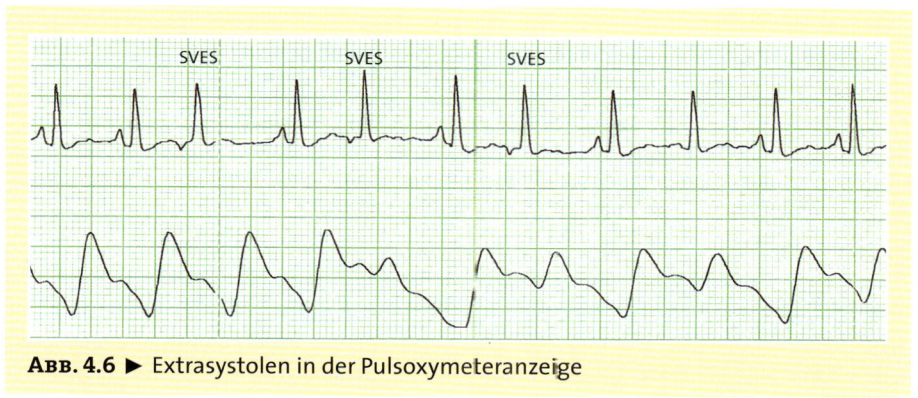

ABB. 4.6 ► Extrasystolen in der Pulsoxymeteranzeige

4.5 Fallstricke: Welche Fehlinformationen sind möglich?

»Blutdruck 120/70, Puls 118/min, BZ 89 mg/dL SpO$_2$ 97% – aber wir geben mal trotzdem Sauerstoff!«, beschließt Sherlock. Der Praktikant fragt diskret nach dem Grund, da doch die Sauerstoffsättigung gut sei. Sherlock blickt zum Patienten. Der Mann war heute Morgen nach dem Aufstehen kollabiert. Schon seit Tagen geht es ihm schlecht. Er ist müde, fühlt sich abgeschlagen und nicht mehr belastbar. Außerdem klagt er über Herzrasen. Der 52-jährige Patient ist auffallend blass, auch die Konjunktiven wirken fast weiß. Die weitere Anamnese beweist den ersten Verdacht des Teams. Der Stuhl war in den vergangenen Tagen schwarz verfärbt. Zudem hat der Patient wegen eines hartnäckigen Rückenleidens seit Monaten Aspirin in teilweise recht hohen Dosierungen eingenommen, ohne darüber mit seinem Arzt zu sprechen. In letzter Zeit seien auch häufiger Übelkeit und Völlegefühl aufgetreten, hin und wieder auch mit Oberbauchschmerzen. Zwei Schachteln Zigaretten am Tag und abends auch gerne mal zwei, drei Gläschen Scotch kommen hinzu. Der Stress im Job!

Die gastrointestinale Blutung (Teerstuhl!) wurde wahrscheinlich durch ein Magengeschwür ausgelöst, dessen Entstehung der Patient durch einschlägig verdächtige Medikamente ohne gleichzeitige Einnahme »magenschützender« Tabletten, Stress, Rauchen und scharfe Alkoholika leider effektiv gefördert hat.

Zur rettungsdienstlichen Therapie und der eingangs gestellten Frage nach dem Sauerstoffbedarf: Sich in diesem Fall auf das Pulsoxymeter zu verlassen und in therapeutischer Konsequenz auf die Sauerstoffgabe zu verzichten, wäre ein Fehler. Denn die gute Sauerstoffsättigung allein spiegelt nicht etwa einen hohen Sauerstoffgehalt des Blutes wider. Drei Faktoren bestimmen diesen Sauerstoffgehalt: Sauerstoffpartialdruck (für den physikalisch gelösten Sauerstoff), Sauerstoffsättigung (für den chemisch gebundenen Sauerstoff) und Hämoglobingehalt (für die Verfügbarkeit der Sauerstoffträger). Da in diesem Fall eine fortgeschrittene Blutungsanämie bestehen dürfte (Blässe, Tachykardie, Schwäche etc.), wird der Hämoglobingehalt des Blutes stark abgenommen haben, insgesamt betrachtet sind die Sauerstofftransportkapazität und damit auch der Sauerstoffgehalt des Blutes daher erheblich reduziert. Interessant wäre also eine Anzeige des aktuellen Hb-Werts, die es zwar schon gibt, aber noch nicht weit verbreitet ist.

Leider sind neben der Anämie-Falle weitere Ursachen für Fehlinterpretationen möglich, und auch technische Probleme können die Werte verfälschen.

Bewegungsartefakte:

Bewegungen am Messort, die z.B. bei Zittern aktiv oder bei laufender Herzdruckmassage passiv entstehen, gehören zu den häufigsten Fehlerquellen und können pulsatile Aktivität imitieren (ABB. 4.7). Der Plethysmograf des Pulsoxymeters kann dann nicht mehr sicher zwischen der Pulswelle und der Störaktivität unterscheiden. Je nach Fabrikat sind Algorithmen zur Artefaktunterdrückung eingebaut, die z.B. über eine Synchronisation mit dem EKG funktionieren. Tipp für den Anwender: Nie nur den nackten Wert anschauen, sondern immer die Pulskurve im Auge behalten. Wenn sie normal geformt und nicht etwa wild gezackt und unregelmäßig aussieht, ist das ein Hinweis auf eine aktuell ungestörte Messung.

Mangelperfusion:

Da das Pulsoxymeter auf eine einströmende Pulswelle angewiesen ist, können Mangelperfusionen durch kalte Extremitäten oder Schockzustände die Messung stören. Unzuverlässige – insbesondere falsch niedrige oder ausbleibende – SpO2-Werte können die Folge sein. Auch hier lohnt sich ein Blick auf die Kurvendarstellung zur Validierung der Werte.

Dyshämoglobinämien:

Eine Dyshämoglobinämie liegt vor, wenn inaktive Hämoglobinformen im Blut vorhanden sind. Sie werden als inaktiv bezeichnet, weil ihre Bindungsstellen für Sauerstoff blockiert sind. Hämoglobin kann nicht nur eine Bindung mit Sauerstoff eingehen und so zu oxyHb werden, auch Kohlenmonoxid ist bindungsfähig und kann als COHb durch den Körper schwimmen. Im englischsprachigen Raum wird daher vor der *Pulse Oximetry Gap* gewarnt. Bei diesem Phänomen misst das Pulsoxymeter eine höhere SpO2 als tatsächlich Sauerstoff an Hämoglobin gebunden ist, was bei erhöhtem Anfall von Carboxyhämoglobin (COHb) vorkommt – also bei Intoxikationen mit Kohlenmonoxid.

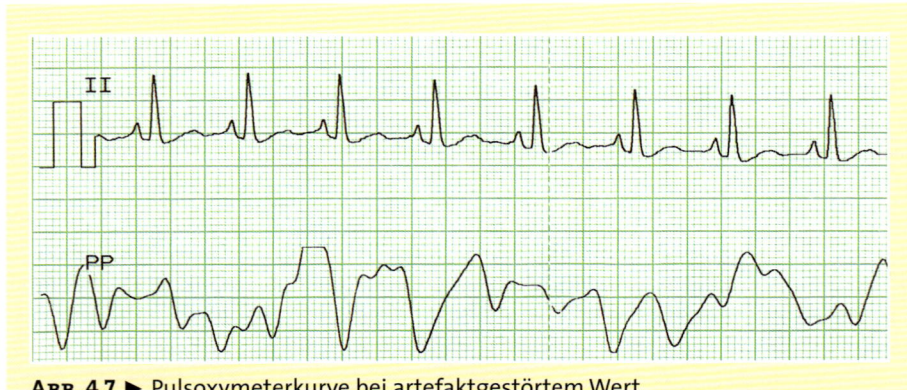

ABB. 4.7 ▶ Pulsoxymeterkurve bei artefaktgestörtem Wert

Einige Autoren erklären, dass in diesen Fällen COHb statt oxyHb gemessen wird, und stellen die Rechnung auf, dass wenn beispielsweise 30 % des Hämoglobins mit CO beladen sind und 65 % mit Sauerstoff, die vom Pulsoxymeter angezeigte Sättigung bei 95 % liegt. Andere Autoren bezweifeln dieses 1 : 1-Verhältnis, weil die Absorptionscharakteristika von mit Sauerstoff und Kohlenmonoxid beladenem Hämoglobin zwar ähnlich, aber nicht identisch sind. Fakt ist jedoch erstens – und das ist für den Anwender interessant –, dass Kohlenmonoxid eine weitaus höhere Affinität zum Hämoglobin hat als Sauerstoff. Wenn also CO vorhanden ist, bindet es sich an Hämoglobinmoleküle und verlässt diese Bindung auch nicht so leicht wieder. Bereits mit CO beladenes Hämoglobin steht für den Sauerstofftransport nicht mehr zur Verfügung. In Fällen einer hohen CO-Sättigung entwickelt sich also eine Hypoxie. Fakt ist zweitens, dass ein konventionelles Pulsoxymeter in diesen Fällen die Sauerstoffsättigung relevant »überschätzt«.

Eine weitere Dyshämoglobinvariante ist *Methämoglobin*. MetHb entsteht durch eine chemische Umwandlungsreaktion, die das Hämoglobin so verändert, dass es keinen Sauerstoff mehr binden kann. Eine Methämoglobinämie kommt bei Vergiftungen mit Oxidationsmitteln wie Wasserstoffperoxid und Nitroverbindungen wie Nitrobenzol vor. Aber auch einige Medikamente wie Prilocain, Sulfonamide und Nitroglycerin sind mögliche Methämoglobinbildner. Die angezeigte »Sauerstoff«-Sättigung fällt typischerweise nicht unter 85 %, obwohl die echte Sauerstoffsättigung deutlich darunter liegen kann.

Sehr geringe Konzentrationen von MetHb und COHb (bei Rauchern oder klimakillenden Autofahrern, die ihre Mittagspause auf dem Parkplatz bei laufendem Motor verbringen, auch schon mal etwas höher) sind normal. Ein normales Pulsoxymeter kann das nicht erfassen, dafür wird ein Gerät benötigt, das neben oxyHb auch COHb und MetHb differenzieren kann. Diese Geräte gibt es bereits – auch für den präklinischen Einsatz; etwas teurer, aber in einigen Einsätzen sicherlich von entscheidender Bedeutung.

Nagellack:

Für alle Notfallkosmetiker: Blaue, grüne und schwarze Nagellacke können zu falsch niedrigen Werte führen, während die Farben Rot und Purpur keinen Einfluss haben. Es kann hilfreich sein, den Pulsoxymeterclip so um den Finger zu drehen, dass der Finger von der Seite durchstrahlt wird.

Umgebungslicht:

Theoretisch kann helles Umgebungslicht aus künstlichen Quellen die Werte verfälschen. Allerdings sind die meisten Pulsoxymeter recht gut dagegen abgeschirmt.

Nachdem nun Fehlerquellen und potenzieller Erkenntnisgewinn des Pulsoxymeters bekannt sind, steht einer sinnvollen Anwendung nichts mehr im Weg.

4.6 Einsatz RTW: Ihre Diagnose, bitte!

Fall 1: Viel hilft viel?

Diese Reanimation war von sehr schnellem Erfolg gekrönt! Eine 56-jährige Frau war vor den Augen ihres Ehemanns kollabiert. Leider wurde zwar keine Ersthelferreanimation eingeleitet, dafür hat der Rest der Rettungskette effektiv funktioniert. Nach nur sieben Minuten waren die ersten Einsatzkräfte vor Ort. Noch einmal knapp fünf Minuten und zwei Defibrillationen später stellte sich ein Spontankreislauf ein. Die Patientin zeigte Abwehrbewegungen und musste sediert werden. Die fremdanamnestisch gewonnenen Informationen ließen ein akutes Koronarsyndrom vermuten, da die Frau vor dem Kollaps über einen linksthorakalen Schmerz mit Ausstrahlung in die linke Schulter geklagt hatte. Auch im EKG fanden sich Hinweise auf ein Infarktgeschehen, daher wurden 300 mg ASS und 5 000 I.E. Heparin verabreicht. Zurzeit wird die ca. 80 kg schwere Patientin CPPV-beatmet. PEEP: 5 cm H_2O, AF: 15/min, V_T: 600 ml, FiO_2: 1,0. Im EKG ist ein Sinusrhythmus mit einer Frequenz von 86/min zu sehen. SpO_2: 100 %, $etCO_2$: 32 mmHg, RR: 145/90 mmHg, T: 36,8 °C, BZ: 218 mg/dl.

An welchem Wert würden Sie gerne noch etwas »drehen«, oder ist jetzt schon alles optimal?

Fall 2: Sauerstoff beim Schlaganfall?

Ein trauriger Einsatzanlass: Der RTW wird zu einer älteren Dame gerufen, deren Mann soeben verstorben ist. Die Aufregung habe wohl einen Schlaganfall ausgelöst – so lauten zumindest die ersten Informationen, mit denen sich das Team auf den Weg zur Einsatzstelle macht. Die Tür der stilvollen Villa in einer exklusiven Wohngegend wird von einer ca. 50-jährigen Frau geöffnet. Die Frage, ob sie die Patientin sei, verneint sie, merkt aber an, dass es ihr auch nicht wirklich gut gehe – Unwohlsein, Kopfschmerzen, Schwindel. Aber das sei erstens nicht schlimm und zweitens ja auch gar nicht verwunderlich, denn schließlich sei ihr Vater gerade verstorben. Mehr Sorgen bereite ihr die Mutter, die kurz nach Übermittlung der Todesnachricht Symptome eines akuten Schlaganfalls gezeigt habe.

Das Telefon klingelt. Es ist der Hausarzt, der mit einem der Notfallsanitäter sprechen möchte. Er berichtet, dass er etwa zwei Stunden zuvor den natürlichen Tod des ihm bekannten Patienten festgestellt habe. Wohl ein Herzinfarkt. Der Mann sei nach dem Mittagsschlaf einfach nicht mehr aufgewacht. Sanft entschlafen. Der Bestatter war schon da. Nun habe ihn die Tochter des Patienten telefonisch informiert, dass ihre Mutter einen Schlaganfall erlitten habe. Die Aufregung! Nun ja, er schlage vor, dass man der Dame einen Tropf anlege, etwas Sauerstoff verabreiche und sie dann zügig in die Klinik transportiere. Dort habe er schon angerufen. Professor Müller – zufällig ein Freund der Familie –

erwarte das Team in der Stroke Unit. Eile sei also geboten! Der Notfallsanitäter bedankt sich und beendet das Gespräch.

Er bittet die Tochter, das Team zu ihrer Mutter zu begleiten. Da ereignet sich die nächste Störung: Eine Hausmädchen betritt vorsichtig den Raum. Der Heizungsmonteur sei eingetroffen. Sie fragt, ob er sich die defekte Heizung jetzt ansehen oder lieber ein anderes Mal wiederkommen solle. »Na, bitte«, sagt die resolute Tochter, »jetzt passt es wirklich nicht. Das sehen Sie doch! Und jetzt legen Sie sich doch endlich hin. Sie haben doch vorhin gesagt, dass es Ihnen nicht gut geht! Wir kommen hier schon zurecht.«

»Sehr wohl, Madame!« Das Hausmädchen zieht sich zurück.

Endlich gelangt das Rettungsteam zur Patientin. Die 78-jährige Dame liegt in ihrem Bett. Sie wirkt matt, verwirrt und klagt über Kopfschmerzen und Schwindel. Bei der neurologischen Untersuchung fällt zwar eine insgesamt geschwächte Muskelkraft auf, eine Seitenungleichheit besteht jedoch nicht. Es scheinen aber nicht näher differenzierbare Sehstörungen vorzuliegen. Als Vorerkrankungen werden von der Tochter eine COPD, ein arterieller Hypertonus und ein Diabetes mellitus angegeben. Die Kollegen schließen ihre Geräte an. RR: 110/65 mmHg, EKG: Sinustachykardie, SpO_2: 99 %, P: 120/min, BZ: 145 mg/dl, T: 37,0 °C. Die Kollegen entschließen sich, den eher niedrigen Blutdruck mit intravenöser Flüssigkeit zu behandeln. Auf die Sauerstoffgabe wollen sie, nachdem in letzter Zeit häufig von einer potenziell schädlichen Wirkung einer Hyperoxie zu hören war, entgegen der Anweisung des Hausarztes bei einer Sauerstoffsättigung von 99 % lieber verzichten.

Einer der Kollegen greift zu einer Aspirin®-Kautablette, die im Rettungsdienstbereich seit neuestem vorgehalten wird, um Patienten mit einem akuten Koronarsyndrom notfalls auch per os mit dem wichtigen Thrombozytenaggregationshemmer behandeln zu können. »Stopp!«, schreitet sein Teampartner ein. »Wir wissen doch noch gar nicht, ob das hier ein unblutiger Schlaganfall ist. Wenn die Patientin eine Hirnblutung hat, hat das Zeug fatale Auswirkungen!«

»Das weiß ich doch«, beruhigt ihn sein Teampartner. »Die ist für mich. Hab plötzlich Kopfschmerzen bekommen. Und jetzt los! Wir müssen uns beeilen.«

Sind Sie mit allem einverstanden? Sauerstoff? Aspirin®? Flüssigkeitsgabe? Schneller Transport zur Stroke Unit? Oder liegt hier ein ganz anderes Problem vor?

Fall 3: Gerätedefekt?

Kurz vor Feierabend: »Jetzt reicht's aber. Das ist ein Fall für den MPG-Beauftragten.« Wutentbrannt schreibt der junge Kollege eine Mängelkarte und bringt das Pulsoxymeter ins Sperrlager. Was denn los sei, möchte der schichtübernehmende Kollege wissen.

»Also, wir haben heute zwei Einsätze bei kritisch kranken Patienten gehabt, und in beiden Fällen hat das Pulsoxymeter nicht funktioniert. Kann nicht angehen! Zuerst war da der Patient mit Schwindel. Hier ist sein EKG (ABB. 4.8). Wie du siehst, hatte er eine normale Herzfrequenz. Das Pulsoxymeter hat aber falsch gezählt. Das lag immer so bei der Hälfte. Demnach wäre der Patient bradykard gewesen. Anschließend haben wir einen Patienten mit Herzinfarkt im kardiogenen Schock mit so 'ner IABP-Pumpe von der konser-

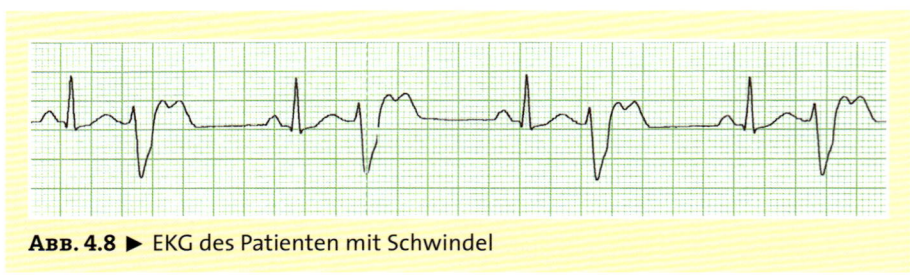

ABB. 4.8 ▶ EKG des Patienten mit Schwindel

vativen Intensivstation in die herzchirurgische Klinik verlegt, wo er Bypässe bekommen sollte. Intubiert, beatmet – superkritisch. Dieses Mal hat es immer doppelt so viele Schläge gezählt wie das EKG. Irgendwas stimmt also nicht mit dem Ding. Muss repariert werden. Ruhige Schicht! Tschüs.«

Sehen Sie das auch so? Ist das Gerät defekt? Oder gibt es andere Erklärungen für die »fehlerhafte« Pulsfrequenzanzeige?

Fall 4: Akute Eupnoe

»Tja, das hatten wir auch schon mal schlimmer«, meint der Kollege ein wenig ratlos, schließlich war eine seit Tagen anhaltende Atemstörung gemeldet worden. Zudem ist die 62-jährige Patientin eine alte Bekannte. Sie leidet an COPD, kann das Rauchen aber trotzdem nicht lassen. Rettungsdienstalarmierungen wegen Exazerbationen sind folglich keine Seltenheit. Aber bislang lagen dann auch immer objektiv kritische Belüftungsprobleme vor.

Heute ist es anders! Die Patientin wirkt schläfrig und verwirrt. Der Ehemann berichtet, dass es ihm zuvor kaum gelungen sei, sie aufzuwecken. Der Atemweg ist frei. Die Atemfrequenz liegt bei 20/min. Brummende Atemnebengeräusche sind vorhanden – aber das sind sie eigentlich immer. Die Sauerstoffsättigung unter 8 l O_2 via Maske über den patienteneigenen Konzentrator beträgt sogar 100 %. Der Puls ist beschleunigt. Bei der neurologischen Untersuchung fallen keine Seitendifferenzen auf, lediglich die bereits beschriebene Vigilanzminderung und Desorientiertheit. Der Ehemann berichtet von einem Atemwegsinfekt, der seit einigen Tagen bestehe. Da seine Frau nicht in die Klinik wollte und sich das Problem auch nicht so gravierend angefühlt habe, wurde die Eigentherapie beschlossen. Nach Intensivierung des Gebrauchs von Beta-2-Sympathomimetika, Ipratropiumbromid und Kortisonpräparaten sowie dem Einsatz des Sauerstoffkonzentrators wurde die Atemnot dann auch tatsächlich erträglicher. Aber der aktuelle Zustand gebe nun doch Anlass zur Besorgnis. Die Werte: RR: 150/100 mmHg, SpO_2: 100 %, P: 120/min, EKG: Sinustachykardie, T: 37,8 °C, BZ: 162 mg/dl.

Was ist hier geschehen? Was unternehmen Sie?

Fall 5: Alles im Fluss

RTW und NEF werden an einem kühlen Herbsttag zu einem 62-jährigen Patienten gerufen. Der Notruf wurde durch eine Passantin abgesetzt, die den Mann leblos in einem Vorgarten liegen gesehen hat. Die engagierte Ersthelferin ist über den Zaun gesprungen, konnte keinen Puls tasten und hat daher mit einer Compression-Only-CPR begonnen.

Beim Eintreffen der Rettungskräfte können folgende Befunde bei dem bewusstlosen Patienten erhoben werden: Der Atemweg (A) ist nach Reklination frei. Der Patient atmet (B) spontan normfrequent und mit angemessenem Atemzugvolumen. Es besteht keine Zyanose. Weder peripher an der A. radialis noch zentral an der A. carotis und an der A. femoralis (jeweils beidseits) können Pulse getastet werden. Die Kollegen verzichten wegen der adäquaten Atmung, die bislang nicht als Schnappatmung bewertet wurde, bis auf Weiteres auf die Fortführung der Thoraxkompressionen. Über die sofort aufgebrachten Defibrillationselektroden kann ein Ein-Kanal-EKG abgeleitet werden. Es zeigt unregelmäßig verteilte verbreiterte und deformierte QRS-Komplexe mit einer Frequenz von ca. 60/min. Vorhofflimmern mit Schenkelblock? Oder – reduziert auf das Wesentliche – einfach eine pulslose elektrische Aktivität? Doch reanimieren?

Ein wenig nervös ob der diagnostischen Unsicherheit erweitern die Kollegen die C-Diagnostik: Eine auskultatorische Blutdruckmessung bleibt ergebnislos. Auch das noninvasive oszillometrische Blutdruckmodul des EKG-Geräts kann keinen Blutdruck ermitteln. Die Sauerstoffsättigung samt Pulskurve ist nicht messbar. Der Messclip des Pulsoxymeters wird umgesteckt. Aber auch auf dem Daumen und später mit einem Klebesensor am Ohr kann kein Plethysmogramm dargestellt werden. Warum atmet der tief bewusstlose Patient, wenn er keinen Puls hat? Ein Blick in die Augen zeigt seitengleiche lichtreagible Pupillen. Es erfolgt die Auskultation von Lunge und Herz. Das Atemgeräusch erscheint normal, doch als zusätzliches Geräuschphänomen erklingt ein maschinenartiges Geräusch. Nun wird der bislang noch teilbekleidete Brustkorb komplett freigemacht. Am Sternum zeigt sich eine OP-Narbe. Am linken Bauch, knapp oberhalb der Höhe des Bauchnabels, tritt ein Schlauch aus, der zu einer Gürteltasche führt. In dieser Tasche befindet sich ein Gerät, auf dessen Display die folgenden Parameter zu lesen sind: 3 000 U/min, 4,8 Watt, 5,0 l/min.

Was hat das alles zu bedeuten?

4.7 Lösungen

Fall 1: Viel hilft viel?

Nein, manchmal ist weniger mehr. Weniger Sauerstoff zum Beispiel. Eine Sauerstoffsättigung von 100 % in der Postreanimationsphase ist möglicherweise mit negativen Auswirkungen
verbunden. Nach den Empfehlungen des Europäischen Reani-
mationsrats aus dem Jahr 2015 liegt die Zielsauerstoffsättigung
sowohl bei Patienten mit akutem Koronarsyndrom als auch in
der Postreanimationsphase bei 94–98 %. Es gibt Hinweise, dass eine
Hyperoxie nicht nur nicht hilft, sondern potenziell schädlich sein kann.

Was auf den ersten Blick unlogisch wirkt, denn schließlich ist der größte Feind des
Retters traditionell die Hypoxie, verdient eine etwas differenziertere Betrachtung. Nach
einem Kreislaufstillstand kann zu viel Sauerstoff für einen ungewollten oxidativen Stress
sorgen. Beispielsweise wird in diesem Zusammenhang eine gesteigerte Lipidperoxidation
als mitverantwortlich für Zellmembranschäden angeführt. Darüber hinaus kann auch
die hyperoxisch bedingt zunehmende Produktion freier Radikale zerstörerische Wirkung
auf die Zellen haben. In einer recht großen Studie von Kilgannon et al. aus dem Jahr 2010
hatten hyperoxische Patienten einen signifikanten Überlebensnachteil gegenüber norm-
oxischen und sogar hypoxischen Patienten. Auch der Grad neurologischer Beeinträchti-
gung nach überlebtem Kreislaufstillstand erschien bei hyperoxischen Patienten höher.

Nicht nur in der Postreanimationsphase, sondern auch bei der Behandlung von Patienten mit akutem Koronarsyndrom wird zu einem differenzierteren Umgang mit Sauerstoff geraten. Es existieren Hinweise dafür, dass eine Hyperoxie bei unkompliziertem
Infarkt schädlich sein kann. Es wird angenommen, dass eine Hyperoxie den koronaren
Blutfluss reduziert. Eine Erhöhung des Gefäßwiderstands durch arterielle Vasokonstrik-
tion und sinkende Auswurfleistung des Herzens sind weitere belastende Faktoren. Es
wurden ebenfalls Hinweise auf eine Ausweitung des Myokardschadens gefunden. Als
Konsequenz aus diesen Erkenntnissen rät der Europäische Reanimationsrat, nur ACS-
Patienten mit Zeichen von Hypoxie, Atemnot oder Herzversagen Sauerstoff zu verabreichen. Die Pulsoxymetrie wird als geeignetes Messverfahren zur Steuerung einer ggf.
erforderlichen Sauerstofftherapie anerkannt. Anzustreben sei eine arterielle Sauerstoffsättigung in der Größenordnung von 94–98 % (bei chronisch-obstruktiver Lungenerkrankung von 88–92 %).

Zurück zum Fall: Wie kann die Sättigung an die Empfehlungen angepasst werden?
Zunächst sollte der FiO_2 verringert werden. Die meisten Beatmungsgeräte erlauben heutzutage die Auswahl zwischen 100 % Sauerstoff und einer Mischluftvariante, die z.B. 40 %
Sauerstoff mit 60 % Umluft mischt. Darüber hinaus würde eine Reduktion des Atem-
minutenvolumens durch Senkung der Beatmungsfrequenz und des Tidalvolumens nicht
nur einer Hyperoxie vorbeugen, sondern auch den $etCO_2$ im physiologischen Bereich halten. Der war im geschilderten Fall etwas zu niedrig. Eine unerwünschte Minderperfusion
des Gehirns könnte die Folge sein.

Und ein letzter Wert: Die Temperatur war mit 36,8 °C zwar normal, etwas kälter wäre aber schöner. Ein zielgerichtetes Temperaturmanagement mit Zielwerten zwischen 32 und 36 °C hat sich mittlerweile zum Standard in der Postreanimationstherapie entwickelt (s. KAP. 7.4).

Fall 2: Sauerstoff beim Schlaganfall?

Ein bisschen Flüssigkeit wird hier wohl nicht schaden. Auf Aspirin® sollte natürlich besser verzichtet werden. Und bei einer Sauerstoffsättigung von 99 % wird ein Schlaganfallpatient vermutlich nicht von zusätzlichem Sauerstoff profitieren. In den Leitlinien zur Versorgung des ischämischen Schlaganfalls der Deutschen Gesellschaft für Neurologie wird keine generelle Empfehlung zur Behandlung aller Patienten mit Sauerstoff gegeben. Gefordert wird eine adäquate Oxygenierung. Darüber hinaus wird die moderate O_2-Gabe bei ausgeprägten neurologischen Symptomen empfohlen.

Aber hat die Patientin denn tatsächlich einen Schlaganfall erlitten? Klassisch war die Symptomatik ja nicht. Zu erkennen waren eher diffuse neurologische Auffälligkeiten, die übrigens nicht nur auf die Patientin selbst beschränkt waren. Auch die Tochter und das Hausmädchen fühlten sich unwohl. Selbst einer der Kollegen griff plötzlich zur Kopfschmerztablette. Und der Heizungsmonteur wollte nach der kaputten Heizung sehen. Zugegeben: Der eindeutige und unzweifelhafte Hinweis fehlt, aber so ist das nun mal bei Kohlenmonoxidintoxikationen, die z.B. durch ein Freiwerden von CO aus defekten Gasheizungsanlagen entstehen können. Wenn in geschlossenen Räumlichkeiten mehrere Personen über eine ähnliche Symptomatik klagen, lohnt sich immer die Suche nach einem gemeinsamen Nenner. Trauer allein wie um den – wahrscheinlich an einer CO-Vergiftung gestorbenen – Mann erklärt nicht unbedingt die Art der Symptome, die dann ja sogar auf den außenstehenden Notfallsanitäter übergriffen. Eine nicht sonderlich aufwendige, aber aufschlussreiche Möglichkeit zur Detektion gefährlicher Kohlenmonoxidansammlungen sind CO-Warner, die einfach am Gürtel oder an der Einsatzjacke befestigt werden können.

Kohlenmonoxid kann bei unvollständigen Verbrennungen freigesetzt werden – Auspuffgase in geschlossenen Garagen, der Grill in der ungelüfteten Wohnung, Durchlauferhitzer, Heizungsanlagen ... Die Quelle auszumachen, ist nicht unbedingt die Aufgabe des Rettungsteams, die sofortige Evakuierung des verdächtigen Bereichs aber schon.

Unter neuer diagnostischer Perspektive nun zurück zur Frage nach der Sauerstoffgabe trotz einer Sättigung von 99 %: Das Pulsoxymeter wird die Sauerstoffsättigung erheblich überschätzt haben. Genau genommen natürlich nicht das Pulsoxymeter, sondern der den Wert interpretierende Anwender. Kohlenmonoxid bindet wesentlich besser als Sauerstoff an das Hämoglobin. Es entsteht COHb statt oxyHb. Das können »normale« Pulsoxymeter nicht voneinander unterscheiden. Tatsächlich lag also wahrscheinlich keine gute Sauerstoffsättigung, sondern eine bedrohliche Hypoxie mit beträchtlicher Kohlenmonoxidkonzentration im Blut vor. Die hochdosierte Sauerstoffgabe hat demnach unabhängig von der pulsoxymetrisch ermittelten Sauerstoffsättigung absolute Priorität bei der Versorgung betroffener Patienten.

Fall 3: Gerätedefekt?

Ob es andere Erklärungen für die »fehlerhaften« Werte gibt? Ja, die gibt es. Das Pulsoxymeter ist rehabilitiert und kann wieder in Betrieb genommen werden. Im ersten Fall, bei dem Patienten mit Schwindel, hat in hämodynamischer Hinsicht tatsächlich eine Bradykardie vorgelegen. Im EKG war ein Bigeminus zu sehen. Jeder normalen Aktion folgte eine ventrikuläre Extrasystole. Zum Zeitpunkt der Erregung durch diesen Extraschlag war die diastolische Füllung des Herzens noch nicht abgeschlossen, sodass allenfalls eine sehr geringe Blutmenge ausgeworfen werden konnte. Dem EKG ist das egal – da war ein QRS-Komplex, also wird er mitgezählt. Das Pulsoxymeter misst hingegen die Pulswellen, die im Finger ankommen. Und in diesem Fall haben die Pulswellen, die durch die ventrikulären Extrasystolen ausgeworfen worden sind, offensichtlich den Finger nicht mit ausreichender Kraft erreicht. Man spricht von einem *peripheren Pulsdefizit*. Welche Frequenzanzeige gilt denn nun – die normal hohe des EKG oder die zu niedrige des Pulsoxymeters? Da der Patient Symptome geboten hat, die mit einer Unterversorgung des Gehirns zu erklären wären, ermöglicht das Pulsoxymeter in diesem Fall sicherlich eine wegweisendere Einschätzung der Kreislaufsituation als das EKG. Bevor aber Entscheidungen getroffen werden: Blutdruck messen und Pulse tasten.

Und wo liegt der Fehler im Fall der Intensivverlegung? Eine IABP ist eine intraaortale Ballonpumpe. Dieses System wird zur intraaortalen Ballongegenpulsation bei Patienten eingesetzt, deren linke Herzkammer eine nur noch unzureichende Pumpleistung aufbringen kann. Im Fall ging es um einen Patienten mit akutem Herzinfarkt und kardiogenem Schock. Primär besorgniserregend waren also wohl die Durchblutung des Herzens über die Koronargefäße und des Gehirns. Eine IABP soll die Versorgung dieser Organe optimieren und gleichzeitig das Herz entlasten. Dazu wird das System über eine Leistenarterie in die Aorta eingebracht und knapp unterhalb der linken A. subclavia in der absteigenden Aorta platziert. Immer dann, wenn die Aortenklappe sich schließt, wird der Ballon aufgepumpt. So wird eine diastolische Durchblutung der distal liegenden Aorta eingeschränkt. Der diastolische Blutfluss muss sich demnach auf die oberhalb gelegenen Organe konzentrieren. Davon profitieren insbesondere Herz und Gehirn. Vor Beginn der nächsten Systole entleert sich der Ballon wieder, sodass die Blutwelle die unteren Organe erreichen kann.

Eine IABP ist eine ziemlich gewichtige und sperrige Angelegenheit, die in einem normalen RTW gut gesichert werden muss. Das Arbeitsprinzip des Geräts impliziert eine veränderte Hämodynamik, die sich relevant auf das Monitoring auswirken kann. Durch den forcierten diastolischen Druck werden atypische Pulswellen bewirkt, die vom Pulsoxymeter mitgezählt werden können. Errechnet wird übrigens nicht unbedingt die doppelte Herzfrequenz. Im Einzelfall hängt die pulsoxymetrisch ermittelte Frequenz von der Artefaktabschirmung des jeweiligen Pulsoxymeters und dem IABP-Verhältnis (Aktion mit jedem oder jedem zweiten oder jedem dritten Herzschlag) ab. Auch hier liegt also kein Gerätefehler des Pulsoxymeters vor, sondern es handelt sich um die logische Konsequenz eines künstlich veränderten Blutflusses.

Fall 4: Akute Eupnoe

Na ja, der Begriff *Eupnoe* – also »normale Atmung« – ist vielleicht ein wenig zu hoch gegriffen. In Anbetracht von Patientenvorgeschichte, Klinik und Werten scheint hier aber nicht das Hauptproblem zu liegen, oder? Immerhin beträgt die Sättigung sogar 100 %! Spätestens jetzt sollte man wachsam werden. Wie bereits angemerkt, fordert die Global Initiative for Chronic Obstructive Lung Disease (GOLD) im Rahmen der Therapie der COPD-Exazerbation, zur Besserung der Hypoxämie des Patienten zusätzlichen Sauerstoff mit einer Zielsättigung von 88–92 % zu titrieren.

Kontrollierte und titrierte Sauerstoffgabe mit einer Zielsättigung deutlich unter dem Normbereich? Die Gründe für diese Vorsicht liegen in der Sorge um einen ausgeglichenen Kohlendioxidgehalt des Blutes. Der CO_2-Spiegel kann nämlich durch eine unangemessene Sauerstofftherapie gefährlich ansteigen und zu einer Hyperkapnie führen. Als pathophysiologische Erklärung dafür wird häufig der »Hypoxic Drive« angeführt: Langjährig COPD-erkrankte Menschen erleben aufgrund permanent erhöhter Kohlendioxidwerte eine Umstellung des Atemantriebs und steuern nicht mehr über CO_2, sondern über O_2. Wird nun zu viel Sauerstoff zugeführt, erkennt das Atemzentrum einen geringeren respiratorischen Anreiz und verlangsamt die Atmung, was zu einer unzureichenden CO_2-Abgabe führt.

Obwohl das logisch klingt, wird diese Theorie als Haupterklärung für die Hyperkapnie Studienergebnissen folgend zunehmend fallen gelassen. Viel bedeutender erscheint ein Ventilations-Perfusions-Missverhältnis. Wenn z.B. aufgrund einer Bronchokonstriktion (die durchaus nicht alle Lungenabschnitte in gleichem Ausmaß betreffen wird!) weniger Sauerstoff in den Alveolen ankommt, wird normalerweise – vermittelt durch eine lokale Blutgefäßengstellung – auch weniger Blut in die betroffene Bronchialregion fließen. Dieser Effekt verhindert, dass Blut die Lunge ohne Gasaustausch passieren kann (Shunt), weil es automatisch in besser ventilierte Regionen umgeleitet wird. Lässt man einen Patienten mit COPD-Exazerbation allerdings exzessiv Sauerstoff einatmen, bleibt die Vasokonstriktion aus. Da die Atmung allerdings immer noch eingeschränkt ist, entsteht in der betroffenen Region ein Ventilations-Perfusions-Missverhältnis: Zwar mit hoher O_2-Konzentration, aber insgesamt schlecht belüftete Alveolen werden über das Blut uneingeschränkt mit CO_2 beliefert, können es aber nicht eliminieren, was in Regionen mit aktuell günstigerem Ventilations-Perfusions-Verhältnis noch möglich gewesen wäre. Es entsteht eine Hyperkapnie. Diese Fehlentwicklung kann durch den Haldane-Effekt unterstützt werden: Wie in Kapitel 3.2 beschrieben, werden bis zu 10 % des Kohlendioxids am Hämoglobin gebunden transportiert. Wenn das Blut sauerstoffarm ist, erhöht sich die Aufnahmefähigkeit für Kohlendioxid. Umgekehrt wird eine massive Sauerstoffbeladung des Blutes die Transportkapazität für Kohlendioxid und somit dessen Ausfuhr schwächen. Die Folge ist ein weiterer Anstieg des CO_2-Spiegels.

Nichtsdestotrotz gilt die Sauerstofftherapie bei COPD-Exazerbationen nach wie vor als sehr wichtig. Sie sollte allerdings umsichtig und an ihre Effekte angepasst erfolgen. Zur Kontrolle und Steuerung dient im präklinischen Bereich das Pulyoxymeter! Zielwert bei COPD-Exazerbationen: 88–92 %!

ABB. 4.9 ▶ Ventrikuläres Unterstützungssystem mit Akku und Steuergerät (Quelle: HeartWare Inc.)

Fall 5: Alles im Fluss

Das vermeintliche C-Problem ist wahrscheinlich gar kein Problem. Schlauch und Gerät in der Bauchtasche sind Bestandteile eines *ventrikulären Unterstützungssystems* (VAD, »Kunstherz«, ABB. 4.9), das bei herzinsuffizienten Patienten implantiert werden kann, um die Auswurfleistung der Kammern zu unterstützen oder zu ersetzen.

Puls, Blutdruck und Sauerstoffsättigung können je nach Betriebsart noninvasiv nicht gemessen werden, weil statt systolischer und diastolischer Schwankungen ein kontinuierlicher Druck im Kreislaufsystem vorherrschen kann. Da die Steuereinheit des Geräts ein Herzminutenvolumen von 5,0 l anzeigt, kann der Zustand des Patienten primär nicht über ein Kreislaufproblem erklärt werden. Man sollte sich also schnell auf das D für neurologische Defizite konzentrieren. Möglicherweise leidet der Patient an Schlaganfall, Intoxikation oder Hypoglykämie. Vielleicht ist er auch postiktal oder, oder, oder ...!

5 Blutdruckmessung

5.1 Power on: Sherlocks Einsatz

Lagebesprechung auf der Autobahn. Sherlock und der Notarzt diskutieren mit dem Einsatzleiter der Feuerwehr. »Ihr könnt es euch aussuchen: Entweder wir befreien den Patienten langsam, dafür aber schonend. Kann 30 bis 40 Minuten dauern. Oder es geht schnell. Dann wird es aber auch ein bisschen ruckelig Dauert 10 Minuten.« Der Kollege von der Feuerwehr bietet zwei taktische Varianten zur Befreiung des eingeklemmten Patienten an. Beide Vorgehensweisen haben Vor- und Nachteile, die es im konkreten Fall gegeneinander abzuwägen gilt: Profitiert der Patient eher von einer möglichst schonenden oder von einer möglichst schnellen Rettung?

Ein kurzer Rückblick: Was ist geschehen? Der 32-jährige Mann war mit seinem Pkw auf der Autobahn unterwegs, als ein vor ihm fahrender Lkw-Fahrer die Kontrolle über sein Fahrzeug verlor. Der Lastwagen kippte um und stellte sich quer – ein Ausweichen war nicht mehr möglich. Es kam zur Kollision, bei der der Pkw-Fahrer in seinem Wagen eingeklemmt wurde. Das Fahrzeug weist erhebliche Schäden auf; das Lenkrad – ein Airbag existiert nicht – ist deformiert.

Der Patient scheint trotzdem Glück gehabt zu haben. Er ist ansprechbar und adäquat orientiert: GCS 15 Punkte. Offensichtliche Verletzungszeichen sind eine Platzwunde am Kopf und Prellmarken am Thorax sowie an beiden Beinen. Am rechten Unterschenkel fällt zudem eine Stufenbildung auf. Die Lungen sind seitengleich belüftet. Eine Halsvenenstauung besteht nicht. Der Patient gibt keine Dyspnoe an, seine Atemfrequenz beträgt 22/min. Er ist etwas blass und schweißig und klagt über Schmerzen v. a. in den Beinen. Bereits vor dem Eintreffen der Feuerwehr und des NEF hat eine RTW-Besatzung erste Maßnahmen eingeleitet. Der Patient erhält Sauerstoff und wird über einen großlumigen i. v. Zugang mit Flüssigkeit versorgt. Die erhobenen Werte: EKG: Sinustachykardie, SpO_2: 95 %, P: 118/min, RR: 110/90 mmHg, T: 36,6 °C, BZ: 87 mg/dl.

Sehr zur Verwunderung des Feuerwehreinsatzleiters, der den Patienten für ausreichend stabil hält, um eine längere Versorgungszeit rechtfertigen zu können, fällt die Entscheidung für eine schnelle Rettung. Der Kollege gibt zu bedenken: »Aber er hat doch weder ein SHT noch Atemnot oder einen Schock – dafür sind GCS, Sättigung und Blutdruck zu gut. Völlig stabil, der Mann. Dafür hat er aber sicher eine Unterschenkelfraktur. Sollen wir nicht lieber doch langsam und schonend arbeiten, damit da nicht noch mehr Schäden entstehen?«

Sherlock und der Notarzt halten den Patienten für alles andere als stabil. Der aktuelle Zustand sollte nicht über die Dynamik des zu erwartenden Geschehens hinwegtäuschen. Erste Anzeichen für eine bevorstehende Dekompensation liegen bereits vor: Der anzunehmende Unfallmechanismus mit starken Verformungen am Fahrzeug geht selten ohne schwere Verletzungen einher. Lenkraddeformierungen entstehen durch den Aufprall des Körpers, und wenn das Lenkrad sichtbar beschädigt ist, liegt es nahe, dass Thorax und Abdomen verletzt sind. Vegetative Zeichen wie Blässe und Kaltschweißigkeit sollten immer ernst genommen werden; ebenso sollte die Atemfrequenz von über 20/min als ernstes Zeichen gedeutet werden.

Auch die aktuelle »Kreislaufstabilität« ist trügerisch: Erstens ist eine Frequenz von über 100 verdächtig: Es könnte sich um eine reaktive Tachykardie bei einem Volumenmangel handeln. Zweitens hat der Patient eine auffallend kleine Blutdruckamplitude, zwischen systolischem und diastolischem Blutdruck liegen nur 20 mmHg. Der Blutdruck hängt vom kardialen Auswurf und dem peripheren Gefäßwiderstand ab. Ein rapide sinkendes Blutvolumen verringert das Füllungsangebot, mithin wird auch weniger Blut ausgeworfen. Um dem in der Folge sinkenden Blutdruck entgegenzuwirken, erfolgt eine sofortige Antwort über den Sympathikus: Die peripheren Gefäße werden eng gestellt, der periphere Widerstand erhöht. Wenn dadurch aufgrund des hohen Blutverlustes auch der systolische Blutdruck, der insbesondere vom Auswurf abhängig ist, nicht nach oben schnellt, verändert sich doch der diastolische Blutdruck, der teilweise die Verhältnisse im Gefäßsystem widerspiegelt. Eine starke Tonuserhöhung der Gefäße führt dazu, dass der diastolische Blutdruck stabil gehalten werden kann oder ansteigt. Am Handgelenk kann jetzt der vielzitierte »fadenförmige« Puls getastet werden: ein hochfrequenter, weicher Puls mit niedriger Amplitude zwischen Systole und Diastole. Eine niedrige Blutdruckamplitude kann ein frühes Zeichen eines Schocks sein, während eine Hypotension häufig erst später auftritt.

Im vorliegenden Fall handelt es sich also wahrscheinlich um Kompensationsversuche des Körpers, die eine vorübergehende Kreislaufstabilisierung herbeiführen können. Als nächstes folgt – wenn nicht schnellstmöglich eine kausale Therapie eingeleitet wird – die Kreislaufdekompensation mit schwer aufzuhaltendem Schockgeschehen. Vermutlich besteht eine innere Blutung, die nur im Krankenhaus gestillt werden kann. Die geschilderten Veränderungen legen einen verborgenen Blutverlust von bereits 15–30 % des Gesamtvolumens nahe, und wenn nichts unternommen wird, wird der Patient weiter bluten. Daher muss schnellstmöglich der Transport in die Klinik erfolgen. 40 Minuten allein für die Rettungszeit würden die »Golden Hour of Shock« komplett sprengen.

5.2 Grundlagen: Wie entsteht der Wert?

Es ist Winter, und Sherlock fährt einen Einsatz der besonderen Art. Eine ältere Dame hatte die 112 gewählt und den Notdienst verlangt. Auf Nachfrage des Disponenten, um was für ein Problem es sich denn handele, erwiderte die Frau verzweifelt, dass sie das doch auch nicht wisse. Auf jeden Fall müsse schnell Hilfe her! Dann hat sie aufgelegt. Da es dem Disponenten nicht gelungen war, die Verbindung wieder herzustellen, alarmierte er einen RTW.

Sherlock und seine Kollegin treffen auf eine 87-jährige Rentnerin, die allein ein Einfamilienhaus bewohnt. Sie sitzt in drei Wolldecken gehüllt in ihrer Stube und klagt: »Mir ist so furchtbar kalt!«

Kann ich mir vorstellen, denkt Sherlock, denn viel wärmer als draußen ist es im Haus nicht. »Warum stellen Sie denn nicht die Heizung an?«

»Also hören Sie mal, junger Mann! Das habe ich natürlich versucht. Aber sie ist kaputt!« Sherlock weist auf seine Einsatzjacke und versucht klarzustellen, dass er nicht der richtige Ansprechpartner für diese Art von Problemen ist. »Der Klempner kommt aber nicht vor morgen. Den habe ich schon angerufen. Der hat jetzt zu viel zu tun. Können Sie mir nicht helfen, bitte? Ich habe schon alles versucht. Sogar die Heizkörper habe ich entlüftet.«

Na ja, Sherlock wird zwar immer nachgesagt, dass sein handwerkliches Geschick gewissen Limitationen unterliegt, doch das kümmert ihn sonst auch nicht. Er lässt sich den Brennwertkessel zeigen, schaut auf die Anzeigen und diagnostiziert sofort einen zu niedrigen Druck in der Anlage. Das ist ja doch näher an seinem Metier, als er gedacht hatte. Ein zu niedriger Druck – da kommen eigentlich nur drei Ursachen infrage: unzureichende Pumpleistung, Gefäßstörungen oder Volumenprobleme. Die Anlage ist frisch gewartet und relativ neu, die Pumpleistung wird es also wohl nicht sein. Die Weite der Rohrleitungen kann nicht wie beim Menschen fehlreguliert werden, weil sie starr sind. Bleibt das Volumenproblem. Sherlock sucht nach einem Wasserhahn und füllt die Anlage auf; sofort beginnt es in den Heizkörpern zu gluckern. Warmes Wasser strömt ein. Nach einer Tasse heißem Kaffee und einem Teller selbstgebackener Kekse verabschieden sich die Kollegen von der glücklichen Seniorin und melden sich einsatzbereit.

Die Heizungsreparatur war eine gelungene Transferleistung: Wenn im Rettungsdienst von »Druck« gesprochen wird, ist allerdings meistens der Blutdruck – genauer der arterielle Blutdruck – gemeint. Dabei handelt es sich um die Kraft, die das vom Herzen geförderte Blut auf die Wände der Arterien ausübt. Wenn das Herz kontrahiert, wird Blut ausgeworfen (Systole). Aber auch dann, wenn das Herz erschlafft, um sich aufs Neue mit Blut zu füllen (Diastole), herrscht ein deutlicher Überdruck in den Arterien. Ursächlich ist die Elastizität der großen Gefäße. Die systolische Pulswelle dehnt die Wand der Aorta kräftig auf und »durchrollt« sie als Welle nach distal. Wenn die Pulswelle abgeebbt ist, zieht sich die aufgedehnte Aorta wieder zusammen und drückt das in ihrer Wand gespeicherte Blut nach.

Der Blutdruck ist das Produkt zweier Größen: des Herzzeitvolumens und des peripheren Gefäßwiderstands:

1. *Herzzeitvolumen*: Es beschreibt die vom Herzen in einer bestimmten Zeit in den Kreislauf gepumpte Blutmenge. Das Herzzeitvolumen ist somit das Produkt aus Herzschlagvolumen und Herzfrequenz. Neben einer effektiven kardialen Pumpfähigkeit ist ein ausreichendes Blutvolumen zur Füllung des Herzens und der Gefäße notwendig.
2. *peripherer Gefäßwiderstand*: Die Wandspannung der Gefäße – v. a. der kleinen Arterien und Arteriolen – setzt dem Herzen eine zu überwindende Nachlast entgegen.

Veränderungen eines oder mehrerer dieser Faktoren wirken sich auf die Höhe des Blutdrucks aus. Eine Reduktion des Herzzeitvolumens aufgrund eines Pumpversagens wie beim kardiogenen Schock lässt den Blutdruck sinken. Hohe Blutverluste führen ebenfalls zu einer Hypotonie, da Füllungsvolumen fehlt. Desgleichen senkt eine übermäßig gesteigerte Gefäßweite durch Erschlaffung der Wandmuskulatur, wie beispielsweise bei einer vasovagalen Synkope, den Blutdruck.

Die beiden Stellgrößen zur Blutdruckanpassung werden regelmäßig auch therapeutisch genutzt: Das zur Blutdrucksenkung verwendete Medikament Urapidil ist ein Alpharezeptorblocker. Werden Alpharezeptoren in der Gefäßwand blockiert, weiten sich die Gefäße und der periphere Widerstand sinkt. Arterenol® hingegen besetzt die Alpharezeptoren und steigert den Blutdruck. Betablocker reduzieren die Herzkraft und senken den Blutdruck; eine Volumengabe optimiert die Herzfüllung und steigert den Blutdruck. Die Interventionsmöglichkeiten sind vielfältig.

Zurück zur Physiologie. Wie gelingt es dem Körper, seinen Blutdruck zu regulieren? Der Blutdruck ist nicht immer gleich hoch – im Gegenteil, er muss hochvariabel und jeweils den aktuellen Bedürfnissen angepasst sein. Im Schlaf einen Blutdruck von 160/90 mmHg zu haben, wäre nicht nur unnötig, sondern sogar schädlich – solche Werte nicht zu haben, wenn der Hund des Nachbarn hinter einem her ist, wäre es allerdings auch. Bekanntermaßen verhilft eine gesteigerte Durchblutung in Belastungssituationen zu einer deutlich verbesserten Leistung. Der Körper verfügt über zahlreiche Mechanismen, die den Blutdruck variieren können und je nach Dringlichkeit eingesetzt werden. So lässt sich eine kurzfristige von einer mittel- und langfristigen Blutdruckregulation abgrenzen.

Kurzfristige Blutdruckregulation

Sherlocks Kollege Mitch arbeitet nebenberuflich als Schwimmmeister im Freibad. Kürzlich lag er auf seiner Sonnenliege und beobachtete schläfrig die Badenden, als ihn plötzlich eine hübsche junge Frau aufforderte, ihren Rücken mit Sonnenmilch einzucremen. Sofort sprang Mitch pflichtbewusst auf. Das muss der Kreislauf erst mal mitmachen. Schließlich plätscherte das Blut jetzt nicht mehr in der Waagerechten vor sich hin, sondern musste kopfwärts gegen die Schwerkraft nach oben gepumpt werden. Barorezeptoren in Aorta und A. carotis registrierten sofort einen abfallenden Druck. Das konnte Mitch in dieser Situation natürlich überhaupt nicht gebrauchen! Also wurde über das Kreislaufzentrum in der Medulla oblongata sofort eine Sympathikusaktivierung veranlasst und z. B. Adrenalin ausgeschüttet. Dieses Hormon aus dem Nebennierenmark stimuliert u. a. Alpha- und Beta-rezeptoren. Die betamimetische Wirkung am Herzen lässt die Kontraktionskraft zuneh-men. Über die Besetzung der Alpharezeptoren in den Gefäßen wurde eine Vasokonstrik-tion vermittelt – der periphere Widerstand stieg an. Bei dem Adrenalinschub war es auch gar nicht störend, dass Blutgefäße auch Betarezeptoren enthalten, die bei Besetzung eine potenziell blutdrucksenkende Gefäßweitstellung auslösen. Im Gegenteil: Nicht alle Gefäß-abschnitte haben gleich viele Betarezeptoren. Am Herzen befinden sich recht viele, was besonders praktisch ist, denn hier ist eine stressbedingte Gefäßweitstellung förderlich für die Durchblutung. Insgesamt wird eine hohe Adrenalindosis allerdings immer für eine überwiegende Gefäßengstellung und damit Blutdrucksteigerung sorgen. Zurück zu Mitch: Innerhalb kürzester Zeit war sein Blutdruck von 145/90 mmHg auf 165/95 mmHg ange-stiegen. Das hat natürlich nicht lange angehalten. Eine Hemmung des Sympathikus und Aktivierung des Parasympathikus brachten den Blutdruck wieder in geordnetere Bahnen.

Mittel- und langfristige Blutdruckregulation

Diese Episode hatte dann aber doch Nachwirkungen. Leider hat Mitchs Frau – mittlerweile Ex-Frau – Wind von der Sache bekommen. Ein wenig eifersüchtig, die Gute! Da musste sich der Körper mittel- bis langfristig weiterer Mechanismen zur Blutdruckeinstellung bedienen. Durch ein komplexes Zusammenspiel von Hypothalamus, Kreislaufzentrum, Gefäßen, Herz, Hormonen und v. a. der Nieren wurde schließlich eine Bedarfsanpassung des Blutdrucks erreicht.

Wie funktioniert das? Ein wichtiger Blutdruckregulator ist das Renin-Angiotensin-Aldosteron-System. Ein niedriger Blutdruck oder auch eine verminderte Kochsalzkon-zentration führt zu einer vermehrten Freisetzung von Renin aus dem juxtaglomeru-lären Apparat. Dieses hormonähnliche Enzym wandelt Angiotensinogen aus der Leber in Angiotensin I um. Angiotensin I wiederum wird durch das Angiotensin-Converting-Enzym (ACE) zu Angiotensin II umgewandelt.

Angiotensin II (»angio« = Gefäße und »tensin« = Spannung) führt zu einer blutdruck-steigernden Vasokonstriktion und fördert die Freisetzung von Aldosteron aus der Neben-nierenrinde. Letzteres sorgt für eine erhöhte Wasser- und Natriumrückresorption in der Niere, wodurch das Blutvolumen gesteigert wird. Darüber hinaus vermittelt Angioten-sin II die vermehrte Ausschüttung von antidiuretischem Hormon (auch *Vasopressin* genannt) aus der Hypophyse. Die Wirkung lässt sich aus den Bezeichnungen ableiten: *Volumenretention* (antidiuretisch) und *Gefäßengstellung* (Vasopressin). Das bedeutet eine Blutdrucksteigerung. Zu den häufigsten »Blutdrucksenkern« in der Dauermedikation von Hypertonikern gehören ACE-Hemmer, die den dargestellten Prozess der Blutdrucksteige-rung aufhalten sollen.

Wenn der Ausgangsblutdruck hoch ist, bleibt das Signal für eine gesteigerte Aktivie-rung des Renin-Angiotensin-Aldosteron-Systems aus und die fehlende Gefäßverengung und eine Ausscheidung von Wasser mit Kochsalz über die Nieren entfalten letztlich eine blutdrucksenkende Wirkung.

Die beschriebenen Blutdruckregulationsmechanismen sind ständig aktiv. Sowohl jah-res- als auch tageszeitabhängige Blutdruckschwankungen sind normal. Das tägliche Blutdruckprofil folgt einer typischen Periodik: Nach einer nächtlichen Absenkung steigt der Blutdruck am Morgen an, um die Mittagszeit setzt ein Blutdrucktief ein. Darauf folgt ein erneuter Anstieg bis zu einem zweiten Gipfel am Abend. Offensichtlich weiß der Körper, wann er Ruhe braucht.

Ein korrekt gemessener Blutdruck (Kap. 5.3) gehört zur Routineuntersuchung des Notfallpatienten und bereichert das C der ABCDE-Diagnostik entscheidend (Kap. 5.4).

5.3 Technik: Wie funktioniert die Messung?

Bevor der italienische Arzt Scipione Riva-Rocci die nicht-invasive Blutdruckmessung erfand, musste man sich bei der Beurteilung der Hämodynamik hauptsächlich mit einer qualitativen Bewertung des Pulses zufrieden geben. Dabei wurden neben Frequenz (frequens = häufig, rarus = selten) und Regelmäßigkeit (regularis = regelmäßig, irregularis = unregelmäßig) auch Härte (duris = hart, mollis = weich), Amplitude (altus = hoch, parvus = niedrig) und Anstiegssteilheit (celer = schnell, tardus = langsam) der Pulswelle beurteilt. So ist z. B. der typische »Wasserhammerpuls« bei einer Aortenklappeninsuffizienz schnell, hoch und hart.

Heutzutage wird der Puls (hoffentlich!) immer noch getastet, doch haben inzwischen präzisere Untersuchungsmethoden mit höherer Aussagekraft die Beurteilung der Pulsqualität entscheidend ergänzt. Anhand der getasteten Pulswelle zuverlässig und exakt die Blutdruckamplitude zu beurteilen, ist nahezu unmöglich. Ein Blutdruckmessgerät kann das. Riva-Rocci hat es im Jahre 1896 erfunden, und Sergej Korotkow hat die Messung 1905 durch den Einsatz des Stethoskops – mit dem Zugewinn des diastolischen Blutdruckwerts – ergänzt.

Das Prinzip ist recht einfach, und die Technik wurde seit ihrer Erfindung vor mehr als 100 Jahren kaum variiert, weil Genauigkeit und Messkomfort auch modernen Ansprüchen genügen. Ein Blutdruckmessgerät besteht im Wesentlichen aus einer aufpumpbaren Gummimanschette, einem Gummibalg mit Schlauchleitung zur Manschette und einem Manometer. Die Manschette ist von einem festen Stoff umschlossen, der für eine Ausdehnungsbegrenzung nach außen sorgt. Die beiden Enden der Manschette lassen sich über einen Klettverschluss verbinden. Über einen Schlauch wird die Manschette durch wiederholtes Zusammenpressen des Gummibalgs aufgepumpt. Der sich zirkulär um den Arm entwickelnde Druck wird auf dem Manometer angezeigt. Nachdem eine Abbindung hergestellt wurde, wird der Manschettendruck langsam reduziert. Der Druck auf dem Manometer, bei dem die Pulswelle die Kompression der A. brachialis zum ersten Mal überwinden kann, entspricht dem systolischen Blutdruck. Er ist daran erkennbar, dass nun an der A. radialis ein Puls getastet werden kann (palpatorische Messung). Bei Verwendung eines Stethoskops lässt sich zur gleichen Zeit ein Klopfgeräusch vernehmen (auskultatorische Messung). Diese Klopfgeräusche repräsentieren Blutverwirbelungen, die bei der Passage der Pulswelle unterhalb der Manschette entstehen.

Solange der Blutstrom nicht ungehindert die Engstelle überwinden kann – also nicht nur die systolische Welle, sondern auch der diastolische »Nachdruck« die Einengung passiert –, bestehen die Klangphänomene fort. Allerdings verändert sich das scharfe Klopfen,

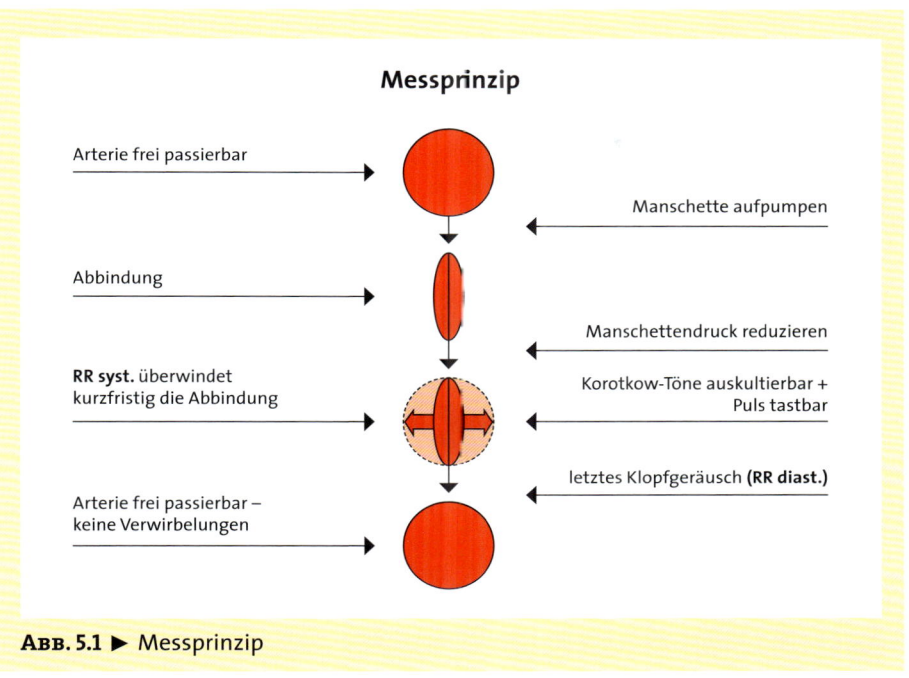

Messprinzip

Arterie frei passierbar

Manschette aufpumpen

Abbindung

Manschettendruck reduzieren

RR syst. überwindet
kurzfristig die Abbindung

Korotkow-Töne auskultierbar +
Puls tastbar

letztes Klopfgeräusch **(RR diast.)**

Arterie frei passierbar –
keine Verwirbelungen

ABB. 5.1 ▶ Messprinzip

das den systolischen Blutdruck markiert, zu gedämpften und leiseren Tönen. Fünf Phasen druckabhängiger Veränderungen der *Korotkow-Geräusche* lassen sich abgrenzen: Phase 1 beginnt mit einem scharfen Klopfgeräusch. In Phase 2 werden die Töne vorübergehend dumpfer, zusätzlich ist ein »Murmelgeräusch« hörbar. Reine und besonders starke und scharfe Geräusche sind in Phase 3 hörbar. Eine plötzliche Änderung ergibt sich in Phase 4: Die Töne sind gedämpft und leise (»muffling«). Ungefähr 10 mmHg später, in Phase 5, lassen sich keine Geräusche mehr wahrnehmen. Das letzte hörbare Geräusch entspricht dem diastolischen Blutdruck (ABB. 5.1). Dokumentiert wird dann z.B.: RR: 120/70 mmHg. Das Doppel-R ist so etwas wie eine Hommage an den Erfinder Riva-Rocci – gleichzeitig aber eine bequeme und gängige Abkürzung für den nach seiner Methode gemessenen Blutdruck. Man spricht: Der Blutdruck liegt bei 120 zu 70.

Schritt für Schritt:

1. Am unbekleideten Arm wird eine luftleere Manschette eng, aber nicht einschnürend angelegt. Ein Finger sollte noch darunter geschoben werden können. Mindestens zwei Drittel des Oberarms sollten durch die Manschette bedeckt werden, zur Ellenbeuge hin sollten 2–3 cm frei bleiben. Die Länge der Manschette hängt vom Armumfang ab, eine Standardmanschette wird beispielsweise bis zu einem Oberarmumfang von 33 cm benutzt. Auf vielen Manschetten wird darauf hingewiesen, bei welchem Armumfang sie verwendet werden können, z.B. 22–32 cm. Bei größeren oder kleineren Armumfängen müssen

149

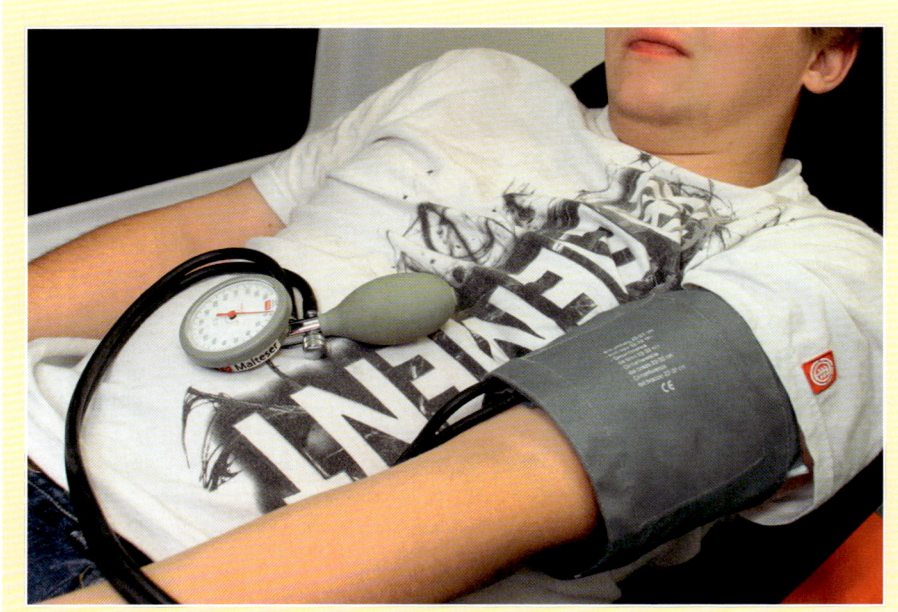

ABB. 5.2 ▶ Anlegen einer geeigneten Manschette

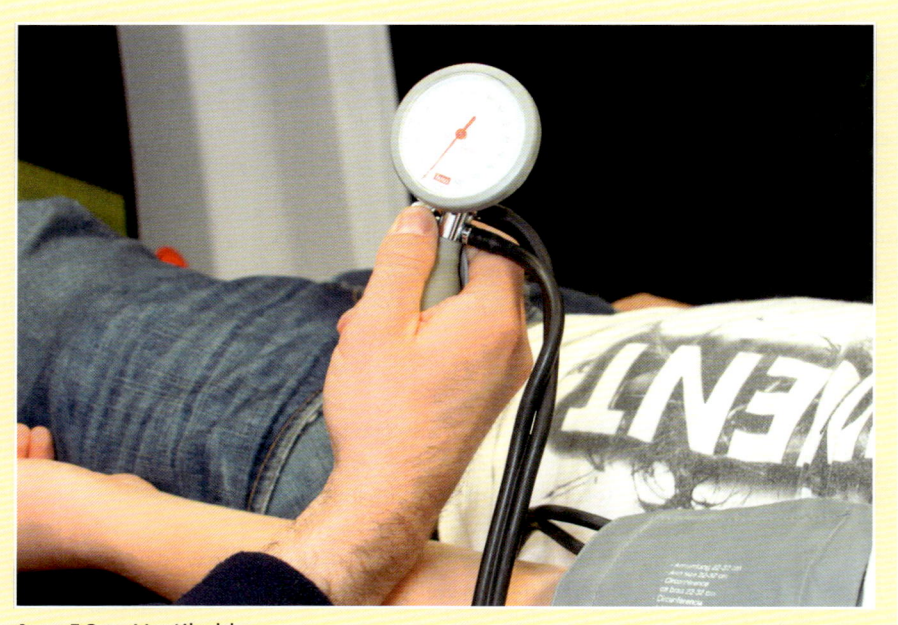

ABB. 5.3 ▶ Ventilschluss

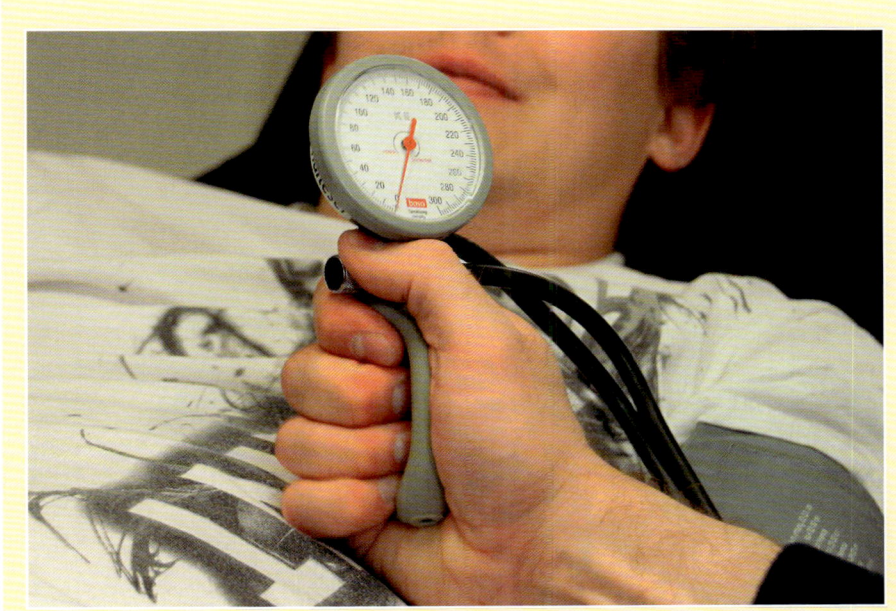

ABB. 5.4 ▶ Erhöhung des Manschettendrucks

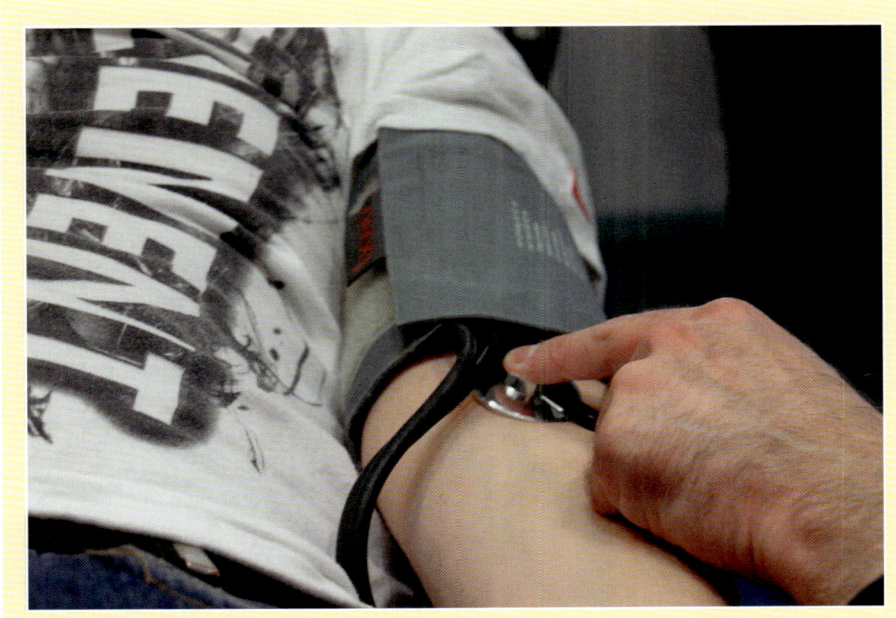

ABB. 5.5 ▶ Aufsetzen des Stethoskops

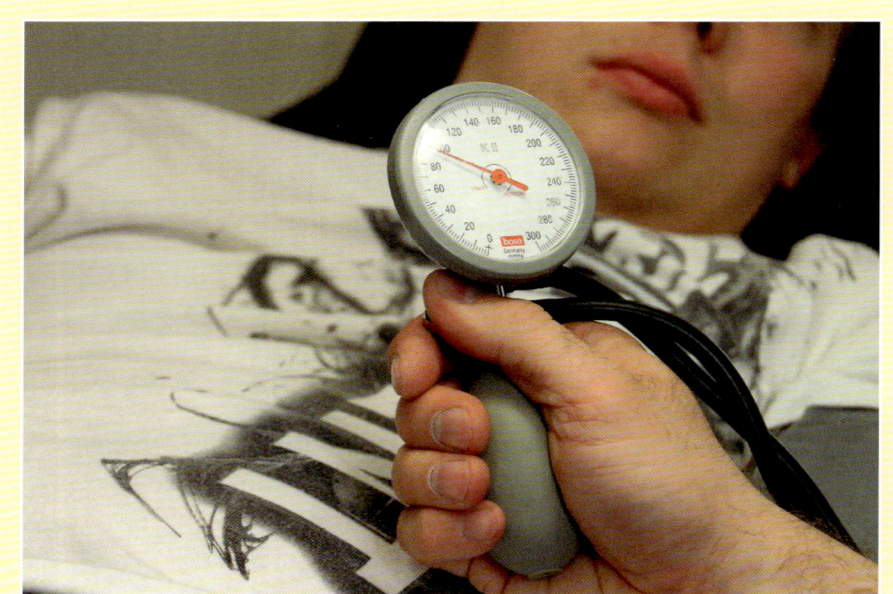

ABB. 5.6 ▶ Ablassen des Manschettendrucks

spezielle Manschetten benutzt werden. Auf vielen Manschetten ist der Punkt, der über der Arterie liegen sollte, gekennzeichnet. Annäherungsweise kann die Schlauchleitung, die sich innenseitig befinden sollte, als Orientierungspunkt genutzt werden (ABB. 5.2). Der Arm wird entspannt abgelegt, die Messung erfolgt in Herzhöhe – am besten ist eine horizontale Lagerung des Arms in Höhe des Herzens. Ein leicht abgewinkelter Arm, der z.B. auf einer Sessellehne oder einem Tisch aufliegt, ist auch okay.

2. Das Stellrad zum Verschließen und Öffnen des Luftauslasses wird mit dem Daumen der rechten Hand nach unten gedreht. So kann die Manschette zwar noch befüllt werden, ein rückläufiges Entweichen von Luft ist jedoch nicht mehr möglich (ABB. 5.3).

3. Während mit der linken Hand der Radialispuls getastet wird, betätigt die rechte Hand den Gummibalg und pumpt Luft in die Manschette. Der Manschettendruck steigt. Wenn der Radialispuls nicht mehr tastbar ist, wird der Druck um zusätzliche ca. 30 mmHg erhöht (ABB. 5.4).

4. Zur auskultatorischen Blutdruckmessung wird nun ein Stethoskop über der Arteria cubitalis in der Ellenbeuge aufgesetzt (ABB. 5.5). Bei palpatorischer Messung betasten die Finger der linken Hand weiterhin die A. radialis.

5. Durch eine leichte Drehung des Stellrädchens am Manometer wird der Manschettendruck langsam (2 – 3 mmHg pro Sekunde) reduziert. Bei der palpatorischen Messung entspricht der Druck bei erstmalig tastbarem Radialispuls

dem systolischen Blutdruck. Anschließend wird die Manschette zügig entlüftet. Bei der auskultatorischen Messung markiert ein Klopfgeräusch den
systolischen Blutdruck. Der Manschettendruck wird weiter langsam reduziert, bis keine Klopfgeräusche mehr hörbar sind (ABB. 5.6). Das letzte Klopfgeräusch wird als diastolischer Blutdruck dokumentiert. Danach kann die Luft
schnell abgelassen werden. Manchmal – im Rahmen hyperdynamer Kreislauf-
zustände, wie sie bei Anämien oder Schwangerschaften auftreten können –
können die Töne bis zum Null-Punkt fortbestehen. Die Phase 5 der Korotkow-
Geräusche (s. o.), die eigentlich den diastolischen Blutdruckwert markiert, ist
dann ausgeblieben. In einer solchen Situation sollte die Messung wiederholt
und der diastolische Blutdruck an dem Punkt angenommen werden, an dem
die Töne plötzlich nur noch leise und gedämpft wahrzunehmen sind (Phase 4:
»muffling«, s. o.). Wurde der diastolische Wert auf diese Weise bestimmt, sollte
das dokumentiert werden: 120/60 mmHg – Phase 4.

Im Rettungsdienst hat sich ein Auf- oder Abrunden des Blutdrucks auf die nächste
5er-Stelle eingebürgert. Kardiologen haben es gerne etwas genauer und wünschen sich
eine bis auf 2 mmHg genaue Messung. Für notfallmedizinische Fragestellungen sollte der
Unterschied zwischen 245/120 mmHg und 243/118 mmHg jedoch keine allzu große Rolle
spielen. Gerade in rettungsdienstlichen Situationen muss der aktuelle Blutdruck immer
als Momentaufnahme bewertet werden, und es empfehlen sich regelmäßige Kontrollmes-
sungen. Zwischen zwei Messungen sollte allerdings mindestens eine Minute vergehen.

Beschrieben wurde die Technik der auskultatorischen und der palpatorischen Messung.
Als eine weitere, wenn auch nicht empfehlenswerte Methode der manuellen Blutdruckmessung soll das oszillatorische Verfahren nicht unerwähnt bleiben. Wenn sich der Manschettendruck grob im Bereich des systolischen Blutdrucks befindet, kommt es als Ausdruck von
Schwingungen der Arterienwand und ihrer Übertragung auf das Manometer zu Ausschlägen des Zeigers. Bei Erreichen des diastolischen Drucks werden die Ausschläge plötzlich kleiner. Diese Methode ist sehr ungenau und sollte daher bei der manuellen Blutdruckmessung
nicht angewendet werden. Bei automatischen Blutdruckmessungen allerdings kommen
Techniken zum Einsatz, die auf Oszillometriebasis arbeiten und zuverlässige Werte liefern.

Im Prinzip kann der Blutdruck an beiden Armen gemessen werden. In einigen Fällen sprechen jedoch bestimmte Faktoren gegen einen bestimmten Messort. Nach einer
Brustamputation können gleichseitige Lymphabflussstörungen auftreten, weshalb auf
der Gegenseite gemessen werden sollte. Auch ein paretischer Arm ist kein geeigneter
Messort. Bei dialysepflichtigen Patienten sollte auf keinen Fall am Shunt-Arm gemessen
werden, da sonst eine Druckschädigung des Dialysezugangs droht. Auch akute Krank-
heits- und Verletzungsprozesse wie z.B. Frakturen oder eine Armvenenthrombose schließen den betroffenen Arm aus. Sollten beide Arme aufgrund schwerer Verletzungen für die
Anlage einer Manschette ungeeignet sein, kann der Blutdruck auch an den Beinen gemessen werden, entweder am Oberschenkel (Puls an der A. poplitea tasten) oder am Unterschenkel (Puls an A. dorsalis pedis oder A. tibialis posterior tasten). Der so gemessene Blutdruck ist im Vergleich zur Messung am Oberarm meistens etwas erhöht.

5.4 Erkenntniswert: Welchen Informationsgewinn liefert die Blutdruckmessung?

»Warum wir den Blutdruck messen? Na, damit wir wissen, ob er zu hoch oder zu niedrig ist!« Etwas lapidar – wie Sherlock meint – beantwortet der Kollege die Frage des Praktikanten nach dem Erkenntniswert der Blutdruckmessung. Letztlich stellt sich bei jedem Wert die Frage, ob er normal ist oder abweicht. Im Einsatzgeschehen geht es allerdings nicht nur darum, eine Normabweichung festzustellen – sie muss auch bewertet werden. Sherlock ist kein Mathematiker. Er interessiert sich vorrangig für die Aussage, die sich hinter dem nüchternen Ziffernwert verbirgt. Und die kann vielfältig sein. Aus den beiden Zahlen, die eine Blutdruckmessung liefert, lässt sich einiges ableiten.

Systolischer und diastolischer Blutdruck / mittlerer arterieller Druck

Der *systolische Blutdruck* spiegelt in erster Linie – daneben spielt auch z. B. die Dehnbarkeit der großen Arterien eine Rolle – die Auswurfleistung der linken Herzkammer wider, während der *diastolische Blutdruck* v. a. den peripheren Gefäßwiderstand kleiner Arterien und Arteriolen repräsentiert. Systolischer Blutdruck und Herzfrequenz sind ein Maß für den aktuellen Sauerstoffverbrauch des Herzens und können bei entsprechender Entgleisung eine Erklärung für pektanginöse Beschwerden liefern. Der diastolische Blutdruck ist von entscheidender Bedeutung für die Koronardurchblutung, die v. a. in der Entspannungs- und Füllungsphase des Herzens stattfindet. Aus dem systolischen und dem diastolischen Blutdruck lässt sich der *mittlere arterielle Druck (MAD)* berechnen, der einen Rückschluss auf die Organdurchblutung erlaubt. Nicht die Druckspitze, sondern eine kontinuierliche Perfusion entscheidet über die Versorgung der Gewebe mit Sauerstoff und Nährstoffen. Der MAD wird als »Durchschnittswert« aus dem systolischen und diastolischen Blutdruck errechnet. Normalerweise beträgt er 70–110 mmHg. Ein MAD, der dauerhaft unter 60 mmHg liegt, kann zu einer Mangelversorgung der Gewebe führen. Eine Formel zur Berechnung des mittleren arteriellen Drucks lautet: MAD = 1/3 RR_{sys} + 2/3 RR_{dia}.

Der Erkenntniswert in der rettungsdienstlichen Einsatzsituation ist vielfältig:
▶ *Blutdruck als diagnostischer Wegweiser*
Ein vorübergehend niedriger Blutdruck findet sich während und nach Kollaps (ohne Bewusstlosigkeit) oder Synkope (mit kurzfristiger Bewusstlosigkeit). Ein dauerhaft und stark erniedrigter Blutdruck kann für einen Schock sprechen. Auch bestimmte Medikamente (z. B. Überdosierung eines Betablockers) oder hormonelle Störungen wie beim M. Addison (mangelnde Freisetzung von Nebennierenrindenhormonen) können eine Hypotonie verursachen. Wenn der moderat erniedrigte Blutdruck ein Zufallsbefund ohne dazu passende Symptomatik ist, kann man dem Patienten eigentlich nur gratulieren – ein Risikofaktor für kardiovaskuläre Erkrankungen weniger! Anders bei einer Hypertonie. Sie ist häufig ebenfalls ein Zufallsbefund, zerstört aber langfristig die Gefäße

und prädisponiert für Herzinfarkt, Schlaganfall und weitere Erkrankungen. Im Rettungsdienst wird man die endgültige Diagnose einer arteriellen Hypertonie allerdings nicht wagen – zu sehr kann der Blutdruck durch die stressträchtige Situation beeinflusst sein. Erst wiederholte Messungen unter Ruhebedingungen beweisen einen Bluthochdruck. Bei stark erhöhten Blutdruckwerten mit entsprechenden Symptomen wie Schwindel, Nasenbluten, pektanginösen Beschwerden, Luftnot, Kopfschmerzen oder neurologischen Ausfällen liegt eine hypertensive Entgleisung vor. Zu differenzieren sind dann der hypertensive Notfall (mit Symptomen einer lebensbedrohlichen Endorganschädigung) und die hypertensive Krise bzw. Dringlichkeit (ohne lebensbedrohliche Endorganstörung). Eine weitere diagnostisch interessante Auffälligkeit: Wenn der systolische Blutdruck in der Inspirationsphase um mehr als 10 mmHg abfällt, hat die Messung einen Pulsus paradoxus gezeigt. Dieser kann auf pathologische Situationen hinweisen, die eine diastolische Herzfüllung beeinträchtigen, beispielsweise können ein schwerer Asthmaanfall, eine konstriktive Perikarditis, eine Perikardtamponade, eine Lungenembolie oder ein Spannungspneumothorax ursächlich sein.

▶ *Blutdruckänderung als Begleiterscheinung*
Einige Krankheitsbilder führen zu typischen Blutdruckveränderungen. Von besonderer Relevanz im Rettungsdienst ist z. B. der Schlaganfall. Viele Patienten entwickeln eine Hypertension. Und das ist gut so, solange bestimmte Grenzen (220_{sys}) nicht überschritten werden. Möglicherweise benötigt der Patient einen erhöhten systemischen Blutdruck, um die kritisch durchbluteten Randbereiche des Infarkts mit ausreichendem Druck zu perfundieren. Sollte eine Hypotonie vorliegen, gehört die blutdrucksteigernde Therapie zu den wichtigsten Maßnahmen des Rettungsdienstes.

▶ *Blutdruckmessung als Therapiebasis*
Vor Interventionen, die erwartungsgemäß zu einer Blutdruckänderung führen, muss der Ausgangswert bekannt sein, um entweder auf ein Medikament zu verzichten oder ggf. gegensteuern zu können. Nach Applikation von Nitrospray wird es beispielsweise einigermaßen verlässlich zu einer Blutdrucksenkung kommen. Daher besteht eine Kontraindikation bei einem bereits initial erniedrigten Blutdruck. Aber auch Furosemid, die meisten Analgetika und Sedativa bzw. Hypnotika sowie fast alle Antiarrhythmika und einige weitere Medikamente senken in der Nebenwirkung den Blutdruck.

▶ *Blutdruckmonitoring zur Verlaufskontrolle*
Ein Blutdruckwert ist immer eine Momentaufnahme. Es gilt, immer auf dem neuesten Stand zu bleiben, um auf Veränderungen sofort reagieren zu können. Gerade in kritischen Situationen, wie z. B. bei einer Narkoseeinleitung und -führung bei einem Patienten mit Schädel-Hirn-Trauma, können engmaschige Blutdruckkontrollen einen Handlungsbedarf aufdecken, denn sowohl ein auch nur kurzfristig zu niedriger als auch ein viel zu hoher Blutdruck – beides kann passieren – ist Gift für das neurologische Outcome. Ein weiteres Beispiel ist

die Volumentherapie bei unstillbaren Blutungen. Die S3-Polytraumaleitlinie der Deutschen Gesellschaft für Unfallchirurgie fordert bei schwerverletzten Patienten mit aktiver Blutung (aber ohne ZNS-Beteiligung) einen Ziel-MAD von ca. 65 mmHg bzw. einen Ziel-RR$_{sys}$ von 90 mmHg. Nicht weniger, aber im Sinne einer permissiven Hypotension, die vor einer Ausdünnung des Blutes und einer beeinträchtigten Blutstillung und -gerinnung bei inneren Verletzungen schützen soll, eben auch nicht mehr. Nun wird man sicherlich keine Blutdrucksenker verabreichen, wenn der Blutdruck bei 100 mmHg liegt, aber man wird restriktiver mit einer weiteren Volumengabe umgehen. Eine andere Situation besteht, wenn der hämorrhagische Schock mit einem SHT (GCS < 9) und/oder spinalem Trauma mit neurologischer Symptomatik kombiniert ist. Dann soll der MAD 85–90 mmHg betragen, um eine ausreichende Versorgung der kritisch perfundierten Areale des Nervensystems zu gewährleisten. Um die Effekte der begonnenen Volumentherapie zu erfassen und sie an den Bedarf anzupassen, sind wiederholte RR-Messungen unerlässlich. Eine ausschließliche Orientierung an der Qualität des Radialispulses, dessen Auffindbarkeit häufig als Indikator eines Mindestblutdrucks von 70–100 mmHg angeführt wird, erscheint nicht zuverlässig.

Blutdruckamplitude (auch *Pulsamplitude* oder *Pulsdruck* genannt)

Die Blutdruckamplitude beschreibt den Unterschied zwischen systolischem und diastolischem Blutdruck. Bei einem Blutdruck von 120/80 mmHg beträgt sie 40 mmHg (120 − 80 = 40). Das ist normal. Werte bis zu 65 mmHg gelten als tolerabel. Wird diese Grenze überschritten, spiegelt die hohe Blutdruckamplitude ein Risikoprofil für kardiovaskuläre Krankheiten wider, denn bei solch großen Druckschwankungen im Gefäß entwickelt der Blutstrom Scherkräfte, die z.B. zu einer Plaqueruptur führen können. Die Plaqueruptur gibt gewissermaßen das Startsignal für eine Thrombusbildung im Herzkranzgefäß und kann einen Herzinfarkt auslösen.

Wenn die Aorta z.B. altersbedingt oder aufgrund einer schweren Atherosklerose an Elastizität verliert, verändert sich die Physiologie des Windkesseleffekts. Normalerweise dehnt die vom Herzen ausgeworfene Blutwelle die Aortenwand auf. So kann ein Teil des Blutes in der Aortenwand »zwischengespeichert« werden. Das mildert einerseits die systolische Druckspitze und unterstützt andererseits den diastolischen »Nachdruck«, indem die Aortenwand nach der Passage der Pulswelle in den Ausgangszustand zurückkehrt und dabei das in ihrer Wand gespeicherte Blut weiterschiebt. Eine starre Aorta kann das nicht mehr so gut leisten. Daher kann der systolische Blutdruck steigen und der diastolische im Verhältnis dazu sinken – der Patient hat eine *hohe Blutdruckamplitude*. Ursächlich kommen neben einer Atherosklerose beispielsweise auch eine Aortenklappeninsuffizienz oder eine hyperthyreote Stoffwechsellage mit ihren Auswirkungen auf den Kreislauf infrage. Im Rahmen eines Cushing-Reflexes lässt sich ein hoher Blutdruck mit einer hohen Amplitude zudem bei Schädel-Hirn-traumatisierten Patienten finden. Der peripher tastbare, manchmal verlangsamte Puls wird als »Druckpuls« beschrieben. Eine bei sportlicher

Aktivität vorübergehend erhöhte Blutdruckamplitude ist hingegen normal und auf ein erhöhtes Schlagvolumen zurückzuführen.

Eine *niedrige Blutdruckamplitude* liegt vor, wenn sie weniger als 25 % des systolischen Blutdrucks ausmacht: z.B. 120/100 mmHg. Ein akut herabgesetztes Schlagvolumen bei erhaltenem oder auch gesteigertem peripheren Widerstand führt zu einer Verringerung der Blutdruckamplitude. Zugrunde liegende Krankheitsbilder können ein Volumenmangelschock, eine Herzinsuffizienz, eine Aortenklappenstenose oder eine Perikardtamponade sein.

Blutdruckdifferenz

Wenn eine Blutdruckmessung an beiden Armen zu unterschiedlichen Werten führt, liegt eine Blutdruckdifferenz vor. Unterschiede unter 10 mmHg sind nicht relevant und häufig auch nicht reproduzierbar. Größere Unterschiede können allerdings für ein ernstes Durchblutungsproblem auf dem Weg des Blutes zum Messort sprechen. Zu diesen Problemen gehören eine schwere Atherosklerose, die in eine periphere arterielle Verschlusskrankheit mündet, und eine Aortenisthmusstenose. Aber auch eine akut gefährliche Aortendissektion kann eine Blutdruckdifferenz erklären. Bei diesem Krankheitsbild »wühlt« sich das Blut durch die eingerissene Innenschicht hindurch in die Wand der Aorta. Die aufschwellende Aortenwand kann Gefäßabgänge komprimieren oder verlegen. Ist die linke A. subclavia davon betroffen, sinkt u.a. die Durchblutung des linken Arms rapide ab. Der linksseitig gemessene Blutdruck ist dann niedrig. Das ist tückisch, denn die Dissektion findet häufig im Rahmen einer hypertensiven Entgleisung statt. Wenn nun jedoch auf der linken Seite der Blutdruck gemessen wird, bleibt das eigentliche Problem – der viel zu hohe »echte« Blutdruck auf der nach wie vor ungehindert durchbluteten rechten Seite, der unbedingt gesenkt

TAB. 5.1 ▶ Blutdruckwerte und ihre diagnostische Zuordnung

Erwachsene	systolischer Blutdruck	diastolischer Blutdruck	Klassifikation
	< 90 – 100	< 60	Hypotonie
	< 120	< 80	optimal
	120 – 129	80 – 84	normal
	130 – 139	85 – 89	hoch normal
	140 – 159	90 – 99	Grad 1 Hypertonie (leicht)
	160 – 179	100 – 109	Grad 2 Hypertonie (mittelschwer)
	≥ 180	≥ 110	Grad 3 Hypertonie (schwer)
Jugendliche	120	70	normal
Schulkinder	100 – 110	60 – 70	normal
Kleinkinder	95	55	normal
Säuglinge	75 – 85	50	normal

werden müsste – verborgen. Insbesondere dann, wenn stark abweichende Blutdruckwerte gemessen werden oder die Gesamtsituation auf ein Gefäßproblem schließen lässt, ist eine beidseitige Blutdruckmessung angezeigt. Bei Differenzen zählt der höhere Druck!

Die TABELLE 5.1 dient der Orientierung bei der Bewertung der gemessenen Blutdruckwerte.

5.5 Fallstricke: Welche Fehlinformationen sind möglich?

»Es ist bedauerlich, dass die Messung eines Drucks so viel einfacher ist als die eines Flusses. Dies hat zu einem übertriebenen Interesse am Blutdruckmanometer geführt. Die meisten Organe benötigen jedoch eher Perfusion als Druck.« – Dieses Zitat des österreichischen Arztes und Forschers Adolf Jarisch (1850 – 1902) kann als Warnung vor der Überschätzung der Blutdruckmessung zum Erfassen der Kreislauffunktion verstanden werden. Wie oben beschrieben, lässt der mittlere arterielle Druck Rückschlüsse auf die Organperfusion zu – aber eben nur ungefähr.

»Druck« ist nicht unbedingt mit »Fluss« gleichzusetzen. Der arterielle Blutdruck und damit auch sein Mittelwert, der MAD, sind letztendlich das Produkt aus Herzzeitvolumen und peripherem Widerstand. Es kann beispielsweise vorkommen, dass das Herzzeitvolumen aufgrund eines Volumenverlustes absinkt, aber eine reaktive Erhöhung des peripheren Widerstands den Blutdruck kompensatorisch aufrechterhält. Der Patient kann also einen Blutdruck von 110/70 mmHg haben. Den kann auch der Strandurlauber haben, der gerade entspannt auf seiner Badematte liegt. Und obwohl doch ein identischer Blutdruck vorliegt, kann die Organperfusion sehr unterschiedlich sein. Blässe, Kaltschweißigkeit und ggf. auch eine verzögerte Rekapillarisierung können auf eine schlechte Perfusion trotz normgerechter Blutdruckwerte hinweisen.

Hinzu kommt ein Verlaufsproblem: Die häufig vorgenommene Bewertung »Der Patient ist kreislaufstabil!« erweist sich leider gelegentlich als Aussage mit sehr kurzer Halbwertszeit. Ein Blutdruckwert beschreibt aktuelle und nicht zukünftige Verhältnisse! Um die Therapie dynamisch voranschreitender Krankheitsprozesse jederzeit solide begründen zu können, muss der Verlauf durch engmaschige Reevaluierung der Werte sehr genau beobachtet werden.

Neben Bewertungsfehlern wie den geschilderten können v. a. *technische Probleme* die Blutdruckmessung stören. Bei zu schnellem Ablassen des Manschettendrucks werden typischerweise ein falsch niedriger systolischer und ein falsch hoher diastolischer Blutdruck gemessen. Angenommen, das Herz schlägt 60 Mal in der Minute und der Manschettendruck wird um 30 mmHg pro Sekunde reduziert – wie soll bei der einen Pulswelle, die in die entscheidende Messphase fällt, präzise zwischen 130 und 100 mmHg differenziert werden (ABB. 5.7)? Deshalb nur 2 – 3 mmHg pro Sekunde ablassen!

Das Phänomen der »auskultatorischen Lücke« führt zu falsch hohen diastolischen Werten. In mittleren Druckbereichen können bei Hypertonikern die Klopfgeräusche vorübergehend – manchmal über 40 mmHg hinweg – ausbleiben. Bei überraschend hohen diastolischen Werten sollte man das Stethoskop also durchaus auf der Arterie belassen – vielleicht kommen die Töne ja wieder.

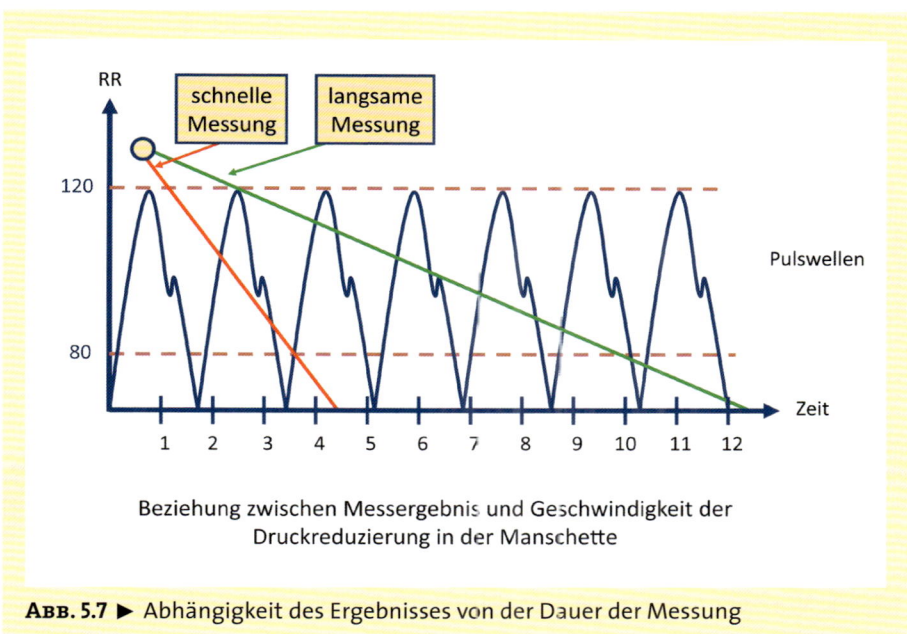

Beziehung zwischen Messergebnis und Geschwindigkeit der
Druckreduzierung in der Manschette

ABB. 5.7 ▶ Abhängigkeit des Ergebnisses von der Dauer der Messung

Eine weitere Fehlermöglichkeit ist die Auswahl einer *ungeeigneten Manschettengröße*. Mit zu schmalen Manschetten wird ein zu hoher und mit zu breiten Manschetten ein zu niedriger Blutdruck gemessen. Wenn die Manschette zu locker angelegt wurde, können die Werte ebenfalls falsch hoch ausfallen. Eine Messung durch dicke oder beengende Kleidung ergibt unzuverlässige Werte. Hochgekrempelte Pulloverärmel können für Gefäßstenosen sorgen. Distal der Abschnürung kann es zu einem Strömungsabfall kommen – der Blutdruck wird falsch niedrig gemessen. Ebenso spielt die Armhaltung des Patienten eine Rolle: Liegt der Messpunkt zu niedrig, werden falsch hohe Werte gemessen. Umgekehrt ergeben sich falsch niedrige Werte aus einer Hochlagerung des Arms. Muskelanspannungen während der Messung können um 10 mmHg erhöhte Werte ergeben. Der Patient muss also daran erinnert werden, den Arm locker abzulegen.

Bei *Herzrhythmusstörungen* wie einem Vorhofflimmern sollte besonders sorgfältig gemessen werden. Abhängig vom Füllungszustand der Ventrikel zum Zeitpunkt der Erregung kann jede Pulswelle mit einem unterschiedlichen Druck durch die Gefäße strömen. Möglicherweise ist es erforderlich, den Blutdruck mehrfach (z.B. dreimal) zu messen und dann einen Mittelwert zu bilden.

Ein Fall für den MPG-Beauftragten: Eine fehlende Wartung der Blutdruckmessgeräte kann nicht nur zum QM-Audit-Versagen, sondern auch zu erheblichen Abweichungen der Werte führen. Zu schnell aufeinanderfolgende Wiederholungsmessungen oder eine Messung am nicht vollständig entstauten Arm können sich verfälschend auswirken. Daher vor der nächsten Messung immer mindestens eine Minute verstreichen lassen. Übrigens kann auch die Stresssituation, die eine Konsultation des Rettungsdienstes mit sich bringt, eine Blutdrucksteigerung zur Folge haben. Man spricht von einer *Weißkittel-hypertonie*.

Einem großen potenziellen Erkenntnisgewinn steht also eine nicht minder beeindruckende Anzahl möglicher Fehlinformationen gegenüber. Ersteres gilt es zu erarbeiten, das zweite muss vermieden werden. Probieren Sie es aus, im nächsten Kapitel. Ihr Einsatz!

5.6 Einsatz RTW: Ihre Diagnose, bitte!

Fall 1: Das Up-Down-Quiz

Blutdruckveränderungen gehören zur typischen Symptomatik verschiedener Krankheitsbilder. In welche Richtung der Druck von der Norm abweicht, lässt sich meistens aus der Pathophysiologie des Geschehens ableiten. Für die nachfolgenden Quizfragen muss immer die Frage »Up oder Down?« beantwortet werden. Kommt es beim zugrunde liegenden Krankheitsbild oder in der beschriebenen Situation typischerweise zu einer Blutdruckerhöhung (Up) oder Blutdrucksenkung (Down)? Es werden jeweils zwei Lösungsbuchstaben angeboten – einer für »Up« und einer für »Down« (Tab. 5.2). Die richtigen Lösungsbuchstaben ergeben zusammengefügt einen Begriff, der zum Thema passt.

Wie lautet die Lösung? Ein Tipp? Na schön: Die Abkürzung des gesuchten Begriffs besteht aus zwei Buchstaben und findet sich auf jedem Notfallprotokoll.

TAB. 5.2 ▶ Krankheitsbilder mit typischen Blutdruckveränderungen			
Krankheitsbild oder Situation		**Blutdruckabweichung**	
		Up (Hypertonie)	**Down** (Hypotonie)
1	schwere Lungenarterienembolie	Z	C
2	Phäochromozytom	V	B
3	Spannungspneumothorax	D	R
4	Hyperthyreose	A	G
5	Nierenarterienstenose	C	F
6	Narkoseeinleitung mit Fentanyl, Propofol und Succinylcholin	H	I
7	Cushing-Syndrom	O	M
8	Präeklampsie	I	K
9	moderate bis schwere Hypothermie	N	R
10	Vena-cava-Kompressionssyndrom	+	–

Fall 2: Polytrauma

Auf einer Landstraße sind zwei Autos zusammengestoßen. Kurz darauf kollidieren zwei Meinungen. Was war geschehen? Das Rettungsteam versorgt einen polytraumatisierten Patienten. GCS 7, Anisokorie, Hämatom am Hinterkopf, gespannte Bauchdecke, Prellmarke im rechten oberen Quadranten des Abdomens, instabiles Becken. Die initialen Werte: EKG: Sinustachykardie, RR: 90/60 mmHg, P: 131/min, SpO_2: 76 %, T: 36,8 °C, BZ: 97 mg/dl. Sofort wurden der Atemweg freigemacht und eine assistierte Beatmung bei insuffizient erscheinender Eigenatmung durchgeführt. In der Ellenbeuge konnte ein großlumiger i.v. Zugang gelegt werden. Der Patient wurde auf einem Spineboard immobilisiert. Nach Narkoseeinleitung erfolgte eine endotracheale Intubation. Unmittelbar nachdem der Tubus fixiert war, begann der Transport in Richtung Schockraum. Während der Fahrt wurden die folgenden Werte überwacht: RR: 90/60 mmHg, P: 124 /min, SpO_2: 98 %, $etCO_2$: 30 mmHg, T: 36,8 °C, P_{max} < 25 mbar, AMV: 6 l/min, FiO_2: 1,0. Während des Transports konnte eine weitere Venenverweilkanüle angelegt werden.

Bislang war sich das Team in der Versorgung einig. Doch nun – ca. 15 Minuten vor Erreichen der Klinik – entsteht eine Meinungsverschiedenheit. Einer der Kollegen plädiert für eine massive Volumengabe über die beiden 14-G-Kanülen (Förderrate immerhin 345 ml/min) bis zur Stabilisierung des Blutdrucks im normotensiven Bereich. Ein anderer Kollege favorisiert eine permissive Hypotension. Ein zu hoher Blutdruck gefährde die Thrombusbildung und führe durch Blutungsverstärkung zu weiteren Verlusten von Erythrozyten und Gerinnungsfaktoren. Die hohen Infusionsmengen würden das Blut einfach nur ausdünnen. Ein Blutdruck von 90 mmHg sys sei für die Gewebeperfusion völlig ausreichend.

Was meinen Sie? Wer hat recht?

Fall 3: Iatrogene Zustandsverschlechterung

Eine 56-jährige Patientin hat den Rettungsdienst alarmiert. Sie verspürt starke Kopfschmerzen und ein »Flimmern vor den Augen«, das sich über den Vormittag hinweg entwickelt habe. Angehörige berichten, dass sie an diesem Tag zudem zweimal Nasenbluten hatte. Die Frage nach pektanginösen Beschwerden, Rückenschmerzen oder Atemnot wird verneint. Auch Lähmungserscheinungen oder Sprachstörungen können nicht festgestellt werden. Außer einem Bluthochdruck sind keine Vorerkrankungen oder Allergien bekannt. Arztbesuche finden jedoch eher selten statt; Medikamente wollte die Patientin entgegen dem Rat ihres Hausarztes bisher nicht einnehmen. Die Werte: EKG: Sinusrhythmus, P: 76/min, SpO_2: 97 %, RR: 240/125 mmHg ohne Seitendifferenz, BZ: 167 mg/dl. Die Diagnose lautet »Hypertensiver Notfall«. Mit fraktioniert gespritzten insgesamt 50 mg Urapidil wird der Blutdruck auf den Optimalwert (laut WHO) von 110/70 mmHg gesenkt. Nun jedoch klagt die Frau, dass es ihr viel schlechter gehe. Heftiger Schwindel, Übelkeit und Erbrechen haben sich eingestellt.

Was ist passiert? War die Diagnose falsch? Steckt doch etwas anderes dahinter?

Fall 4: Ein Maler sieht schwarz

Der RTW wird zu einer Baustelle gerufen. Auf dem Boden liegt ein ca. 60-jähriger Mann in Arbeitskleidung. Ein Kollege hält seine Beine hoch, während ein weiterer Ersthelfer das Rettungspersonal in Empfang nimmt. »Der ist einfach zusammengesackt und war mindestens eine halbe Minute völlig weggetreten! Ich konnte ihn gerade noch auffangen, sonst wäre er ungebremst auf dem Boden aufgeschlagen.« Im Moment erscheinen Atemweg und Atmung unbeeinträchtigt. Auch eine kurze Überprüfung des Radialispulses lässt keine Auffälligkeiten erkennen. Der Patient ist ansprechbar und adäquat orientiert. ABC und D sind o.k. – das verschafft Zeit für eine gründlichere Untersuchung. EKG: Sinusrhythmus mit vereinzelt einfallenden SVES, P: 64/min, SpO$_2$: 96 %, RR: 140/90 mmHg rechtsseitig und 100/70 mmHg am linken Arm, BZ: 111 mg/dl, T: 37,1 °C. Die körperliche Untersuchung liefert weder einen Anhalt für Verletzungen noch sonstige Auffälligkeiten. Zur Anamnese: Der Patient arbeitet als Maler und war damit beschäftigt, die Decke zu streichen, als er Schmerzen und auch ein Taubheitsgefühl im linken Arm verspürte. Ganz plötzlich sei dann ein heftiger Schwindel aufgetreten und alles um ihn herum »schwarz geworden«. Die Schmerzen und Gefühlsstörungen im Arm bestehen in der aktuellen Ruhesituation nicht mehr fort. Ähnliche Episoden, allerdings ohne Synkope, hätten sich schon mehrfach ereignet, insbesondere dann, wenn Überkopf-Arbeiten durchzuführen seien. Eine Entlastung des linken Arms habe bislang immer zu einem zügigen Nachlassen der Beschwerden geführt.

Was hat der Mann? Können Sie eine Verdachtsdiagnose erstellen?

5.7 Lösungen

Fall 1: Das Up-Down-Quiz

Die Lösung lautet: *Riva-Rocci*! Geschafft? Der Reihe nach:

Eine schwere Lungenarterienembolie mündet in einen Schockzustand mit stark erniedrigtem Blutdruck. Ein Teil des Lungenkreislaufs ist aufgrund der Embolie nicht mehr passierbar. Das rechte Herz wird durch den Rückstau massiv belastet, die Füllung des linken Herzens sinkt aufgrund eines geringeren Blutangebots über die Lungenvenen. *Antwortbuchstabe 1: C.*

Ein Phäochromozytom ist ein Tumor im Nebennierenmark. Er produziert Katecholamine: Adrenalin, Noradrenalin und ggf. auch Dopamin. Der Blutdruck steigt! *Antwortbuchstabe 2: V.*

Ein Spannungspneumothorax führt zu einer rapiden Blutdrucksenkung. Der gesamte Thorax steht unter Druck. Große venöse Gefäße werden regelrecht abgeklemmt, sodass eine diastolische Füllung des Herzens kaum noch möglich ist. *Antwortbuchstabe 3: R.*

Die Hyperthyreose ist eine Überfunktion der Schilddrüse. Hier werden stoffwechselaktivierende Hormone gebildet. Zu wenige davon lassen den Körper auf Sparflamme arbeiten: Hypothyreose. Zu viele Schilddrüsenhormone bewirken das Gegenteil: Nervosität, Zittern, Tachykardie und Hypertonie. *Antwortbuchstabe 4: A.*

Eine Nierenarterienstenose gefährdet die Durchblutung der Niere. Das lässt sie sich als zentrales Organ der Blutdruckregulation natürlich nicht gefallen. Das Renin-Angiotensin-Aldosteron-System wird aktiviert, und der Blutdruck steigt. *Antwortbuchstabe 5: C.*

Narkoseeinleitungen führen meistens zu einer Blutdrucksenkung, es sei denn, man greift zu Ketamin. *Antwortbuchstabe 6: I.*

Ein Cushing-Syndrom ist durch einen hohen Kortisolspiegel im Blut gekennzeichnet. Eine mögliche Ursache ist die erhöhte Produktion des adrenokortikotropen Hormons (ACTH) in der Hypophyse mit unangemessener Stimulation der Nebennierenrinde zur Ausschüttung von Kortikoiden. Die Nebennierenrinde kann allerdings auch direkt betroffen sein. Im Zuge einer Krebserkrankung der Nebenniere kann eine gesteigerte Sekretion von Kortikoiden veranlasst werden. Der Blutdruck steigt. *Antwortbuchstabe 7: O.*

Die Präeklampsie (früher EPH-Gestose) ist eine Schwangerschaftserkrankung, die u.a. zu Hypertonie, Proteinurie und Ödemen führt. Up! *Antwortbuchstabe 8: I.*

Die Hypothermie versetzt den Körper sozusagen in einen ungewollten Winterschlaf. Alles geht langsamer. Der Blutdruck sinkt! *Antwortbuchstabe 9: R.*

Das Vena-cava-Kompressionssyndrom ist ein Problem der Spätschwangerschaft. Kind und Uterus komprimieren in Rückenlage der Schwangeren die untere Hohlvene (V. cava inferior). In der Folge wird der venöse Rückfluss zum rechten Herzen massiv eingeschränkt. Die Herzfüllung sinkt und damit auch der aufzubringende Blutdruck. RR down! *»Antwortbuchstabe« 10: –.*

Fall 2: Polytrauma

Im Prinzip ist die permissive Hypotension eine nachvollziehbare Idee, die auch in modernen Traumakonzepten Berücksichtigung findet. Im konkreten Fall besteht allerdings eine wichtige Kontraindikation: Das Schädel-Hirn-Trauma – angezeigt durch einen niedrigen GCS, eine Pupillendifferenz und ein Hämatom am Kopf. Der wahrscheinlich stark erhöhte intrakranielle Druck wirkt dem Blutdruck bei der Perfusion des Hirngewebes entgegen. Einen erniedrigten Blutdruck zu tolerieren, hieße gleichzeitig, eine gefährliche Mangelperfusion des ohnehin geschädigten Hirngewebes zu riskieren. Also: Normotension anstreben!

Fall 3: Iatrogene Zustandsverschlechterung

Gemach, gemach! Der Blutdruck wurde wohl etwas zu schnell gesenkt. Da kam die Autoregulation der Hirndurchblutung nicht mit. Die Hirngefäße setzen dem systemischen Blutdruck einen Strömungswiderstand entgegen: den zerebralen Gefäßwiderstand. Auf diese Weise entsteht ein Regulativ zur Gehirndurchblutung. Bei hohem Blutdruck werden die Hirngefäße enggestellt, bei niedrigem Blutdruck werden sie weitgestellt. So kann der zerebrale Perfusionsdruck bei einem mittleren arteriellen Blutdruck (MAD) zwischen etwa 60 – 120 mmHg auf einem konstanten Niveau gehalten werden. Bei einem hyperten-siven Notfall (hypertensive Entgleisung mit Zeichen für eine Endorganschädigung) oder einer hypertensiven Krise (ohne Zeichen einer lebensbedrohlichen Organstörung) kann diese Autoregulation der Gehirndurchblutung gestört sein. Aufgrund der vorbestehen-den Hypertonie können die normalen MAD-Grenzwerte für die Autoregulation nach oben verschoben sein. Wenn nun eine zu abrupte Blutdrucksenkung erfolgt, kann ein eigent-lich »normaler« Blutdruck schon zu wenig sein und für Ischämieerscheinungen sorgen. Ursächlich wäre eine gescheiterte Autoregulation im unteren Blutdruckbereich. Die unzu-reichende Erweiterung der Hirngefäße bei sinkendem Blutdruck und somit ein geringerer zerebraler Perfusionsdruck erklären die plötzlich aufgetretenen Beschwerden der Patien-tin. Eine langsame Blutdrucksenkung um höchstens 25 % des Ausgangswerts – das ist der Zielbereich.

Fall 4: Ein Maler sieht schwarz

Wenn es auch etwas verwegen anmutet, diese Diagnose präklinisch zu stellen: Es könnte ein »Subclavian-Steal-Syndrom« vorliegen. Dabei handelt es sich um ein sogenann-tes Anzapfphänomen: Wenn die linke Schlüsselbeinarterie noch vor dem Abgang der A. vertebralis stark verengt ist, sinkt der Blutdruck im dahinter liegenden Gefäßabschnitt rapide ab. Das kann – insbesondere bei Muskelaktivität des linken Arms – eine Strömungs-umkehr in der gleichseitigen A. vertebralis bewirken. Das Blut aus der rechten A. vertebra-lis fließt dann nicht mehr über die A. basilaris hirnwärts, sondern entgegen der norma-len Fließrichtung durch die linke A. vertebralis in das Niederdruckgebiet der A. subclavia *jenseits* der Verengung. Die Vertebralarterie wurde angezapft! Diesen »Blutentzug« zeigt das Gehirn durch Symptome wie z.B. eine Synkope an. Der mangelversorgte linke Arm kann ischämiebedingt schmerzen oder durch neurologische Zeichen wie z.B. Parästhesien auffällig werden. Eine Blutdruckdifferenz von mehr als 20 mmHg zwischen dem rechten und dem linken Arm kann bei entsprechender Symptomatik hinweisend sein.

6 Blutzuckermessung

6.1 Power on: Sherlocks Einsatz

Sherlock und sein Kollege wurden für einen Intensivtransport angefordert. Sie sollen einen polytraumatisierten Patienten aus einem kleinen Krankenhaus in die 80 Kilometer entfernte Universitätsklinik verlegen. Der Patient war eine Stunde zuvor mit seinem Pkw gegen einen Baum gefahren. Ein zufällig die Einsatzstelle passierender KTW hat eine schnelle Traumaversorgung durchgeführt, den Patienten nach Immobilisation und Sauerstoffgabe aufgenommen und das nur einen Kilometer entfernte Krankenhaus – eine Reha-Klinik – angesteuert. Dort wurde schnell erkannt, dass die hausinternen Versorgungskapazitäten nicht ausreichen werden, weshalb umgehend ein Intensivtransport angefordert wurde.

Unterdessen wurden eine adäquate Volumentherapie begonnen und eine Narkose eingeleitet. Der Patient wird dem Team beatmet übergeben (IPPV, AMV: 7 l, kein PEEP, No Air Mix). Als Verletzungsmuster werden vor einer eingehenden radiologischen Untersuchung, die hier nicht möglich war, ein SHT und ein Thoraxtrauma angenommen. Der narkotisierte Patient ist mit leichten Abweichungen als kreislaufstabil bewertet worden (RR: 170/100, P: 120/min, Haut schweißig) und weist unter Beatmung eine Sauerstoffsättigung von 99 % sowie einen endexspiratorischen Kohlendioxidgehalt von 38 mmHg auf.

Ein Kurarzt begleitet den Transport, der zunächst unauffällig verläuft. Doch Sherlock grübelt. Die »leichten« Kreislaufveränderungen – Hypertonie und Tachykardie – sind noch nicht hinreichend erklärt, findet er. Darauf aufmerksam gemacht, tut der Kurarzt das Naheliegende: Er nimmt an, dass die Narkosetiefe unzureichend sei und der Patient Schmerzen habe. Er verabreicht weitere Narkosemittel. Doch die Veränderungen bleiben bestehen. Ist das Verletzungsmuster, insbesondere das SHT, ursächlich? Möglich, doch Sherlock vermisst in der bisherigen Dokumentation einen Wert: Wie hoch ist der Blutzuckerspiegel? Er holt die Messung sofort nach. Der BZ beträgt 24 mg/dl. Sofort werden

12 Gramm Glukose i. v. appliziert. Blutdruck und Pulsfrequenz sinken in den Normbereich. Der Patient schwitzt nicht mehr. Weitere BZ-Stix im Transportverlauf zeigen Normwerte an. Die weitere Diagnostik in der Uniklinik ergibt neben einer harmlosen Thoraxprellung keine weiteren Befunde. Der Patient wird kurz darauf extubiert und kann tags darauf nach Hause entlassen werden. Wahrscheinlich war er während seiner Pkw-Fahrt unterzuckert und ist daraufhin verunfallt. Wäre der Blutzuckerspiegel allerdings noch später korrigiert worden, wären möglicherweise weitere Schäden entstanden.

6.2 Grundlagen: Wie entsteht der Wert?

»An Zucker sparen, grundverkehrt! Der Körper braucht ihn, Zucker nährt.« – Diese Werbung für den allgegenwärtigen Süßstoff aus dem Jahre 1927 dürfte manchem Diabetologen Kopfschmerzen bereiten. Man darf es halt nicht übertreiben: Die Dosis macht das Gift! Tatsächlich ist Zucker ein Grundbestandteil der täglichen Nahrung und als Energielieferant unverzichtbar. Aber Zucker ist nicht gleich Zucker. Entsprechend der Anzahl ihrer chemischen Verbindungen werden Einfach- (Monosaccharide), Zweifach- (Disaccharide) und Mehrfachzucker (Polysaccharide) unterschieden.

Der für den Menschen wichtigste Zucker ist das Monosaccharid *Glukose* (Traubenzucker). Die meisten Zellen des Körpers können ihren Energiestoffwechsel effektiv und rasch mit Glukose antreiben. Hirnzellen sind sogar fast ausschließlich auf Glukose als Energielieferant angewiesen. Das heißt aber nicht, dass man nur noch Glukose essen sollte, Bratkartoffeln (nur zum Beispiel, weil sie so lecker sind) tun es auch. Kartoffeln enthalten viel Stärke, die aus einer chemischen Verbindung aus 300 – 3 000 einzelnen Glukosemolekülen aufgebaut ist. Auf diese Weise entsteht ein riesiges Polysaccharid. Stärke ist also eine Speicherform der Glukose (Abb. 6.1). Zucker zusammengenommen werden auch als *Kohlenhydrate* bezeichnet und setzen sich aus Kohlenstoff, Wasserstoff und Sauerstoff zusammen.

Die Glukoseketten für den Energiestoffwechsel der Zellen wieder verfügbar zu machen, ist die Aufgabe der Verdauung. Bereits im Mund werden die Bratkartoffeln von der Alpha-Amylase attackiert. Amylase ist ein Enzym, das die Verbindungen der einzelnen Glukosemoleküle in der Polysaccharidkette aufspalten kann. So entstehen im ersten Schritt Polysaccharidbruchstücke. Die werden heruntergeschluckt und erhalten im Magen eine kurze Schonfrist. Im Dünndarm wird dem Nahrungsbrei erneut Amylase, die aus der Bauchspeicheldrüse freigesetzt wird, zugefügt. Die Dünndarmschleimhaut steuert die ebenfalls zuckerspaltenden Glykosidasen bei. Nun bleiben von dem ehemals so stattlichen Polysaccharid Stärke nur noch die Zweifachzucker Maltose und Isomaltose sowie der Einfachzucker Glukose übrig. Und auch die Disaccharide werden durch Maltasen und Isomaltasen aus der Dünndarmschleimhaut zu Glukose aufgespalten. Dergestalt in ihre Einzelteile zerlegt, gelangen die Zuckermoleküle über die Dünndarmzotten in das Blut und werden über die Pfortader der Leber zugeführt.

Je nach aktuellem Energiebedarf kann die Leber einen Teil des Blutzuckers einlagern. Dazu werden die einzelnen Glukosemoleküle wieder aneinandergekettet. Dieser Vorgang wird durch das Hormon Insulin aus der Bauchspeicheldrüse gefördert. Es entsteht die Speicherform Glykogen, die bei Bedarf unter Mitwirkung der Hormone Glukagon aus der

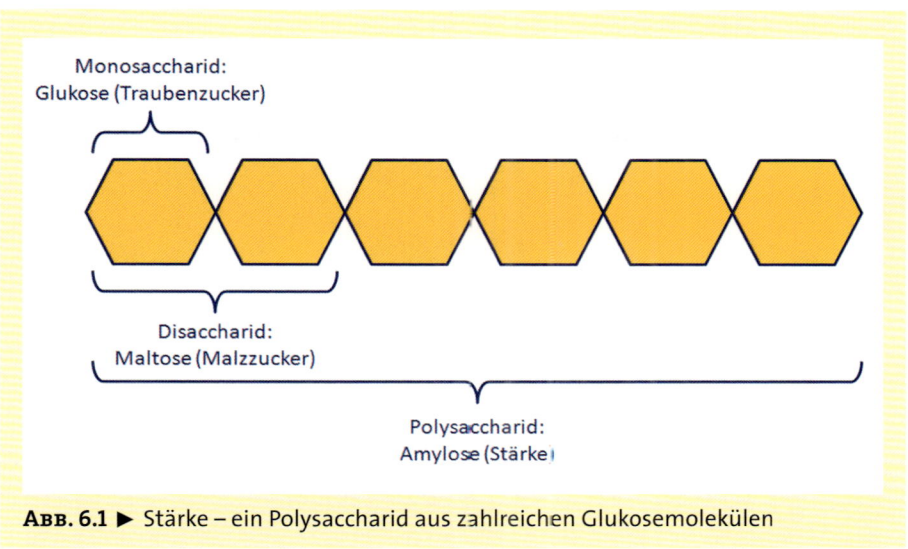

ABB. 6.1 ▶ Stärke – ein Polysaccharid aus zahlreichen Glukosemolekülen

Bauchspeicheldrüse und Adrenalin aus dem Nebennierenmark wieder zu Glukose umge-wandelt werden kann. Um aber den aktuellen Energiebedarf jederzeit decken zu können, lässt die Leber einen Teil der Glukose passieren und in den Körperkreislauf gelangen. So wird der Blutzuckerspiegel immer auf einem konstanten Niveau gehalten und die Zellen werden jederzeit aus dem Blut mit Glukose versorgt.

Im Energiestoffwechsel der Zellen werden aus Glukose ATP-Moleküle gewonnen, die als energiereiche Verbindungen sämtliche Arbeitsprozesse der Zelle ermöglichen. Dafür muss die Glukose zunächst in die Zellen gelangen. Gar nicht so einfach – das große Glukosemolekül kann die Zellmembran nicht ohne Weiteres durchdringen. Erst das Hor-mon Insulin öffnet die »Schleusen« und hilft der Glukose, an ihren Zielort zu gelangen – in das Innere der Zellen.

Zurück zur Ausgangsfrage dieses Kapitels: Nach komplizierten Aufspaltungs-, Auf-nahme- sowie ausgewogenen Speicherungs- und Freisetzungsprozessen der Glukose tau-chen die Bratkartoffeln vom Mittagessen im Ergebnis der Blutzuckermessung wieder auf und geben Aufschluss über die Verfügbarkeit von Energielieferanten.

6.3 Technik: Wie funktioniert die Messung?

Grundsätzlich existieren verschiedene Möglichkeiten, den Blutzuckerspiegel zu bestim-men. Im Rettungsdienst werden normalerweise Blutzuckermessgeräte mit elektroche-misch-enzymatischen Messmethoden verwendet. Dazu gehören die Glukose-Oxidase-Methode, bei der im Messfeld eines Blutzuckerteststreifens das Enzym Glukose-Oxidase enthalten ist (ABB. 6.2), und die Glukose-Dehydrogenase-Methode.

Wenn Glukose-Oxidase mit der im Blut enthaltenen Glukose zusammengebracht wird, erfolgt eine chemische Reaktion, bei der u.a. Wasserstoffperoxid entsteht. Eine Zersetzung

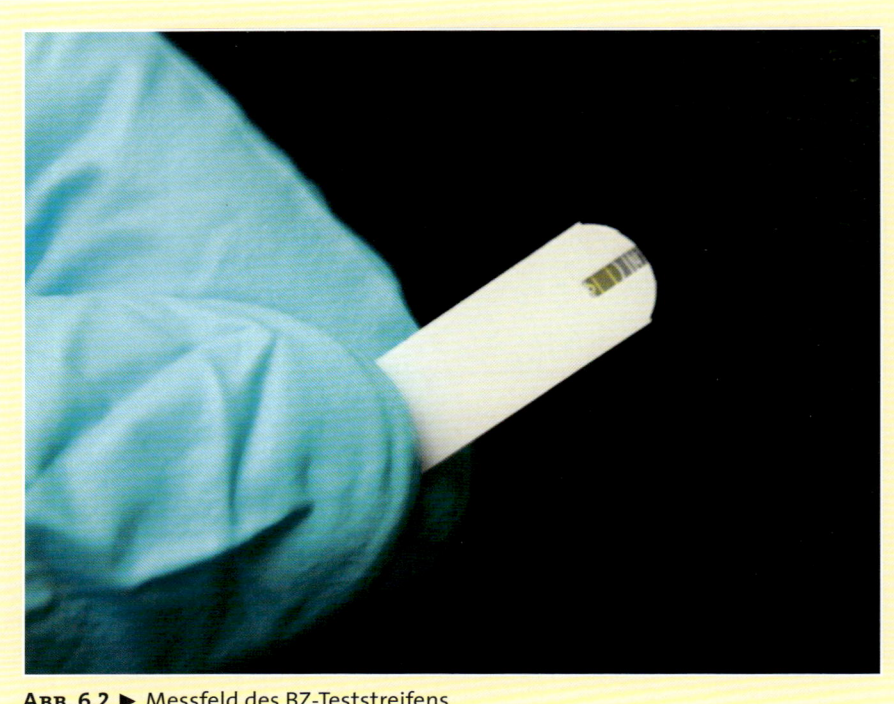

ABB. 6.2 ▶ Messfeld des BZ-Teststreifens

des Wasserstoffperoxids durch einen elektrochemischen Prozess führt zur Freisetzung von Elektronen: Es fließt Strom! Aus diesem Stromfluss kann das Blutzuckermessgerät auf die Glukosekonzentration im Blut rückschließen und den Blutzuckerwert errechnen. Ein präziserer Ausdruck wäre natürlich *Blutglukosespiegel*, denn *Zucker* ist, wie in KAPITEL 6.2 dargestellt, ein recht weiter Begriff, der neben dem Monosaccharid Glukose auch Di- und Polysaccharide umfasst. Da nach den beschriebenen Aufspaltungsvorgängen immer Einfachzucker (v.a. Glukose) übrig bleiben, wäre es also eigentlich angemessener, nicht von *Zucker-*, sondern von *Glukose-Werten* zu sprechen. Sherlock akzeptiert natürlich beide Bezeichnungen und weiß jeweils, wovon die Rede ist.

Zur Messung – Schritt für Schritt: Die technisch korrekte Messung des Blutzuckerspiegels wird natürlich durch die Bedienungsanleitung des jeweiligen Geräts vorgegeben. Nachfolgend dennoch die wesentlichen Elemente: Zunächst muss eine ausreichend große Blutprobe gewonnen werden. Wenn die Messung aus Kapillarblut erfolgen soll, werden heutzutage meistens besonders geeignete Stechhilfen statt der früher üblichen Kanüle verwendet. Das ist einfacher, hygienischer und bewahrt vor knöchernen Fingerendgliedverletzungen bei allzu beherzter Penetration. Vor der Blutentnahme sollte gewährleistet sein, dass die Punktionsstelle sauber und frei von Desinfektionsmittelresten ist. Für die eigene tägliche Blutzuckermessung wird Patienten übrigens gar nicht empfohlen, eine Desinfektion der Punktionsstelle vorzunehmen – Hände waschen

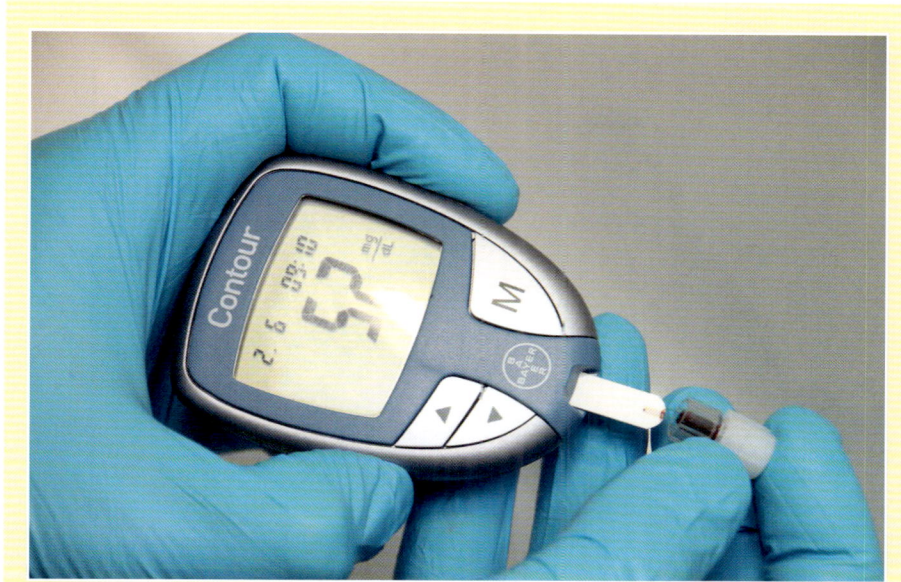

ABB. 6.3 ▶ Verwendung venösen Blutes aus der Tropfkammer einer Venenverweil-kanüle

reicht. Im rettungsdienstlichen Kontext wird man sich nicht zuletzt aus forensischen Gründen weiterhin für eine Desinfektion entscheiden. Gestochen wird an der seitlichen Fingerbeere. Der gewonnene Bluttropfen muss ausreichend groß sein, um nach Aufnahme durch die Kapillare des Teststreifens das Messfeld füllen zu können. Um eine Durchmischung des Blutes mit Gewebewasser zu vermeiden, sollte der Finger allerdings nicht »gemolken« werden.

Wenn eine Messung aus venösem Blut erfolgen soll, bietet sich die Tropfkammer der Venenverweilkanüle an, die genügend Blut enthalten dürfte (ABB. 6.3). Ansonsten kann eine Spritze statt der Tropfkammer auf die Stahlkanüle aufgesetzt und Blut aus dem System gedrückt werden (ABB. 6.4). Wem das alles zu knifflig ist, der kann auch mit einer gewöhnlichen Spritze einen Milliliter Blut abnehmen und den Teststreifen befüllen.

Je nach Gerät wird die Bestätigung einer korrekten Probenaufnahme unterschiedlich signalisiert. Wenige Sekunden später wird der Messwert angezeigt. Liegt der Wert außerhalb des messbaren Bereichs – meistens 20–600 mg/dl –, erscheinen die Anzeigen »low« oder »high«.

Einige Blutzuckermessgeräte ermöglichen neben der Glukosebestimmung zusätzlich die Messung von Ketonkörpern im Blut. Das Vorliegen von Ketonkörpern kann bei einem deutlich erhöhten Blutzucker eine begleitende Ketoazidose, die meistens bei Typ-1-Diabetikern auftritt, beweisen.

Um die ordnungsgemäße Funktion und Messgenauigkeit des Geräts jederzeit sicherzustellen, sollten regelmäßig Überprüfungen mit einer Kontrolllösung durchgeführt und

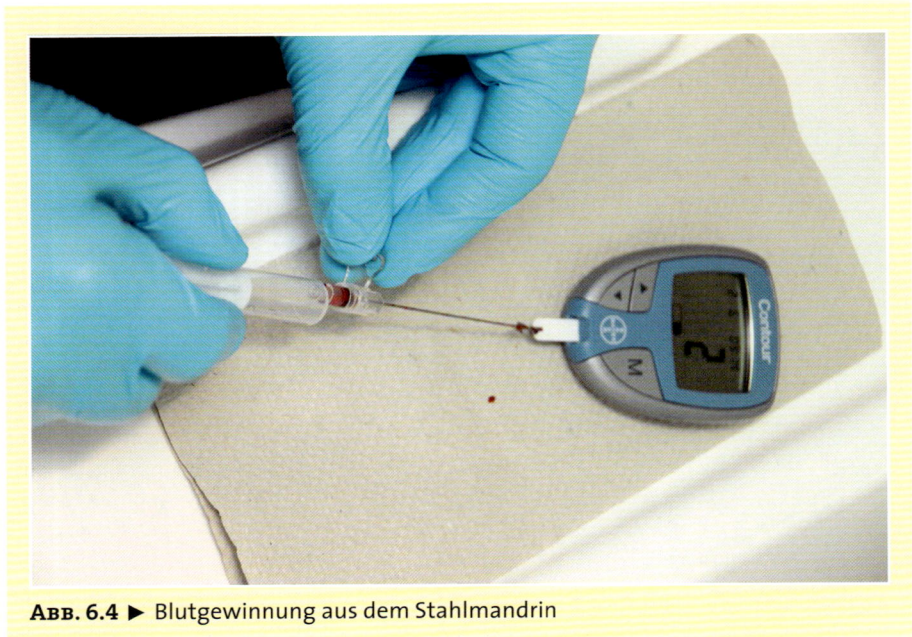

ABB. 6.4 ▶ Blutgewinnung aus dem Stahlmandrin

dokumentiert werden. Dazu werden von den Herstellern der Messgeräte üblicherweise zwei Flüssigkeiten angeboten, die sowohl niedrige als auch hohe BZ-Werte simulieren.

6.4 Erkenntniswert: Welchen Informationsgewinn liefert die Blutzuckermessung?

Die Blutzuckermessung ist zu einer rettungsdienstlichen Standardmaßnahme geworden. Warum eigentlich?

Diese Frage ist leicht zu beantworten: In erster Linie wird sowohl ein *Hypoglykämiebeweis* bei entsprechendem Verdacht als auch ein »Hypoglykämie-Screening« eines breiten Patientenkollektivs angestrebt. Man möchte ausschließen, dass eine Unterzuckerung vorliegt. Zur Symptomatik der Unterzuckerung zählen neuroglykopenische Zeichen, die durch Mangelversorgung der Nervenzellen mit Glukose verursacht werden, z.B. Kopfschmerzen, Verwirrtheit, Bewusstseinsstörungen, Krampfanfälle, Sprach- und Sehstörungen und Lähmungserscheinungen. Ein weiterer Symptomenkomplex wird durch das vegetative Nervensystem bedingt: Es kommt zu sympathoadrenergen und parasympathikotonen Reaktionen. Dieser Symptomenkomplex umfasst Zeichen wie Zittern, Nervosität, Tachykardie, Hypertonie, Schwitzen, Heißhunger, Übelkeit und Schwäche. Ursächlich sind eine gegenregulatorische Adrenalinausschüttung zur Mobilisierung von Zuckerreserven, aber auch eine parasympathische Aktivierung. Das kann ein durchaus buntes Bild abgeben und erschwert die rein klinische Diagnosefindung. Und deshalb wird gescreent: Es können viele unauffällige BZ-Messungen vorliegen, wenn sich jedoch einmal der vermeintliche Schlaganfall oder die vorschnell diagnostizierte Alkoholintoxikation als Hypoglykämie entpuppt und wenn der Krampfanfall eben nicht ein Ereignis im Kontext einer epileptischen Grunderkrankung ist, sondern durch eine Unterzuckerung hervorgerufen wurde, hat sich die routinemäßige BZ-Kontrolle mehr als ausgezahlt. Eine Blutzuckermessung sollte bei allen Patienten erfolgen, die eine Symptomatik zeigen, welche auch nur ansatzweise durch eine Hypoglykämie erklärt werden könnte. Außerdem ist die BZ-Messung ein obligater Bestandteil der Überwachung narkotisierter Patienten, die weder essen noch äußern können, dass sie hungrig sind.

Eine Unterzuckerung allein über den Blutzuckerwert zu diagnostizieren, ist problematisch: Viele Diabetiker sind an hohe BZ-Werte adaptiert und verspüren bereits Symptome einer Unterzuckerung, wenn noch normale Werte (z.B. 90 mg/dl) gemessen werden können. Das führt zu unterschiedlichsten Literaturangaben, ab welchem BZ eine Unterzuckerung besteht. Die Leitlinien zu Diagnostik, Therapie und Verlaufskontrolle des Diabetes mellitus im Kindes- und Jugendalter der Deutschen Diabetes Gesellschaft (DDG) aus dem Jahr 2015 halten fest, dass in neueren Publikationen auf eine verbindliche »numerische Definition« (Deutsche Diabetes Gesellschaft 2015: 69) verzichtet und die »Hypoglykämie als Blutzuckerabfall, der den Patienten einer möglichen Gefährdung aussetzt« (69), beschrieben werde. Als Anhaltswert für asymptomatische Hypoglykämien wird ein Blutzuckerspiegel von unter 65 mg/dl bei Abwesenheit von Symptomen einer neuroendokrinen Gegenregulation angenommen. Sollte der Wert also darunter liegen, während sich gleichzeitig hypoglykämietypische Symptome entwickeln – das ist meistens, aber eben nicht immer ab einem BZ von 50 mg/dl der Fall –, besteht eine behandlungswürdige Unterzuckerung. Um die Effekte der sich anschließenden Glukosetherapie zu überwachen, sind wiederholte BZ-Kontrollen erforderlich.

Auch das andere Extrem – die *Hyperglykämie* – ist ein interessanter Befund. Die Schwelle zur Diagnose eines Diabetes mellitus gilt laut WHO als überschritten, wenn ein Nüchtern-Blutzuckerwert von ≥ 126 mg/dl besteht. Andere Definitionen basieren auf dem HbA1c-Wert. Bei weltweit mehr als 170 Millionen Diabetikern – Tendenz rasant steigend – ist eine Hyperglykämie auch im rettungsdienstlichen Patientenkollektiv kein seltener Befund. Mäßig erhöhte Werte haben als Zufallsbefund zwar nicht unbedingt eine therapeutische Konsequenz in der Notfallversorgung, können aber die Einschätzung des Risikoprofils für kardiovaskuläre Erkrankungen bereichern. Ein unbehandelter oder schlecht eingestellter Diabetes mellitus ist einer der Hauptrisikofaktoren für atherosklerotische Gefäßschäden, die in Herzinfarkten und Schlaganfällen gipfeln können.

Hohe Glukosekonzentrationen im Blut führen zu osmotischen Flüssigkeitsverschiebungen. Es entwickelt sich eine Exsikkose. Ab einem Blutzuckerwert von ca. 180 mg/dl wird Glukose über die Nieren ausgeschieden – und nimmt Wasser mit. Es kommt zu einer erheblichen Zunahme der Harnausscheidung. Zwei Eskalationsformen der Hyperglykämie sind möglich: Eine *diabetische Ketoazidose* entwickelt sich i.d.R. aufgrund eines absoluten Insulinmangels und kommt daher meistens bei Typ-1-Diabetikern vor. Da die Glukose nicht mehr in die Zellen eingeschleust werden kann, greift der Körper auf andere Energielieferanten zurück. Eine übermäßige Metabolisierung von Fett führt zur Akkumulation bedeutender Mengen saurer Keton-Körper. Der Patient übersäuert.

Ein Symptom dafür ist die Kußmaul-Atmung – eine deutlich vertiefte Atmung mit einem fruchtigen Foetor. Der BZ-Test ergibt meistens Werte von über 350 mg/dl. Die zweite BZ-Entgleisung führt zum *hyperglykämen hyperosmolaren nichtketotischen Koma*. Da noch geringe Insulinmengen verfügbar sind, kann eine Ketoazidose vermieden werden, der Blutzuckerspiegel steigt aber immer weiter an. Häufig liegen die BZ-Werte deutlich über 600 mg/dl. Das osmotisch veränderte Blut entzieht dem Körper Flüssigkeit, die zusammen mit wichtigen Elektrolyten über die Nieren ausgeschieden wird. Beide Hyperglykämieformen führen zu Bewusstseinsstörungen und können tödlich enden. Das Blutzuckermessgerät sichert die Diagnose: Aus der »unklaren Bewusstlosigkeit« wird eine bewiesene Hyperglykämie.

Zusammengefasst:
Die Grenzwertangaben normaler Blutzuckerwerte variieren stark. Die Normwerte bei einem stoffwechselgesunden Patienten sollten sich zwischen 65 und 126 mg/dl bewegen. Im Nüchternzustand soll der BZ nicht über 100 mg/dl liegen. Bei Diabetikern werden höhere Werte akzeptiert, um das Hypoglykämierisiko der blutzuckersenkenden Therapie nicht zu forcieren. Symptomatische Unterzuckerungen treten meistens bei einem BZ unter 50 mg/dl auf, aber auch höhere Werte können zu Krankheitszeichen führen – insbesondere dann, wenn der Patient an hohe Blutzuckerwerte gewöhnt ist.

6.5 Fallstricke: Welche Fehlinformationen sind möglich?

Einsatz für den RTW! Die Patientin ist eine Diabetikerin. Als die Rettungsdienstkräfte eintreffen, fühlt sie sich schon wieder einigermaßen wohl. Sherlocks Kollege wendet sich dem Ehemann der jungen Patientin zu: »Nein, eine Unterzuckerung kann es nicht gewesen sein. Der BZ-Wert ist 75 mg/dl. Das ist völlig normal.«

»Aber sie war schweißnass, wirkte verwirrt und hat gelallt. Das ist doch typisch für eine Hypoglykämie. Ich habe es leider nicht geschafft, meiner Frau Glukose einzuflößen. Deshalb habe ich Sie dann ja gerufen.«

Nun geht es der Patientin etwas besser. Was vorhin passiert ist, weiß sie allerdings nicht. Die übrigen Werte: im EKG eine Sinustachykardie, P: 124/min, SpO_2: 97 %, RR: 160/90 mmHg, T: 37,1 °C.

»Nun, wenn Sie ihr Glukose gegeben hätten, könnte das den aktuell normalen Wert erklären. Da das aber nicht der Fall ist, können wir eine Hypoglykämie als Ursache der Störung ausschließen. Von nichts kommt nichts, und das Gerät lügt nicht! Wir müssen also an andere Ursachen denken.«

Sherlock sieht das etwas anders. Hier könnte das Gerät an eine Grenze gestoßen sein. Es misst nämlich »nur« den aktuellen Blutzucker. Der ist zugegebenermaßen normal, aber das heißt nicht zwingend, dass er vor einer halben Stunde ebenfalls normal gewesen ist – auch wenn seither kein Zucker von außen zugeführt wurde. Möglicherweise war die Patientin unterzuckert, hat sich dann aber erfolgreich gewehrt. Ein physiologischer Mechanismus: Zu wenig Glukose im Blut setzt eine *sympathoadrenerge Gegenregulation* in Gang, bei der v.a. das Stresshormon Adrenalin eine vermehrte Glykogenolyse bewirkt. Die langkettigen, in der Leber gespeicherten Zucker werden aufgespalten und wieder verfügbar gemacht. Symptome für diese Gegenregulation hat die Patientin durchaus gezeigt: Schweißnasse Haut, Tachykardie und Hypertonie sind Anzeichen eines erhöhten Adrenalinspiegels und neben neuroglykopenischen (wörtlich übersetzt etwa: zu wenig Zucker für die Nerven) Symptomen wie Bewusstseins- und Sprachstörungen typische Zeichen einer Unterzuckerung.

Darüber hinaus fällt es schwer, die unteren BZ-Normwerte auf Patienten mit einem schlecht eingestellten *Diabetes mellitus* mit permanent überhöhten Blutzuckerspiegeln anzuwenden. Es gibt Diabetiker, die bereits bei einem BZ von 100 mg/dl Hypoglykämiesymptome zeigen. Wenn solche Patienten einen für ihre Verhältnisse grenzwertig niedrigen Blutzuckerspiegel haben und zugleich klassische Symptome für eine Unterzuckerung vorliegen, ist die Glukosezufuhr gerechtfertigt. Sollte sich die Symptomatik danach bessern, ist das ein weiterer Beleg für eine stattgehabte Hypoglykämie. Das Blutzuckermessgerät und das Vorliegen vermeintlicher Normwerte sollten in diesen Fällen keine falsche Sicherheit vorgaukeln.

Weitere Fehlinformationen drohen bei unvollständiger *Füllung des Testfeldes* mit Blut. Viele Geräte werden allerdings auf dieses Problem hinweisen, statt einen falschen Wert

ABB. 6.5 ▶ Z. n. Nutella® – äußerst verdächtige Hinweise sind Hautkontaminationen.

anzuzeigen. Um einen ausreichend großen Tropfen Blut zu gewinnen, ist ein leichtes Aus-streichen des Fingers in Richtung der Punktionsstelle erlaubt – zu starkes Pressen verwäs-sert den Bluttropfen mit Gewebeflüssigkeit. Ein falsch niedriger Wert wäre die Folge. Deut-lich erhöhte Hämatokritwerte führen zu falsch niedrigen, zu niedrige Hämatokritwerte hingegen zu falsch hohen Blutzuckerwerten. Eine hohe Luftfeuchtigkeit und extreme Temperaturen können die Funktion der Teststreifen beinträchtigen.

Fehlmessungen können auch aus *Hautverschmutzungen* im Bereich der Punktionsstelle resultieren (Abb. 6.5). Sherlock kann sich an den Fall einer jungen Typ-1-Diabetikerin erin-nern, die zwar mit typischer Hypoglykämiesymptomatik, aber mit einem BZ von 120 mg/dl angetroffen wurde. Vorsichtshalber wurde an einem anderen Finger – nach sorgfältiger Reinigung – eine Kontrollmessung durchgeführt: 34 mg/dl. Was war passiert? Ersthelfer hatten versucht, die Patientin mit Cola zu versorgen. Aufgrund mangelnder Kooperation ging das aber »auf die Hose«, und auch die Finger wurden bekleckert. Das Gerät hatte Blut- und Cola-Zucker zusammen gemessen, ein falsch hohes Ergebnis war die Folge.

Eine *Kontamination mit Schweiß oder Desinfektionsmittelresten* kann hingegen zu falsch niedrigen Werten führen. Also: Hautreinigung und -trocknung vor der Punktion!

Wer sich übrigens wundert, dass zwei unmittelbar aufeinanderfolgende Messungen zu leicht unterschiedlichen Werten führen können: Die im Rettungsdienst verwendeten Blutzuckermessgeräte geben sich durchaus mit nur *näherungsweise exakten Messungen* zufrieden. Die DIN EN ISO-Norm 15197 legt die erlaubten Streuungswerte fest. Im Ver-gleich zum tatsächlichen Blutzuckerspiegel können im BZ-Bereich oberhalb von 75 mg/dl Abweichungen von 10 (bis zu 20) % auftreten. Mit +/– 15 mg/dl etwas geringer, aber trotz-dem relevant dürfen die Abweichungen im BZ-Bereich unter 75 mg/dl sein. Schlimms-tenfalls kann eine Fehlmessung von 70 mg/dl Sicherheit suggerieren, obwohl der tatsäch-liche Wert mit 55 mg/dl schon auf eine Hypoglykämie hinweist. In 5 % der Messungen dürfen die Abweichungen sogar noch größer sein. Großzügige Wiederholungsmessungen und der Kauf hochwertiger Geräte sind daher dringend angeraten. Außerdem sei noch einmal auf die Bedeutung klinischer Zeichen am Patienten hingewiesen.

Eine interessante Information zur *Messtechnik* liefern die Bedienungsanleitung des Geräts und die dazugehörigen Teststreifen. Letztere sind entweder vollblut- oder plasma-kalibriert. Da Vollblut im Verhältnis zum Plasma geringere Glukosekonzentrationen ent-hält, kann der gemessene BZ 10–15 % niedriger sein. Da im Rahmen einer Empfehlung zur internationalen Standardisierung aus dem Jahr 2009 auch die Teststreifen auf dem deut-schen Markt auf Plasmakalibrierung umgestellt wurden, begegnet dieses Problem auch Sherlock und seinen Kollegen.

Zum Schluss noch ein Fallstrick, der eigentlich keiner ist: Es kann einen Unterschied machen, ob der BZ im venösen Blut oder im Kapillarblut gemessen wird. Bei nicht nüch-ternen Patienten kann der kapillär gemessene Wert höher sein als der im venösen Blut gemessene. Das stellt jedoch nicht die bewährte Praxis infrage, den Blutzucker aus venösem Blut zu bestimmen, das bei der Anlage eines i.v. Zugangs gewonnen wurde. Denn wenn ein abweichendes Ergebnis gemessen wird, ist es allenfalls falsch niedrig und nicht falsch hoch. Die Gefahr, eine Hypoglykämie zu übersehen, besteht somit nicht. Auch Kliniken bestimmen den BZ aus venösem Blut.

6.6 Einsatz RTW: Ihre Diagnose, bitte!

Fall 1: Rein oder nicht rein – das ist hier die Frage

»Wir müssen dem Patienten Flüssigkeit geben!«

»Nein, auf keinen Fall. Was ist, wenn der einen Herzinfarkt hat?«

Sherlock und sein Kollege können sich nicht einigen, welche Volumenstrategie angemessen ist. Der Patient ist nicht adäquat ansprechbar. Sein Blutdruck beträgt 80/50 mmHg. P: 128/min. Flüssigkeitsmangel oder Pumpversagen?

Sherlocks Kollege verteidigt seinen Herzinfarktverdacht. Der Mann ist 72 Jahre alt und hatte vor zwei Jahren bereits einen NSTEMI. Außerdem liegen zahlreiche Risikofaktoren vor: Rauchen, Bluthochdruck, Hypercholesterinämie und ein schlecht eingestellter Diabetes mellitus Typ II. Schlecht eingestellt, weil der Patient sich nicht sonderlich um die regelmäßige Einnahme seiner Medikamente kümmert. Sherlock ist das zu wenig. Er weist auf die trockene Haut hin.

»Mann, der ist ja nun auch schon älter«, wiegelt sein Kollege ab. »Da ist die Haut halt trockener.«

»Aber er hat auch keine gestauten Halsvenen, und die Lunge ist frei«, versucht Sherlock den Herzinsuffizienzverdacht weiter infrage zu stellen.

Die übrigen Werte: EKG: Sinustachykardie mit supraventrikulären und ventrikulären Extrasystolen, aber ohne Erregungsrückbildungsstörungen; SpO2: 92 %, BZ: high, T: 36,3 °C.

Flüssigkeit rein oder nicht rein? Was meinen Sie?

Fall 2: Zuckerentgleisung

»Der BZ ist 31? Na, dann ist ja alles klar! Wir sollten erst mal sechs Ampullen Glukose 20 % spritzen!«

Ihr neuer Kollege hat sich erfreulicherweise schon ganz gut eingelebt. Sie fahren heute bereits zum zweiten Mal miteinander, und eigentlich klappt alles ganz gut. In Windeseile wurde der bewusstlose Patient – GCS 9 – auf die Seite gedreht, um die Atemwege zu schützen. Der Sauerstoff läuft, ein sicherer i. v. Zugang ist angelegt, und der Notarzt ist nachalarmiert. Es gibt keinen Anhalt für Verletzungen. Der 23-jährige Patient wurde im Bett liegend vorgefunden. Laut seiner Freundin besteht ein Diabetes mellitus Typ I. Die Werte: EKG: Sinusrhythmus, P: 110/min, SpO2: 95 %, RR: 105/70 mmHg, BZ: 31 mmol/l, T: 36,7 °C.

60 ml Glukose 20 %? Stimmen Sie zu?

Fall 3: Hypoglykämie

Eine 32-jährige Typ-1-Diabetikerin wurde von ihrem Freund in der gemeinsamen Wohnung bewusstlos auf dem Boden liegend vorgefunden. Es war ihm nicht gelungen, ihr in diesem Zustand Glukose einzuflößen. Hypoglykämien seien in letzter Zeit mehrfach auf-

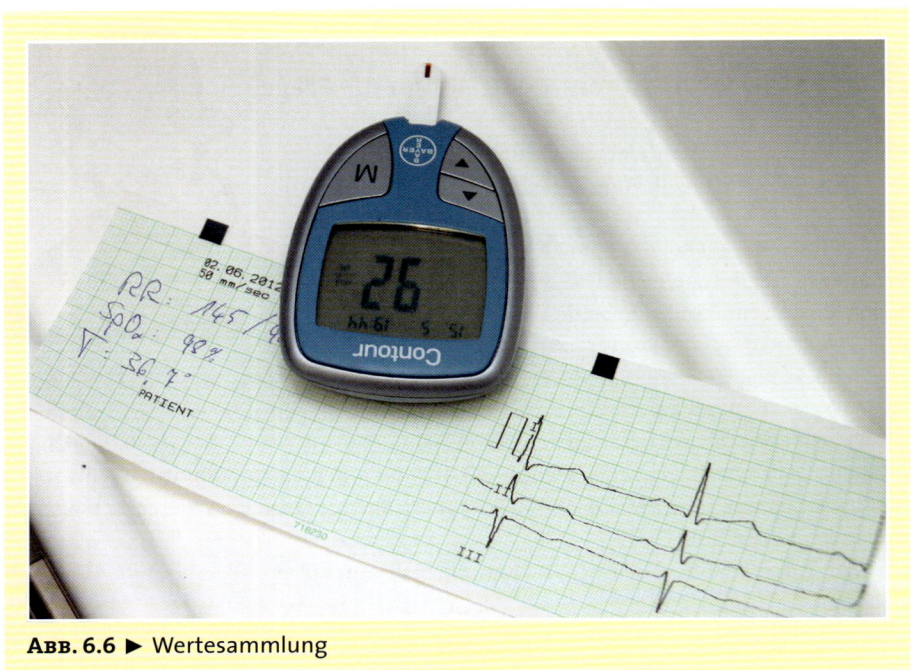

ABB. 6.6 ▶ Wertesammlung

getreten. Eigentlich komme er damit allein zurecht. Leider wurde die letzte Glukagon-spritze jedoch in der vergangenen Woche verbraucht. Die Patientin liegt im Wohnzimmer vor einer Wendeltreppe, die zum Schlafbereich führt. Der Freund nimmt an, dass die Unterzuckerung wohl in der Nacht eingetreten sein müsse und seine Freundin nach dem Aufwachen noch versucht habe, in die Küche zu gehen, um sich etwas zu essen zu holen. Er selbst habe Nachtschicht gehabt und sei erst vor 10 Minuten nach Hause gekommen. Neben einer Kopfplatzwunde fallen keine weiteren Verletzungen auf. Die Patientin ist nicht schweißig, hat aber eingenässt. Die Kollegen sammeln ihre Routinewerte (ABB. 6.6). Der Praktikant liest einen Blutzuckerwert von 26 mg/dl ab und bereitet Glukose für die intravenöse Applikation vor.

Wie viel Glukose spritzen Sie?

6.7 Lösungen

Fall 1: Rein oder nicht rein – das ist hier die Frage

Dieser Patient hat aller Wahrscheinlichkeit nach einen großen Flüssigkeitsbedarf. Denn so wie es aussieht, leidet er an einer hyperosmolaren Hyperglykämie. Die BZ-Anzeige »high« erscheint, wenn der Blutzuckerspiegel außerhalb des maximal messbaren Wertes liegt. Je nach Messgerät wird also wahrscheinlich ein BZ von über 600 mg/dl vorliegen. Eine so starke Blutzuckerkonzentration führt zu osmotischen Flüssigkeitsverschiebungen aus Zellen sowie Interstitium in Richtung des Blutes und einer Glukoseausscheidung über die Nieren mit starken Flüssigkeitsverlusten. Man darf also berechtigt annehmen, dass der Patient bereits präklinisch von einer moderaten Flüssigkeitsgabe profitieren wird. Insbesondere dann, wenn eine Herzinsuffizienz vorliegt, kommt es natürlich auf eine maßvolle Dosis an. In der Klinik werden darüber hinaus der ph-Wert und die Elektrolyte (z.B Kalium) bestimmt und schließlich eine Normalisierung der Blutzuckerwerte durch Insulin angestrebt.

Fall 2: Zuckerentgleisung

Die Kollegen haben prinzipiell alles richtig gemacht, nur leider einen kleinen Aspekt falsch bewertet. Es liegt gar keine Unterzuckerung vor. Im Gegenteil: Der Patient hat eine schwere Hyperglykämie. Bei einem BZ von 31? Genau – aber 31 mmol/l und nicht 31 mg/ dl. Man hätte dem Kollegen wirklich sagen müssen, dass in seinem neuen Wirkungskreis eine andere Maßeinheit genutzt wird. Der Umrechnungsfaktor von mmol/l auf mg/dl ist 18,02. Also entsprechen 31 mmol/l ungefähr 559 mg/dl.

Fall 3: Hypoglykämie

Überhaupt keine Glukose, bitte. Die Patientin hat genug davon. Es besteht keine Hypoglykämie. Wenn Messgeräte ihre Zahlen in (lesbarer!) Handschrift anzeigen würden, wäre das nicht passiert. Ein Problem numerischer Anzeigen in digitaler Form ist allerdings, dass es pro Anzeigeposition (Zahl) nur sieben mögliche Strichfelder gibt: je zwei senkrechte links und rechts sowie drei waagerechte oben, in der Mitte und unten. Diese Strichfelder werden entweder gefüllt oder freigelassen. Soll also beispielsweise die Zahl 3 angezeigt werden, werden alle waagerechten, aber nur die beiden rechten Senkrechtstriche eingeblendet (Abb. 6.7).

Wer genau hinschaut, sieht, dass die Zahlen 2 und 5 sowie 9 und 6 für Zahlendreher im wortwörtlichen Sinne geradezu prädestiniert sind. Wird das Messgerät falsch herum gehalten, wird die 2 zur 5 und umgekehrt. Die 9 erscheint als 6 und die 6 als 9. Der »auf den Kopf gedrehte« Blutzuckerwert auf dem Foto in Abbildung 6.6 ist also gar nicht 26, sondern 92. Wenn dieser Wert stimmt – eine Kontrollmessung ist natürlich immer erlaubt –,

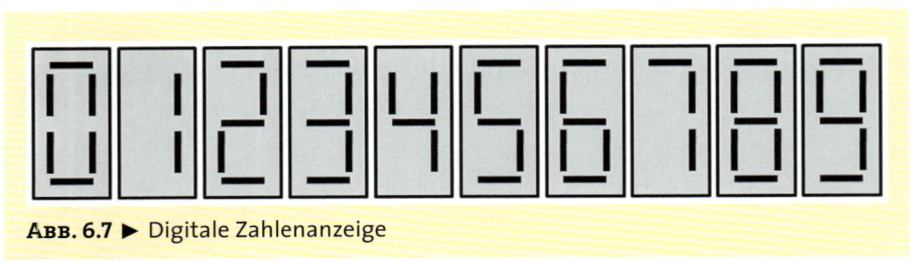

ABB. 6.7 ▶ Digitale Zahlenanzeige

ist die Patienten also wohl nicht unterzuckert, sondern hat wahrscheinlich ein ganz anderes Problem. Es ist zu empfehlen, aufgrund der Kopfplatzwunde und der Auffindesituation vor der Wendeltreppe ein Schädel-Hirn-Trauma als Verdachtsdiagnose anzunehmen.

7 Temperaturmessung
7.1 Power on: Sherlocks Einsatz

»Das ist jetzt ja wohl sein geringstes Problem!«

Der ältere Kollege sieht Sherlock, der ein Fieberthermometer in der Hand hält, ent-nervt an. Die beiden Notfallsanitäter sind zu einem Patienten mit reduziertem Allgemein-zustand gerufen worden. Der 72-jährige Mann hat eine Hemiparese und kann nicht mehr sprechen – akuter Schlaganfall! Eine Blutdruckmessung ergibt den deutlich zu hohen Wert von 245/120 mmHg, daher fordern die Kollegen einen Notarzt nach. Seit einigen Tagen besteht eine Bronchitis, vielleicht sogar eine Pneumonie. Der Hausarzt war sich gestern nicht sicher und wollte noch einen Tag abwarten, bevor er ein Antibiotikum verschreibt. Bei einer O_2-Sättigung von 86 % wird Sauerstoff über eine Maske verabreicht. Im EKG ist ein Vorhofflimmern zu sehen, das laut Ehefrau bisher nicht bekannt war, dementspre-chend werden auch keine Medikamente zur Embolieprophylaxe eingenommen. Der Blut-zucker liegt bei 185 mg/dl. Nichts, was ganz akut geändert werden sollte. Und nun greift Sherlock in – wie sein Kollege es formulieren würde – einem Anflug von »Diagnostik-Wahn« zum Fieberthermometer, um auch noch die Körpertemperatur zu messen.

»39,6 Grad Celsius. Der Patient hat Fieber.«

Sein Kollege kontert: »Ist doch ganz egal. Er hat halt 'ne Pneumonie. Aber was hat das jetzt mit dem Schlaganfall zu tun? Ganz andere Baustelle!«

Der in diesem Moment das Zimmer betretende Notarzt ist da ganz anderer Meinung. Zunächst ergänzt er die bisherige Untersuchung um eine Prüfung auf Meningismuszei-chen. Aber der Patient zeigt weder eine Nackensteifigkeit noch andere typische Meningitis-symptome wie z.B. das Brudzinski-Zeichen. Auch die Frage nach Kopfschmerzen wird durch ein Kopfschütteln verneint. »Siehst du«, versucht es der Kollege noch einmal, »sag ich doch. Keine Meningitis. Das Fieber hat mit der Geschichte hier nichts zu tun.«

Nein, hat es auch nicht. Es wird wohl tatsächlich am ehesten durch die Pneumonie zu erklären sein, die auch für die schlechte Sauerstoffsättigung gesorgt hat. Aber irrele-

vant ist es dennoch nicht, da eine erhöhte Körpertemperatur zu einer Vergrößerung des Infarktareals führen kann und mit einer schlechteren Prognose verbunden ist. Ursächlich könnte die erhöhte Stoffwechselaktivität hyperthermer Patienten mit – daraus folgend – steigendem Sauerstoffbedarf sein. Da im und um den Infarktkern die Sauerstoffversorgung jedoch nicht oder nur eingeschränkt funktioniert, vergrößert sich das Missverhältnis weiter. Deshalb fordern die Leitlinien zur Schlaganfallbehandlung der Deutschen Gesellschaft für Neurologie die Senkung einer Körpertemperatur über 37,5 °C mit antipyretischen Substanzen. Aspirin® kommt aufgrund seiner thrombozytenaggregationshemmenden Wirkung nicht infrage, bis ein CT eine Blutung ausgeschlossen hat. Paracetamol ist eine Alternative, weshalb eine Perfalgan®-Infusion angehängt wird. Der Blutdruck wird vorsichtig mit Urapidil auf zunächst 195 mmHg sys gesenkt, anschließend geht es mit Sondersignal in die Klinik, denn der Patient befindet sich im 4,5-Stunden-Zeitfenster und ist möglicherweise ein Kandidat für eine Lysetherapie und ggf. auch eine Thrombektomie.

7.2 Grundlagen: Wie entsteht der Wert?

Als »homoiothermes« Lebewesen hat man es schon schwer. Egal, ob es draußen furchtbar kalt oder schrecklich heiß ist – die Körpertemperatur muss in engen Grenzen immer gleich hoch sein. Frösche haben es, zumindest in dieser Beziehung, wesentlich besser: Wenn die Sonne auf den Tümpel scheint, ist der Frosch warm, und wenn es kalt ist, kühlt der Frosch eben auch ab. Sollte es kalt bleiben, macht der Frosch es sich in der Winterstarre bequem. So richtig gemütlich klingt das zugegebenermaßen nicht, aber wer – wie der Mensch – sich nur bei ungefähr 37 °C so richtig wohlfühlt, der muss schon einiges für seinen Wärmehaushalt tun. Denn bei Temperaturen unter 35 °C funktionieren enzymatische Stoffwechselreaktionen nur noch eingeschränkt; bei hohen Temperaturen über 42 °C werden Eiweißstrukturen gefährdet und können denaturieren. Also muss der Mensch je nach Bedarf Wärme produzieren oder überschüssige Temperatur loswerden. Dieser Vorgang wird *Homöostase* genannt – die Aufrechterhaltung eines Gleichgewichtszustands. Das gelingt dem Menschen in vielen Bereichen: Blutdruck, Flüssigkeitshaushalt, Blutzuckerspiegel.

Bezogen auf die Erhaltung einer bestimmten Temperatur spricht man auch von *Thermoregulation*. Wer jetzt an seine letzte Schneeballschlacht ohne Handschuhe zurückdenkt und energisch abstreiten würde, dass seine Finger noch eine Temperatur von 37 °C hatten, der hat natürlich recht. Wenn von der Körpertemperatur gesprochen wird, dann ist immer die Temperatur des Körperinneren oder auch des *Körperkerns* gemeint. In der Körperschale kann es schon mal deutlich kühler sein – bei normaler Raumtemperatur und 37 °C Körperkerntemperatur sind z.B. die Füße (nicht nur bei Frauen!) nur 28 °C warm.

Damit Herz, Nieren, Leber und Gehirn stets eine stoffwechselförderliche Normtemperatur haben, greift ein ausgefeiltes Klimatisierungskonzept. Im Mittelpunkt steht der *Hypothalamus*. Er befindet sich im Zwischenhirn und ist nicht nur für die Thermoregulation zuständig, sondern fungiert ganz allgemein als oberste Schaltstelle vegetativer und hormoneller Steuerungsvorgänge. Um seine Funktion ausüben zu können, benötigt der Hypothalamus Informationen über den Ist-Zustand aus dem Körper. Diese Fernmeldeaufgabe übernehmen sowohl zentral als auch peripher gelegene Thermorezeptoren. Nach Integration und Auswertung der Informationen kann sich der Hypothalamus zur Wärmebildung oder -abgabe entscheiden und dazu auf ein wirkungsvolles Arsenal temperaturbeeinflussender Maßnahmen zurückgreifen.

Bei sinkender Temperatur wird die Durchblutung der Peripherie eingeschränkt, um eine Wärmeabstrahlung zu vermeiden. Zudem beginnt man unwillkürlich zu zittern und macht sich damit die Tatsache zunutze, dass gesteigerte Muskelbewegungen als Stoffwechselnebenprodukt Wärme erzeugen. Wer seinem Körper helfen will und genug zu essen und zu trinken hat, um den Aufwand zu »bezahlen«, kann sich jetzt zu sportlicher Betätigung entschließen. In Ruhe tragen Muskeln und Haut nur weniger als 20 % zur Wärmeproduktion bei, und das, obwohl sie über die Hälfte der Körpermasse ausmachen. Bei sportlicher Aktivität wird die Muskulatur aufgrund der Stoffwechselsteigerung jedoch schnell zur effektiven Körperheizung und übernimmt den Großteil der Gesamtwärmeproduktion. Bestimmte Faktoren können diese Mechanismen zur Wärmeerhaltung stören und zu einer schnelleren Auskühlung des Körpers beitragen. Eine vermehrte Hautdurchblutung wie z.B. bei Verbrennungen begünstigt eine unerwünschte Wärmeabstrahlung. Alkoholintoxikierte Patienten weisen ebenfalls eine periphere Vasodilatation auf und verlieren Wärme. Unterernährte Menschen oder Patienten mit einer Hypothyreose können aufgrund eines eingeschränkten Metabolismus häufig nicht ausreichend Wärme produzieren. Eine Verletzung des Rückenmarks im Bereich der oberen Wirbelsäule kann die Informationsweiterleitung zum Hypothalamus unterbinden und damit das Temperaturregulationszentrum ausschalten.

Steigende Temperaturen führen zu einer *Gefäßweitstellung in der Peripherie*. Das Blut wirkt in diesem Zusammenhang als Transportmedium für Wärme und stellt in den Hautpartien des Körpers eine Kontakt- und Austauschfläche zum kühleren Außenmilieu her. Zusätzlich wird die Schweißsekretion gesteigert. Schweißnasse Haut führt über das physikalische Phänomen der Verdunstungskälte zur Kühlung des Körpers.

Die Temperaturregulation des Körpers ist jedoch nicht allmächtig. Zu kalte oder zu hohe Außentemperaturen, möglicherweise kombiniert mit »wärmeentziehenden« (z.B. kaltes Wasser) oder »wärmestauenden« (z.B. unangemessene Kleidung) Umgebungsfaktoren, können zu Unterkühlung oder Hyperthermie führen. Auch einige Medikamente (z.B. Succinylcholin) können eine Temperaturentgleisung auslösen. Manchmal allerdings ist eine moderate Temperaturerhöhung durchaus sinnvoll: Ein leichtes Fieber kann als physiologische Antwort auf einen Infekt verstanden werden, die die Aktivität der Leukozyten steigert und damit die Immunabwehr des Körpers unterstützt. Zudem gibt es Situationen, in denen eine Manipulation des Wärmehaushalts auch in therapeutischer Hinsicht sinnvoll ist. Einige Herz- und Gehirnoperationen werden z.B. in künstlich herbeigeführter Hypothermie durchgeführt, um die verlangsamenden Effekte auf Stoffwechselvorgänge zur Verlängerung der Hypoxietoleranzzeit zu nutzen.

7.3 Technik: Wie funktioniert die Messung?

Es liegt in der Natur der Sache, dass eine technische Lösung immer erst dann gesucht wird, wenn man zuvor ein Problem identifiziert hat. Das Problem bei der Körpertemperaturmessung besteht darin, dass in diagnostischer Hinsicht die Temperatur des Körperinneren und nicht der Peripherie interessiert. Wie lässt sich jedoch, sozusagen an der Körperschale vorbei, die Temperatur des Körperkerns messen? Natürlich kann man Messsonden in den Ösophagus oder die Blase schieben, man kann sogar einen Katheter in die Pulmonalarterie einführen. Dann weiß man es ganz genau, das ist aber im Rettungsdienst nicht praktikabel – derart invasive Techniken kosten Zeit, sind enorm aufwendig und können zu erheblichen Komplikationen führen.

Die optimale Technik für eine rettungsdienstliche Temperaturbestimmung muss zwar möglichst präzise messen, gleichzeitig aber auch möglichst einfach zu handhaben sein. Mehrere Möglichkeiten stehen zur Verfügung: Die sublinguale Messung ist zwar einfach, aber alles andere als zuverlässig, u.a. weil die Mitwirkung des Patienten ausschlaggebend ist. Das schließt alle Notfallpatienten, die bewusstseinsgetrübt, sehr nervös oder sehr jung sind, aus. Auch die axillare Messung hat inakzeptable Schwächen. Wird der Arm nicht über den gesamten Messzeitraum hinweg fest angelegt, kann man den Werten nicht vertrauen. Außerdem ist der Messort schon recht weit vom Körperinneren entfernt. Die rektale Messung ist unangenehm für alle Beteiligten und kann durch ggf. isolierend wirkenden Kot gestört werden. Es besteht eine gewisse Verletzungsgefahr, insbesondere bei Patienten mit einem Hämorrhoidalleiden. Auch die inguinale Messung in der Leistenbeuge oder die vaginale Messung werden sich im Rettungsdienst nicht durchsetzen.

Als relativ präzise und dabei komfortable Methode gilt die *Infrarottemperaturmessung im Ohr*. Die Funktionsweise ist einfach: Das Trommelfell sondert permanent Infrarotstrahlung ab, die von einem Detektor aufgenommen wird, der sich in der Spitze eines in den Gehörgang eingeführten Ohrthermometers befindet. Ein Mikroprozessor rechnet die Informationen in einen Temperaturwert um (ABB. 7.1).

Da die Blutversorgung des Trommelfells und des Hypothalamus mit seinen zentralen Thermorezeptoren einen gemeinsamen arteriellen Ursprung haben, gilt die im Ohr gemessene Temperatur als repräsentativ für die Kerntemperatur. Wichtig ist, dass die Messspitze des Thermometers auch tatsächlich auf das Trommelfell zeigt. Werden andere Strukturen observiert, können logischerweise falsche Werte angezeigt werden. Beispielsweise sollte das Ohr des Patienten während der Messung schräg nach hinten oben gezogen werden, um den leicht gekrümmt verlaufenden Gehörgang zu begradigen (ABB. 7.2). Ansonsten würde das Trommelfell ggf. hinter einer Kurve verborgen bleiben und nicht direkt mit der Messsonde »kommunizieren«. Bei Kindern unter einem Jahr wird das Ohr lediglich gerade nach hinten gezogen.

Vor der Messung wird eine neue Schutzhülle auf die Spitze des Ohrthermometers gesteckt und das Gerät eingeschaltet. Danach erfolgt die Positionierung tief im Gehörgang. Die Messung wird aktiviert, wenn der Start-Knopf gedrückt wird. Er sollte bis zum Ende der Messung gedrückt gehalten werden. Einige Ohrthermometer zeigen die korrekte Positionierung des Messkopfes durch periodisches Blinken einer Leuchtdiode an. Das Ende

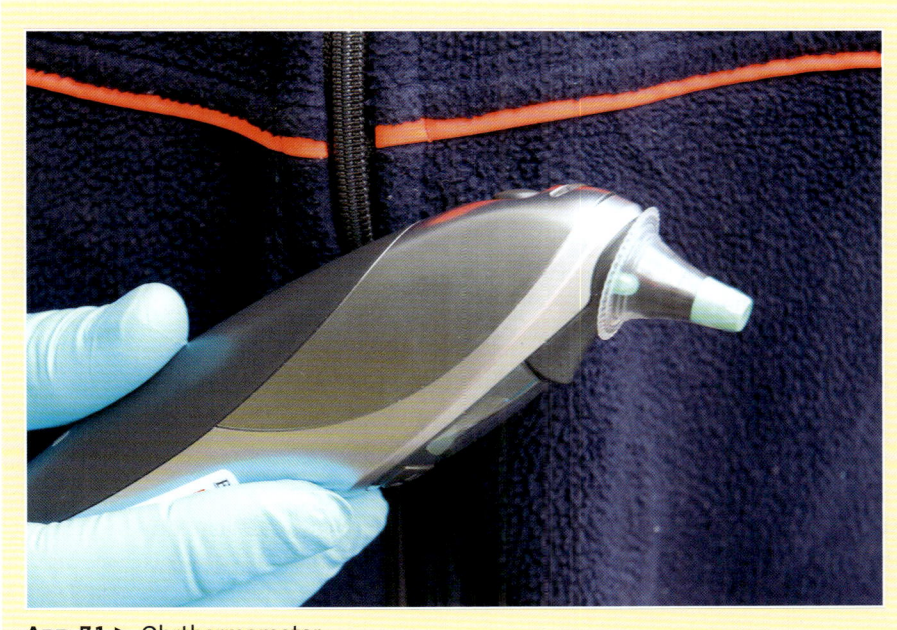

Abb. 7.1 ▶ Ohrthermometer

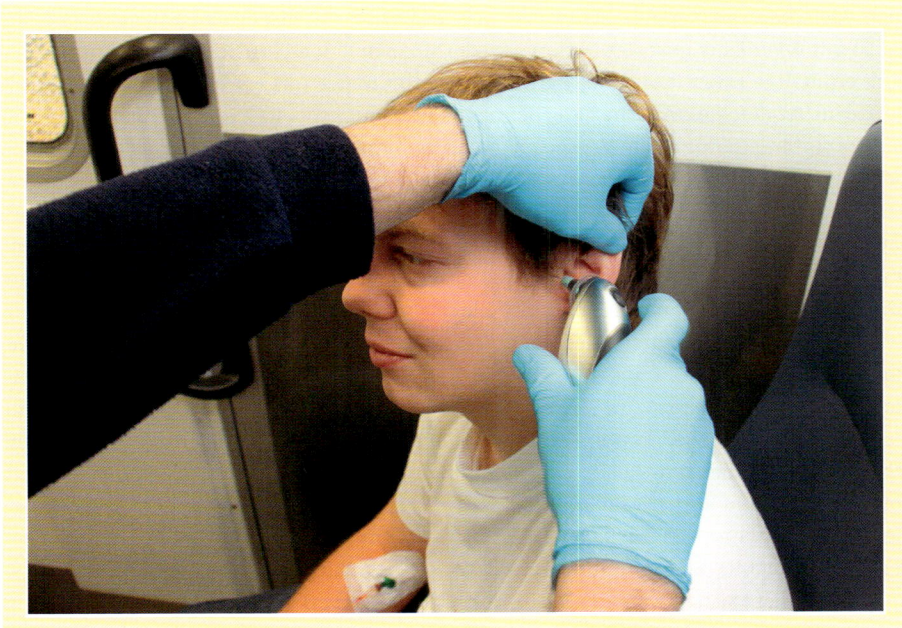

Abb. 7.2 ▶ Einführen des Ohrthermometers

der Messung wird durch einen Piepton signalisiert, und das Ergebnis kann auf dem Display abgelesen werden. Erscheint statt der Temperaturanzeige eine Fehlermeldung, muss die Messung wiederholt werden.

Bei der Interpretation der Ergebnisse ist neben Geschlecht, Alter, Tageszeit und Aktivitätsgrad (s. KAP. 7.4) auch der Messort interessant. Während die Normwerte bei der Messung im Ohr zwischen 35,8 und 38,0 °C (im Alter von 11 bis 65 Jahren zwischen 35,9 und 37,6 °C) liegen, würde eine axillare Messung zum selben Zeitpunkt eine niedrigere Temperatur ergeben: normalerweise zwischen 34,7 und 37,3 °C. Die Normwerte bei oral gemessener Temperatur liegen zwischen 35,5 und 37,5 °C. Rektal liegt die Temperatur hingegen zwischen 36,6 und 38,0 °C.

7.4 Erkenntniswert: Welchen Informationsgewinn liefert die Temperaturmessung und welche Fehler sind möglich?

Die Körpertemperatur – das vergessene Vitalzeichen. Manchmal lässt sich die Einschätzung des taktischen Werts eines Ausrüstungsgegenstands an strategischen Größen ablesen. Wenn auf einem RTW ein digitales Fieberthermometer ohne Schutzhüllen für 4,80 Euro vorgehalten wird, und zwar nicht im zum Patienten mitgeführten Notfallkoffer, sondern in der untersten Schublade, darf man annehmen, dass der Temperaturmessung kein allzu großer Stellenwert in der Notfalldiagnostik beigemessen wird. Das ist schade, denn so kann es passieren, dass wertvolle Informationen nicht erhoben werden, obwohl sie so gut wie nichts gekostet hätten – weder finanziell noch hinsichtlich des Aufwands. Eine einmalige Investition in ein gutes Ohrthermometer mit erweitertem Messbereich dürfte im Vergleich zur Anschaffung des neuen Beatmungsgeräts kaum zu Buche schlagen. Die Körpertemperatur ist ein Vitalzeichen und verdient somit sorgfältige Beachtung. Temperaturentgleisungen können lebensbedrohlich sein, sie können jedoch in bestimmten Fällen auch therapeutisch genutzt und absichtlich herbeigeführt werden. So oder so: Das Messen der Körpertemperatur liefert die diagnostische Grundlage für zahlreiche Entscheidungen. In welchen rettungsdienstlichen Situationen spielen also die Körpertemperatur und ihre Überwachung eine besondere Rolle?

Schwere Verbrennungen, aber auch Polytraumata sind häufig mit einer Unterkühlung assoziiert. Das ist fatal: Bei *Verbrennungen* nimmt die Letalität mit jedem Grad verlorener Körpertemperatur zu. Das führt zu der dringenden Expertenwarnung vor Kühlmaßnahmen bei ausgedehnten Verbrennungen und der Aufforderung, frühzeitig an den Wärmeerhalt zu denken. Auch bei *polytraumatisierten Patienten* korreliert die Letalität mit der sinkenden Körpertemperatur. Eine Hypothermie wirkt sich negativ auf die Funktion der Thrombozyten und die Aktivität der Gerinnungsfaktoren bei Patienten mit inneren Blutungen aus. Zudem nimmt die Viskosität des Blutes zu. Die Sauerstoffbindungskurve verschiebt sich nach links. Das führt zwar zu einer verbesserten Sauerstoffsättigung des Hämoglobins, aber auch zu einer schlechteren Sauerstoffabgabe an die Gewebe. Auch die *Infektionsrate nach operativen Eingriffen* wird durch eine Hypothermie ungünstig beeinflusst: Steigerung der Diurese, Elektrolytstörungen, Verringerung der Insulinemp-findlichkeit mit nachfolgender Hyperglykämie … Die Auswirkungen sind vielfältig.

Praktische Relevanz für den Rettungsdienst? Wenn an einem kalten Wintertag eine Volumentherapie mit Infusionen aus dem Notfallkoffer – meistens 2 × 500 ml – direkt am Notfallort begonnen wird, werden dem Patienten innerhalb weniger Minuten 1 000 ml einer unter 8 °C kalten Flüssigkeit zugeführt. Effektiver kann man kaum kühlen! Da man das aber in diesem Fall gar nicht will, müssen unbedingt vorgewärmte Infusionen aus dem Wärmeschrank verwendet werden. Das Temperaturmonitoring ist ein obligater Bestand-teil der Überwachung schwer verletzter Patienten und ermöglicht Korrekturen fataler Ent-wicklungen durch einen forcierten Wärmeerhalt (Heizung, Decken etc.).

Wenn ein *Schlaganfallpatient* an Fieber leidet, ist die Stoffwechselaktivität der Zellen in der Infarktrandzone temperaturbedingt erhöht. Die Zellen benötigen daher auch mehr Sauerstoff als unter Normalbedingungen. Da aber der Schlaganfall auch in den Rand-bereichen des Infarkts für kritische Durchblutungsstörungen sorgt, kann die erhöhte Temperatur zu einer Ausweitung der Schäden führen. Die routinemäßige Temperatur-messung ist daher bei Schlaganfallpatienten wichtig. Therapeutisch kann mit antipyre-tischen Medikamenten (z.B. Paracetamol) auf das Fieber reagiert werden.

Auch in *differenzialdiagnostischer Hinsicht* ergeben sich durch die Temperaturmessung zuweilen entscheidende Hinweise. Wenn der Patient mit akutem Abdomen Fieber hat, ist eine infektiöse Ursache wie z.B. eine Appendizitis wahrscheinlich. Ein Patient mit hef-tigen Kopfschmerzen und Nackensteifigkeit ohne Fieber leidet möglicherweise an einer Subarachnoidalblutung. Die gleiche Symptomatik mit hohem Fieber würde hingegen eher an eine bakterielle Meningitis denken lassen. Das hat nicht nur für den Patienten, sondern auch für die Besatzung Konsequenzen: Der Einsatz wird zum Infektionstransport mit entsprechender Schutzkleidung und Schlussdesinfektion.

Ein weiteres Beispiel ist der *Krampfanfall*: Bei einem Kind mit plötzlicher Temperatur-erhöhung handelt es sich meistens um einen Fieberkrampf. Auch hier muss allerdings eine Meningitis ausgeschlossen werden. Schockpatienten mit hohem Fieber sind drin-gend verdächtig für eine Sepsis. Bei Patienten, die neben ihrer Atemnot hohes Fieber auf-weisen, treten neben den üblichen »Dyspnoe-Verdächtigen« Asthma, Lungenödem, Lun-genembolie usw. insbesondere eine infektexazerbierte COPD oder eine Pneumonie in den differenzialdiagnostischen Fokus. Hohe Körpertemperaturen finden sich auch bei Patien-ten mit Hitzschlag und zuweilen als Nebenwirkung verschiedener Medikamente wie z.B. Succinylcholin oder bei Drogenabusus (Amphetamine, Kokain).

Eine Körpertemperatur unter 35 °C wird als *Unterkühlung* bezeichnet. Temperaturen von 35 bis 32 °C gelten als *milde Hypothermie*. Bei 32–28 °C liegt eine *moderate Unter-kühlung* vor. Wenn die Körperkerntemperatur auf unter 28 °C absinkt, liegt eine *schwere Hypothermie* vor. Diese Diagnose ist alles andere als ungefährlich, wird aber dennoch häu-fig übersehen. Manchmal haben Patienten eben nicht nur Läuse *und* Flöhe, sondern z.B. auch den Krankheitsverschleierer Nr. 1 – die Alkoholintoxikation – *und* eine Hypothermie. Bevor also im Krankenhaus die »Ausnüchterungsmatte« angesteuert wird, muss zumin-dest eine rettungsdienstliche Basisdiagnostik erfolgt sein. Verletzungszeichen, (Fremd-) Anamnese, Blutdruck, Puls, Blutzucker, Sauerstoffsättigung und eben die Körpertempera-

TAB. 7.1 ▶ Die Körpertemperatur und ihre Bewertung	
Temperatur	**Befund**
> 42,6 °C	Tod
> 40,0 °C	sehr hohes Fieber
39,1–39,9 °C	hohes Fieber
38,1–39,0 °C	Fieber
37,7–38,0 °C	erhöhte Temperatur (subfebrile Temperatur)
35,9–37,6 °C	normale Körpertemperatur bei Menschen zwischen 11 und 65 Jahren (Messung mit einem Ohrthermometer)
32,0–35,0 °C	milde Hypothermie
28,1–31,9 °C	moderate Hypothermie
< 28 °C	schwere Hypothermie mit akuter Gefahr eines Kreislaufstillstands

tur: Das ist der minimal erforderliche Datensatz – auch wenn man den Patienten schon zum dritten Mal in diesem Monat in vergleichbarem Zustand antrifft!

Eine absinkende Körpertemperatur führt, wie oben beschrieben, zu *wärmeproduzierenden Gegenmaßnahmen*. Betroffene Patienten zittern, sind tachykard und äußern, dass ihnen kalt ist: Sie frieren. Wenn sie das nicht mehr tun, wird der Körper kälter und das Geschehen langsam gefährlich: Das Zittern sistiert, Herz- und Atemfrequenz nehmen ab, der Blutdruck sinkt, die Reflextätigkeit wird eingeschränkt und das Bewusstsein trübt ein. Häufig kommt es zu Herzrhythmusstörungen. In dieser Phase werden die Rettungsarbeiten gefährlich. Besonders gefürchtet ist der Einstrom von kaltem Schalenblut in den wärmeren Körperkern und somit die Aufhebung einer Zentralisation. Das kann durch unangemessene Erwärmungsversuche, aber auch durch zu starke Bewegungen am Patienten passieren. Es folgen die tiefe Bewusstlosigkeit und schließlich der Tod.

Die durch eine Temperaturmessung bewiesene Hypothermie als potenziell reversible Ursache des Kreislaufstillstands führt zu wichtigen *Änderungen im Reanimationsablauf* (s. KAP. 7.5 UND 7.6). Selbst die Entscheidung über Beginn und Abbruch der Wiederbelebung wird beeinflusst. Die altbekannte und vielzitierte Weisheit »No one is dead until he is warm and dead« fordert zu anhaltenden Reanimationsmaßnahmen auf, da die Hypoxietoleranzzeit der Gehirnzellen durch die Kälteeinwirkung und den daraus resultierend reduzierten Metabolismus extrem verlängert sein kann. Bekannt wurde der Fall einer schwedischen Patientin, die nach einem Skiunfall im kalten Wasser eines Bachs einen Kreislaufstillstand erlitten hatte, erst nach längerer Zeit befreit und trotz einer Körperkerntemperatur von 13,7 °C erfolgreich und ohne bleibende Schäden reanimiert werden konnte. Apropos Reanimation: Zur Optimierung des neurologischen Outcomes wird bei erfolgreich reanimierten Patienten besonderer Wert auf ein zielgerichtetes Temperaturmanagement gelegt, bei dem die Zielwerte zwischen 32 und 36 °C liegen und für mindestens 24 Stunden aufrechterhalten werden sollen. Fieber hingegen soll für mindestens 72 Stunden verhindert werden.

TABELLE 7.1 gibt einen Überblick über die Schwankungsbreiten der normalen Körpertemperatur und bewertet Abweichungen.

Ein kleiner Exkurs zum gesunden Menschen: Leichte Schwankungen der Körpertemperatur innerhalb physiologischer Grenzen sind völlig normal. Zwischen der nächtlichen Minimaltemperatur und dem nachmittäglichen Maximum können z.B. mehr als 1 °C liegen. Im weiblichen Menstruationszyklus steigt die Temperatur nach dem Eisprung um einige Zehntelgrad an. Auch bei sportlicher Aktivität entstehen erhöhte Körpertemperaturen von bis zu 39 °C. Das kostet zwar Energie, wirkt sich aber förderlich auf die Leistung aus. Sogar das Lebensalter bringt Variationen der Körpertemperatur mit sich: Bei Kindern zwischen 0–2 Jahren können mit einem Ohrthermometer 36,4–38,0 °C gemessen werden. Kinder zwischen 3–10 Jahren machen es sich mit 36,1–37,8 °C auch noch gemütlich warm. Bei Patienten über 65 Jahren gelten 35,8–37,5 °C als normal.

Neben diesen Normabweichungen unterliegt die Temperaturmessung im Rettungsdienst weiteren Limitationen. Eine beschleunigte Atmung oder der unmittelbar vor der Messung erfolgte Genuss heißer bzw. kalter Getränke kann die orale Messung erheblich beeinflussen. Das Ergebnis einer rektalen Messung kann durch Kot, aber auch eine falsche Einführtiefe beeinflusst sein. Bei einer Messung im Ohr kann ein Cerumenpfropf – das ist Ohrenschmalz – ein falsch niedriges Ergebnis bewirken, weil er isolierend wirkt.

7.5 Einsatz RTW: Ihre Diagnose, bitte!
Fall 1: Saving Sherpa Bryan

ABBILDUNG 7.3 zeigt ein kleines Brettspiel für die einsatzfreie Zeit auf der Wache. Zunächst wird ein Spielleiter gewählt. Die Mitspieler legen eine frei wählbare Spielfigur (z.B. einen Cent oder einen Pin mit Werder Bremen-Emblem) auf das Startfeld. Ziel des Spiels ist es, Sherpa Bryan zu retten. Bryan ist bei einer Himalaya-Expedition abhanden gekommen, konnte aber zähneklappernd per Funk seinen Standort durchgeben. Es wird allerdings nicht ganz einfach werden, zu ihm zu gelangen. Auf dem Weg müssen einige wegweisende Fragen beantwortet werden. Die Regeln: Alle Mitspieler starten gleichzeitig. Um aus dem Basiscamp in das Lager 1 vorzudringen, muss die erste Frage (s. UNTEN »Basiscamp«) vorgelesen werden. Drei mögliche Antworten sind vorgegeben. Jeder Mitspieler hat nur die Möglichkeit, seine Spielfigur auf A, B oder C zu setzen. Der Spielleiter hat sich die Antworten aus KAPITEL 7.6 zuvor notiert und lässt die Spieler mit der richtigen Lösung in das Camp 1 hinein. Bei falscher Antwort geht es ins Basiscamp zurück. In der nächsten Runde wird für die Spieler in Camp 1 eine neue Frage gestellt, die bei richtiger Beantwortung ins Camp 2 führt. Diejenigen, die es nicht geschafft haben und noch im Basiscamp sind, dürfen die letzte Frage noch einmal beantworten und kommen dann eben etwas verspätet im Camp 1 an. So geht es weiter, bis Sherpa Bryan erreicht ist. Wer ihn zuerst findet, gewinnt das Spiel! Die Antworten entspre-

Saving Sherpa Bryan

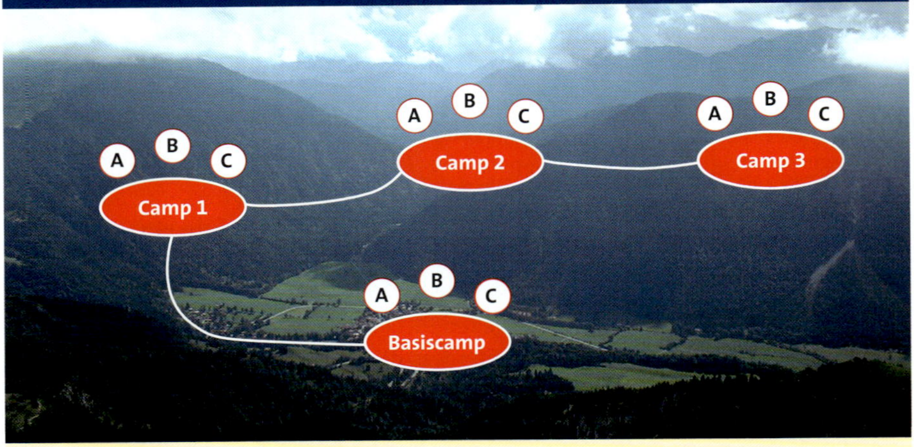

Fragen:

1. Basiscamp:
Im Basislager treffen Sie auf einen Kollegen von Sherpa Bryan. Seine Wärmedecke hatte einen Kurzschluss. Er ist nur bedingt ansprechbar (GCS 11). P: 54/min; RR: 80/50 mmHg; KT: 31 °C; BZ: 90 mg/dl; EKG: Sinusbradykardie. Was tun?
- a. mechanische Erwärmung (»warmrubbeln«)
- b. 50 µg Adrenalin zur Stoffwechselanregung
- c. zudecken, O_2 geben und losfahren

2. Camp 1:
Vielleicht hätte man den Patienten in eine Klinik und nicht mit zum Camp 1 bringen sollen. Sie sind sich nicht sicher, ob er einen Kreislaufstillstand hat. Wie lange darf man bei hypothermen Patienten höchstens nach Lebenszeichen suchen?
- a. 10 sec
- b. 60 sec
- c. im Zweifel nicht reanimieren (Vita minima)

3. Camp 2:
Schneesturm. Zurück ins Lager. Oha, dem Patienten geht es schlechter: 26 °C KT und Kammerflimmern. Wie viele Defibrillationsversuche sind angezeigt, bis die eingeflogene ECMO den Patienten auf > 30 °C erwärmt hat?
- a. wie üblich: alle 2 Minuten
- b. 1 Versuch
- c. 3 Versuche

4. Camp 3:
Tja, 3 Defibrillationsversuche bleiben erfolglos. Die Temperatur liegt bei 27 °C. Wie viel Adrenalin und wie viel Amiodaron sollten gegeben werden, bis 30 °C und dann 35 °C erreicht sind?
- a. bis 30 °C gar nichts, ab 30 °C halb so oft wie normal, bis 35 °C erreicht sind
- b. bis 30 °C einmalig die normale Dosis, dann erst wieder ab 35 °C
- c. kein Unterschied zum normalen Procedere

ABB. 7.3 ▶ Spielbrett: Saving Sherpa Bryan

chen übrigens den Empfehlungen des Europäischen Reanimationsrates zur Versorgung hypothermer Patienten.

Fall 2: Auditive Seitendifferenz

Es ist 8.00 Uhr am Morgen. Eine besorgte Dame um die Fünfzig erwartet das Rettungsteam. Sie vermutet, dass ihr Mann einen Schlaganfall erlitten hat. Das Team betritt das Wohnzimmer, wo der Patient mit einem Bademantel bekleidet auf einem Sessel sitzt. Er wirkt nicht schwer krank, ist wach und reagiert auf Ansprache. Beide Arme werden kraftvoll bewegt. Auch im Armhalteversuch, bei dem der Patient bei geschlossenen Augen beide Arme mit nach oben gerichteten Handflächen ausgestreckt halten soll, fallen weder ein Absinken noch eine Pronation (Einwärtsdrehung) eines Arms auf. Die Beine sind ebenfalls gleich kräftig. Sensibilitätsstörungen werden weder im Gesicht noch an den Extremitäten verspürt. Zum Lächeln aufgefordert, zieht der Mann beide Mundwinkel symmetrisch nach oben. Die Sprachfindung ist ungestört, der Patient artikuliert sich klar und deutlich. Es können keine Sehstörungen wie Doppelbilder oder Blickfeldausfälle ausgemacht werden. Ein Nystagmus besteht ebenfalls nicht. Parallel zur neurologischen beginnt die gerätetechnische Untersuchung. EKG: Sinusrhythmus, P: 86/min, SpO$_2$: 96 %, RR: 150/85 mmHg, BZ: 109 mg/dl, T: 35,6 °C. Na, ob das stimmt? Im linken Ohr beträgt die Temperatur immerhin 36,1 °C. Die Werte werden dokumentiert, um sie im Anschluss an die körperliche Untersuchung mit dem Kollegen zu besprechen.

Da dieser bislang keine der erwarteten Schlaganfallsymptome erkennen konnte, besinnt er sich auf die wünschenswerte diagnostische Unbefangenheit und verlässt die durch die Ehefrau festgelegte neurologische Untersuchungsschiene. »Was ist denn eigentlich passiert?«

»Eigentlich ist mir nur ein bisschen schwindlig. Außerdem kann ich auf dem rechten Ohr kaum noch etwas hören. Das kam ganz plötzlich nach dem Duschen.«

Aha! Da ist also die Seitendifferenz, die von der Ehefrau wahrscheinlich als Schlaganfallsymptom interpretiert wurde. Keine Schmerzen. Keine Vorerkrankungen oder Allergien. Keine Medikamente.

Handelt es sich um einen Schlaganfall? Oder etwas ganz anderes? Was meinen Sie?

Fall 3: Wärmeerhalt nach Reanimation

Ein kalter Dezembertag. Einsatz für RTW und NEF. Die Einsatzmeldung lautete »Kreislaufprobleme«. Kurz nach Eintreffen am Einsatzort, einem Bürgersteig vor einem Fitnessstudio, präzisieren die Kollegen das Problem. Es handelt sich um die ultimative Kreislaufstörung: einen Kreislaufstillstand. Ein Ersthelfer berichtet, dass der ältere Herr – bestimmt 150 kg schwer – plötzlich über Schwindel geklagt habe und zu Boden gefallen sei. Daraufhin wurde der Notruf abgesetzt. Der Patient wollte jedoch nicht versorgt werden. Er habe behauptet, dass er schon wieder in Ordnung sei, und um Hilfe beim Aufstehen gebeten. Weit ist er nicht gekommen. Nach einigen Metern ereignete sich der nächste Kollaps. Das muss jetzt etwa acht Minuten her sein. Seitdem ist er bewusstlos und liegt im Schnee.

Sofort wird die Reanimation mit Herzdruckmassage, Beatmung über einen Larynx-tubus und EKG-Analyse eingeleitet. Kammerflimmern! Also wird mit 200 J defibrilliert. Anschließend wird die CPR fortgeführt. Da sich keine punktierbaren Venen darstellen las-sen, wird ein intraossärer Zugang gelegt. Es folgen erneute Defibrillationen nach weiteren zwei und vier Minuten. 1 mg Adrenalin und 300 mg Amiodaron werden appliziert. Plötz-lich verändert sich der Zustand des Patienten, und er zeigt Spontanbewegungen. Der beat-mende Kollege bemerkt Entleerungen des Beatmungsbeutels zwischen den Ventilationen. Der etCO$_2$ steigt auf 60 mmHg an. Im EKG zeigt sich ein Sinusrhythmus mit einer Frequenz von 95/min. Fentanyl und Midazolam werden verabreicht. Weil ST-Hebungen zu erken-nen sind, werden zudem Aspirin® und Heparin gegeben. SpO$_2$: 94 %, RR: 160/90 mmHg, BZ: 187 mg/dl, T: 35,0 °C.

»Kreislauf und Beatmung sind okay, da machen wir nichts dran«, beschließt der Not-arzt. »Aber die Temperatur ist zu niedrig, der Patient ist unterkühlt. Wir legen ein paar warme Decken drüber, und bitte die Heizung im RTW bis zum Anschlag aufdrehen. «

Stimmen Sie zu? Würden Sie etwas anders machen?

Fall 4: Kühlung nach Verbrennung

Der nächste Einsatz führt zu einem Umspannwerk. Ein Starkstromelektriker hat bei War-tungsarbeiten an einer technischen Anlage im Freien einen Hochspannungsunfall erlit-ten. Kollegen haben ihn auf ein freies Rasenstück evakuiert. Als das Rettungsteam das bereits verlässlich gesicherte Areal betritt, ist der Patient ansprechbar und hat heftige Schmerzen. Er weist Verbrennungen 2. und 3. Grades am vorderen Rumpf, beiden Armen und beiden Beinen auf. Ca. 40 % der Körperoberfläche sind betroffen. Der Atemweg scheint frei zu sein. Ein Stridor ist nicht zu hören. Es zeigen sich keine Verbrennungsspuren im Bereich von Mund und Nase. Atemnot wird nicht angegeben. Der Radialispuls ist sehr kräftig tastbar. Ersthelfer haben seit der Alarmierung vor ca. 15 Minuten kontinuierlich mit Wasser aus einem Gartenschlauch, der auf die Schnelle vom Garten eines Nachbarn hierher verlegt wurde, gekühlt. Auf eine Blutdruckmessung muss aufgrund der schweren Verbrennungen an allen möglichen Messorten verzichtet werden. SpO$_2$: 99 %, P: 120/min, BZ: 87 mg/dl, T: 36,3 °C. Nachdem ein großlumiger Zugang angelegt wurde, beginnt die Flüssigkeitstherapie. Die Ersthelfer fragen, ob sie jetzt weiter kühlen sollen. Der Patient zeigt kein Kältezittern, und seine Temperatur liegt im Normbereich.

Was meinen Sie? Wie lange soll weiter gekühlt werden?

Fall 5: Schock

Nicht zu fassen! Erinnern Sie sich an Dr. Asmus und seine Forschungsstation am Nordpol (Kap. 2.6)? Da ging es um seinen Kollegen, der einen Kreislaufstillstand erlitten hatte. Jetzt meldet er sich wieder und erbittet ein notfallmedizinisches Konsil. Ihr Kollege hat ihn am Apparat. Abermals ist einer seiner Mitarbeiter schwer erkrankt: Mr. Darwin ist wohl schon etwas älter, aber eine solche Koryphäe auf dem Gebiet der Glaziologie, dass man alle Alters-begrenzungen außer Kraft gesetzt und ihn mit zum Nordpol genommen hat. Dr. Asmus glaubt, dass der Kollege einen Schock hat, denn der Blutdruck beträgt 85/40 mmHg und die Pulsfrequenz liegt bei 138/min. Asmus weiß aber nicht, um was für einen Schock es sich handeln könnte. Sein erstes Anliegen ist nun, dass Sie ihm aufzählen, welche Schockformen es grundsätzlich gibt und welche zusätzlichen Befunde im konkreten Fall dabei helfen würden, zwischen diesen Formen zu differenzieren.

Also, welche Schocktypen gibt es, und welche Zeichen würden für die eine oder andere Form sprechen? Wonach soll Dr. Asmus suchen?

Dr. Asmus meldet sich wieder. Er hat nun weiterführende Informationen gesammelt. Der 68-jährige Mr. Darwin sei nicht adäquat ansprechbar. Seine Zimmernachbarn berichten, dass er sich bereits am Vorabend nicht wohlgefühlt habe. Wieder mal Schmerzen in der linken Flanke. Das sei in den letzten Wochen öfter vorgekommen. Er habe sich dann mit Schüttelfrost ins Bett gelegt. Asmus hat sich die Akte besorgt und die medizinische Vorgeschichte studiert. Demnach besteht eine schwere Allergie gegen Erdnüsse. Darwin hat eine koronare Herzkrankheit und wurde vor drei Jahren wegen eines NSTEMI behandelt. Kein Wunder bei dem Risikoprofil: Hypertonie, Diabetes mellitus und 30 Zigaretten am Tag. Zudem wurde der Patient vor zwei Jahren mit einem blutenden Magengeschwür in die Klinik eingeliefert. Nierensteine sind auch schon einmal festgestellt worden. In diesem Zusammenhang sind auch Harnwegsinfekte aufgetreten. Vor drei Wochen, fällt einem der Kollegen noch ein, sei Darwin von einer Trittleiter gestürzt, als er eine defekte Birne im Laborbereich reparieren wollte. Der Rücken hätte ihm ein paar Tage lang ganz schön weh getan. Er habe aber die Zähne zusammengebissen und weitergearbeitet. Die Dauermedikation besteht aus Marcumar®, Insulin, einem Betablocker und einer Adrenalin-Fertigspritze als Bedarfsmedikament bei allergischen Reaktionen. Bei der körperlichen Untersuchung fallen keine Verletzungszeichen auf. Die Lungen sind seitengleich belüftet. Allerdings ist die Atmung stark beschleunigt. Die Pupillen sind seitengleich und reagieren etwas verzögert auf Licht. Der mentale Status ist verändert: Man kennt den Patienten als gedankenschnellen und intelligenten Wissenschaftler, heute wirkt er verlangsamt und desorientiert. Das Abdomen ist weich, die Haut gerötet. Es besteht keine Halsvenenstauung. Dem auffällig penetranten Geruch nach zu urteilen, hat Mr. Darwin eingenässt. Dr. Asmus bringt seine diagnostischen Geräte zum Einsatz. RR: 85/40 mmHg, SpO$_2$: 92 %, P: 138/min, EKG: Sinustachykardie, BZ: 176 mg/dl, T: 40,2 °C.

Können Sie eine Verdachtsdiagnose stellen? Was für einen Schock hat Mr. Darwin?

Fall 6: Unklare Bewusstseinsstörungen

27.7.2015, 14.25 Uhr: Einsatz im Schrebergarten. Herr Müller ist 83 Jahre alt, aber erfreut sich noch bester Gesundheit – zumindest bis jetzt! Vor ca. zehn Minuten ist er von seiner Tochter im Garten gefunden worden. Anscheinend wollte ihr Vater das schöne Wetter ausnutzen und den Rasen mähen. Dabei hatte sie ihm noch gesagt, dass er sich nicht übernehmen solle. Herr Müller liegt desorientiert auf dem Boden. Er hat erbrochen. Auf Ansprache öffnet er kurz die Augen und sagt auch einige Wörter. Leider kann er nicht sagen, wo er ist, was passiert ist und was ihm fehlt. Die Tochter hat den Anamnesebogen und die Medikamentenliste geholt. Demnach besteht lediglich eine leichte Herzinsuffizienz, die mit

Diuretika behandelt wird. Keine Allergien. Die letzte Mahlzeit war das Mittagessen vor ca. zwei Stunden, es gab Gegrilltes und ein paar Schnäpschen. Herr Müller ist nicht kaltschweißig, sondern fühlt sich trocken und warm an. Am Hinterkopf ist eine kleine Platzwunde zu erkennen. Keine Halbseitensymptomatik. Die Pupillen sind mittelweit und reagieren auf Licht. Es fällt ein mäßiger Foetor alcoholicus auf. Die Werte: EKG: Sinusrhythmus, P: 115/min, SpO$_2$: 96 %, RR: 90/60 mmHg, BZ: 92 mg/dl, T: 40,8 °C.

Woran leidet Herr Müller?

7.6 Lösungen

Fall 1: Saving Sherpa Bryan

Die Lösungen basieren auf den Leitlinienempfehlungen des ERC von 2015 (Kapitel 4 – »Kreislaufstillstand in besonderen Situationen«).

Frage 1 – Basiscamp:
Richtig ist *Antwort c*. Der Patient weist bereits Bewusstseinstrübungen auf und ist mit 31 °C Körpertemperatur deutlich unterkühlt. Ein Kältezittern ist hier nicht mehr möglich. Der Stoffwechsel brennt auf »Sparflamme«. Eine Zentralisation hält das wärmere Blut im Kern und das kühlere Schalenblut in der Peripherie. Hier aktiv wiederzuerwärmen, z.B. durch ein »Warmrubbeln«, könnte sogar gefährlich sein, weil kaltes Blut in den Körperkern verschoben wird, was zu einem sogenannten Bergungstod führen kann.

Frage 2 – Camp 1:
Antwort b stimmt: Bis zu eine Minute darf die Suche nach Lebenszeichen betragen. Das liegt daran, dass hypotherme Patienten eine außerordentlich diskrete Vitalaktivität aufweisen können. Im Zweifel gilt aber auch hier: sofort reanimieren!

Frage 3 – Camp 2:
Antwort c trifft zu: Drei Versuche erscheinen angezeigt. Bei Erfolglosigkeit sollte gewartet werden, bis 30 °C Körpertemperatur überschritten sind. Wahrscheinlich ist das Herz vorher zu kalt für eine erfolgreiche Defibrillation.

Frage 4 – Camp 3:
Korrekt ist *Antwort a*: Bis 30 °C Körpertemperatur werden keine Reanimationsmedikamente verabreicht, ab 30 °C erfolgt die Gabe im Vergleich zur Standardreanimation in verdoppelten Zeitabständen. Wenn 35 °C erreicht sind, werden wieder die üblichen Dosierungen in üblichen Intervallen empfohlen. Die Begründung liegt in der fraglichen Wirkung bei hypothermen Patienten. Da die Verstoffwechselung der Medikamente verlangsamt ist, können bei wiederholten Applikationen zudem gefährlich hohe Plasmakonzentrationen entstehen, die später im falschen Moment ihre Wirkung entfalten können.

Fall 2: Auditive Seitendifferenz

Nach einem Schlaganfall sieht das nicht wirklich aus. Vielmehr werden sich die weiteren diagnostischen Bemühungen auf das rechte Ohr konzentrieren. Die plötzliche Schwerhörigkeit könnte auf einen Hörsturz zurückzuführen sein. Vielleicht ist es aber noch harmloser und der Gehörgang ist durch einen Ceruminalpfropf verlegt. Cerumen ist Ohrenschmalz. Eigentlich eine recht praktische Sache: Cerumen schützt vor Infektionen, befeuchtet den Gehörgang und transportiert Schmutzpartikel in Richtung der Ohrmuschel. Entscheidend ist – wie so häufig – die Dosis. Zu viel Cerumen kann einen Pfropf bilden und den Gehörgang verlegen. Das kann man durch den Versuch befördern, den Gehörgang mit Q-tips® oder ähnlichem zu reinigen. Dann kann es nämlich passieren, dass man den Schmalz verfestigt, anstatt ihn zu entfernen. Neben der plötzlichen Schwerhörigkeit und einem leichten Schwindel beim Patienten im Fall passen zwei Auffälligkeiten in das Bild. Erstens ist das Problem nach dem Duschen aufgetreten. Wenn Wasser in das Ohr eindringt, kann ein vorbestehender Ceruminalpfropf aufquellen und den Gehörgang verlegen. Zweitens bestand eine Temperaturdifferenz zwischen dem rechten und dem linken Ohr. Ein Ceruminalpfropf kann die freie Passage der Infrarotabstrahlung vom Trommelfell einschränken, was zu einem moderat falsch niedrigen Messergebnis führen kann. 0,5 °C lassen sich möglicherweise auch durch andere Messfehler erklären, sind aber in diesem Fall ein weiterer Hinweis auf die mögliche Ursache. Also kein Schlaganfall für die Stroke Unit, sondern mit V. a. Ceruminalpfropf in der HNO-Abteilung vorstellen lassen.

Fall 3: Wärmeerhalt nach Reanimation

Am aktuellen Zustand gemessen, ist der Patient überhaupt nicht zu kalt. In der Postreanimationsbehandlung hat sich in den letzten Jahren das Verfahren des zielgerichteten Temperaturmanagements etabliert. Das Ziel ist eine Optimierung des neurologischen Outcomes u. a. durch Unterdrückung der Freisetzung zellschädigender Substanzen (z. B. freie Radikale). Die Zieltemperatur von 32 – 36 °C wird für mindestens 12 – 24 Stunden aufrechterhalten.

Fall 4: Kühlung nach Verbrennung

Eine entscheidende Hinzufügung: Die Temperatur liegt noch (!) im Normbereich. Aber sicherlich nicht mehr lange – das applizierte Wasser dürfte viel zu kalt sein. Außerdem ist zu diesem Zeitpunkt bereits viel zu lange gekühlt worden. Die gewünschten Effekte der Kühlung nach Verbrennungen erklären sich durch die Reduktion der Temperatur in der Wunde (»Nachbrenneffekt«). Schon nach zwei Minuten ist kein weiterer Nutzen mehr zu erwarten. Interessant bleibt allerdings der Aspekt der Analgesie. Daher können Ersthelfer nach wie vor eine lokal begrenzte Kühlung mit ca. 20 °C warmem Wasser durchführen, wenn es vom Patienten als angenehm empfunden wird. Das gilt aber nur für sehr kleinflächige Verbrennungen. Bei größerer Ausdehnung – wie hier – verliert der Patient sehr viel Körperwärme. Der Rettungsdienst sollte daher die Kühlung nicht fortführen. Zu groß ist die Gefahr einer Hypothermie, die fatale Auswirkungen auf die Überlebenswahrscheinlichkeit haben kann. Also nicht kühlen, sondern Wärme erhalten. Zum Monitoring gehört bei betroffenen Patienten eindeutig die wiederholte Temperaturmessung.

Fall 5: Schock

Ein Schock entsteht entweder durch einen absoluten oder relativen Volumenmangel oder eine Umwälzstörung. Letzteres ist häufig durch ein direktes Herzproblem bedingt – dann liegt ein *kardiogener Schock* vor. Meistens ausgelöst durch einen Herzinfarkt oder eine dekompensierte Herzinsuffizienz, werden sich entsprechende anamnestische Hinweise und EKG-Veränderungen erheben lassen. Häufig ist ein kardiogener Schock mit einem Lungenödem vergesellschaftet. Die aufgrund des Pumpversagens erhöhte Vorlast lässt sich an gestauten Halsvenen erkennen. Gestaute Halsvenen sind auch ein wichtiges Symptom beim *obstruktiven Schock,* der durch Herzbeuteltamponade, Spannungspneumothorax und Lungenembolie ausgelöst werden kann. Möglicherweise bietet ein Unfallhergang (Thoraxtrauma?) oder die aktuelle Krankheitsgeschichte (längere Immobilisation als thrombosefördernder Faktor?) Hinweise auf ein derartiges Geschehen. Ein Spannungspneumothorax könnte durch ein einseitig aufgehobenes Atemgeräusch erkannt werden. Wahrscheinlich besteht Atemnot.

Bei einem *Volumenmangelschock* sind massive Blutungen oder andere Flüssigkeitsverluste (z.B. nach Verbrennungen) zu erwarten. Also muss gezielt nach Blutungsquellen gefahndet werden. Das ist bei äußerlichen Verletzungen leicht, bei inneren Blutungen aber schwieriger. Liegen Frakturzeichen oder Prellmarken vor? Ist die Bauchdecke gespannt? Fallen Blutbeimengungen in den Ausscheidungen auf? Gibt es andere Hinweise auf einen massiven Volumenmangel, wie z.B. Brechdurchfälle oder eine hyperglykämievermittelte Exsikkose?

Ein relativer Volumenmangel wird auch als *distributiver Schock* bezeichnet. Hier liegt das Problem in einer Verteilungsstörung, hervorgerufen durch eine völlig unangemessene Gefäßweitstellung. Zu diesem Schocktyp zählen der anaphylaktische, der neurogene und der septisch-toxische Schock. Bei einem *anaphylaktischen Schock* sind eine aktuelle Allergenexposition, Hautreaktionen wie Ödeme, Rötungen und Urtikaria, sowie Atemnot durch Einengungen des oberen Atemwegs (inspiratorischer Stridor) und/oder einen Bronchospasmus zu erwarten. Dem *neurogenen Schock* gehen Schädigungen des Nervensystems voran. Beispielsweise kann ein spinaler Schock als Sonderform des neurogenen Schocks auftreten, wenn eine Wirbelsäulenverletzung zu einem Ausfall der sympathischen Beeinflussung der distalen Gefäßmotorik geführt hat. Auch eine Schädigung des Hirnstamms kann Kreislaufstörungen hervorrufen. Mr. Darwin hat zwar eine Rückenverletzung erlitten, aber die liegt schon drei Wochen zurück. Ob da ein Zusammenhang besteht? Erst mal weitersuchen!

Ein *septischer Schock* ist Folge einer systemisch wirksamen Infektion. Toxine bewirken eine massive Vasodilatation – der Kreislauf wird insuffizient. Nicht ganz leicht zu erkennen.

Aber neben Kreislaufinsuffizienz und Tachypnoe ist hohes Fieber (hier 40,2 °C) ein guter Indikator für eine mögliche Infektionsursache. Über den qSOFA-Score (quick Sequential Organ Failure Assessment) lässt sich der Verdacht auf eine Infektion mit schwerem Verlauf mitbegründen. Wenn mindestens zwei der folgenden drei Kriterien vorliegen, gilt der Test als positiv: verändertes Bewusstsein, Atemfrequenz ≥ 22/min und systolischer Blutdruck ≤ 100 mmHg. Möglicherweise lohnt es sich, die urologische Diagnostik zu forcieren. Der eher subakute Verlauf mit Schüttelfrost am Vorabend, rezidivierende Harnwegsinfekte, dazu aktuell der penetrante Geruch des Harns und die schon häufiger aufgetretenen Schmerzen in der Flanke als mögliches Symptom z.B. einer infektionsbegünstigenden Steinerkrankung – eine Urosepsis ist nicht unwahrscheinlich. Neben der allgemeinen Schocktherapie können Antibiotika hilfreich sein.

Fall 6: Unklare Bewusstseinsstörungen

Ein Hitzschlag! Völlig klar und viel zu einfach? Weil die Temperatur weit über 40 °C lag? Aber denken Sie in solchen Situationen auch wirklich regelmäßig daran, die Temperatur zu messen? Ohne diese Information käme eine Reihe von Erkrankungen infrage: Exsikkose, Schlaganfall, Alkoholintoxikation ... Aber eine Temperatur über 40 °C bei einem älteren Patienten unter Diuretika-Medikation und nach Alkoholkonsum mit trockener (!) heißer Haut, der in der Sommersonne körperlich gearbeitet hat, legt die Diagnose »Hitzschlag« doch sehr nahe. Ein Hitzschlag resultiert aus einer akuten Überwärmung des Körpers, nachdem die normalen Kühlmechanismen (Schwitzen) ausgefallen sind. Die Bewusstseinsstörung könnte durch ein Hirnödem zu erklären sein.

8 Beatmungsdruck

8.1 Power on: Sherlocks Einsatz

»Was ist denn jetzt los?«, will der Notarzt wissen.

Plötzlich spielen alle Werte verrückt. Darauf aufmerksam machte zuerst der penetrante P_{AW}-Alarm des Beatmungsgeräts. Der Beatmungsdruck war massiv angestiegen. Zuerst glaubte der Notarzt, dass die Narkose vielleicht zu flach war, aber dann zeigte eine Kontrolle weiterer Parameter, dass ein etwas komplexeres Problem vorlag. Die Herzfrequenz war auf 150/min gestiegen, dafür war der Blutdruck rasant gefallen: 70/40 mmHg. Die Sauerstoffsättigung konnte nicht mehr gemessen werden. Der $etCO_2$ lag bei nur noch 22 mmHg. Dabei war bis jetzt alles komplikationslos verlaufen.

Ein 32-jähriger Zimmermann war bei Ausbesserungsarbeiten an einem Dachstuhl aus ca. sechs Metern Höhe vom Gerüst auf das Flachdach der benachbarten Garage gestürzt. Sherlock und der Notarzt haben sich eine Leiter besorgt und sind zum Patienten hochgestiegen. Der Mann hatte sich ein schweres Schädel-Hirn-Trauma zugezogen, außerdem fiel eine offene Unterschenkelfraktur auf. Darüber hinaus zeigte die Traumauntersuchung lediglich einige Abschürfungen und Hämatome an Becken und Thorax. Bei einem initialen GCS von 7 (1-2-4) entschied sich der Notarzt für eine Intubation. Hat problemlos funktioniert, genau wie Immobilisation, Wundversorgung, Wärmeerhalt und Zugänge.

Als die Feuerwehr zur technischen Rettung eintraf, waren alle Maßnahmen bereits abgeschlossen, sodass unverzüglich mit dem Transport begonnen werden konnte. Zu diesem Zeitpunkt wurde der Patient nach Narkoseeinleitung mit Fentanyl, Propofol und Succinylcholin mit dem Beatmungsgerät CPPV-beatmet (AMV: 6 000 ml, PEEP: 5 cm H_2O, FiO_2: 1,0, P_{max}: 25 mbar) und erschien völlig stabil: P: 84/min, SpO_2: 97 %, EKG: Sinusrhythmus, RR: 140/80 mmHg, BZ: 98 mg/dl, $etCO_2$: 38 mmHg. Nach Rettung vom Dach ging es sofort mit dem RTW zum voralarmierten Schockraum.

Und nach der Hälfte des Weges das! Was ist passiert? Nachlassende Narkosetiefe? Aber was hat das mit ausgeprägter Kreislaufdekompensation und stark reduziertem etCO$_2$ zu tun? Dekompensiertes Schockgeschehen bei fortgesetztem Volumenverlust? Aber was hat das mit dem Beatmungsdruck zu tun? Eine Kombination beider Probleme? Was für ein Zufall! Sherlock inspiziert den Patienten und macht eine aufschlussreiche Beobachtung. Die Halsvenen sind nicht etwa kollabiert, sondern im Gegenteil prall gefüllt. Also kein Volumenproblem, sondern ein »Umwälzproblem«. Sherlock kombiniert seine Informationen und hat eine Idee. Er zieht die wärmeerhaltende Rettungsdecke vom Thorax des Patienten und zückt sein Stethoskop. Tatsächlich, nur noch linksseitig kann ein Beatmungsgeräusch auskultiert werden. Der Brustkorb hebt sich nur einseitig, und bei Betasten der rechten Thoraxwand fällt ein Hautemphysem auf. Spannungspneumothorax! Sofort wird eine Schnellpunktion mit einer großlumigen Venenverweilkanüle vorgenommen. Es folgt die Anlage einer Thoraxdrainage. Kurz darauf bessern sich alle Werte.

Rückblickend nimmt das Team an, dass von Anfang an ein kleiner und trotz sorgfältiger Auskultation nicht bemerkter Pneumothorax vorgelegen hat. Durch die Überdruckbeatmung hat sich ein Ventilmechanismus entwickelt, der eine sich ausdehnende Luftansammlung im Pleuraspalt bewirkt hat. Eine Verdrängung von Lungengewebe und die Kompression großer Venen haben zum kombinierten Atmungs- und Kreislaufversagen geführt.

8.2 Grundlagen: Wie entsteht der Wert und wie funktioniert die Messung?

Wenn Luft aktiv von einem Ort zu einem anderen bewegt werden soll, sind Kräfte erforderlich: umso mehr, je begrenzter der Raum im Zielort und desto enger der Weg dorthin ist. Wer einen Beatmungsbeutel ausdrückt und die Luft in die Atmosphäre pustet, muss sich keine Gedanken darüber machen, ob die Atmosphäre ausreichend Raum oder einen hinderlichen Widerstand bietet. Dementsprechend fällt das Ausdrücken des Beutels nicht sonderlich schwer. Bei der Beatmung der Lunge sieht das anders aus. Um das erforderliche Inspirationsvolumen mit der im Rettungsdienst üblicherweise eingesetzten IPPV-Beatmung im Atemtrakt unterzubringen, muss die Lunge aktiv mit Überdruck ausgedehnt werden. Die Dehnbarkeit (*Compliance*) der Lunge, die den erforderlichen Beatmungsdruck mitbestimmt, hat natürlich ihre physiologischen Grenzen (Abb. 8.1). Wird versucht, über die Elastizität von Brustkorb und Lunge hinaus mit zu hohen Volumina zu beatmen, kann es – insbesondere bei Kindern – zu einem Überdrucktrauma (Barotrauma) der Lunge kommen.

Neben der Compliance gibt es ein zweites Hindernis, das der Beatmungshub überwinden muss: den Widerstand des Atemwegs (*Resistance*). Ein deutlich verengter Atemweg erfordert einen höheren Beatmungsdruck, um das eingestellte Volumen in vergleichbarer Zeit in die Lunge einzubringen (Abb. 8.2).

Compliance und Resistance auf Patientenseite und die Einstellung des *Tidalvolumens* am Beatmungsgerät auf Helferseite sind entscheidende Stellgrößen für die Entstehung eines bestimmten Beatmungsdrucks. Bei einer volumenkontrollierten Beatmungsform wie der IPPV-Beatmung (Intermittent positive pressure Ventilation) versucht das Gerät,

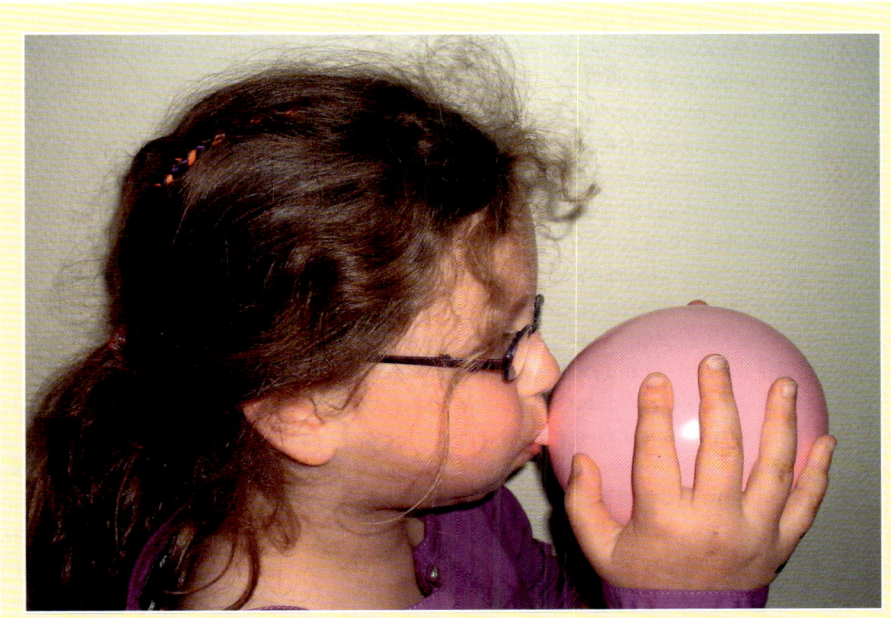

ABB. 8.1 ▶ Compliance eines Luftballons

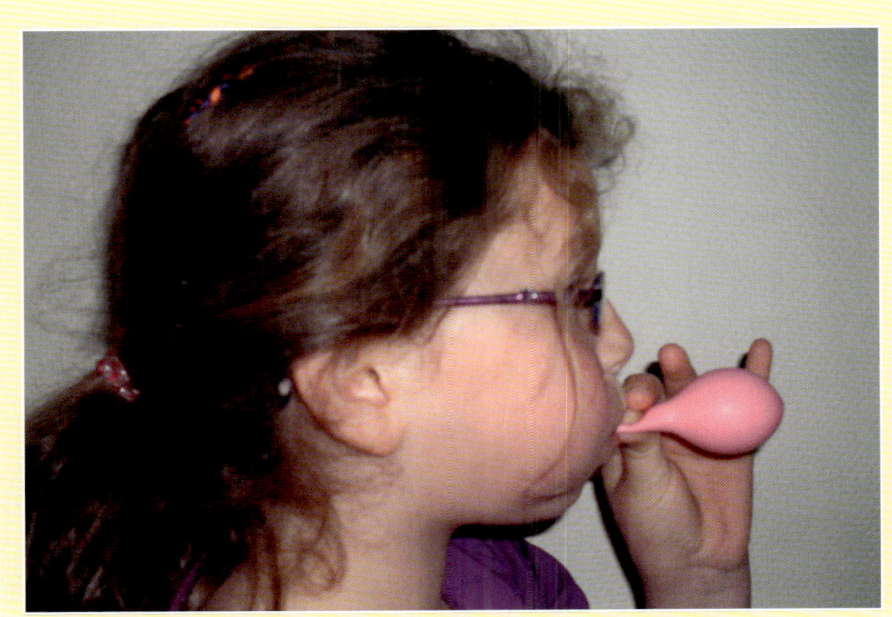

ABB. 8.2 ▶ Resistance eines Luftballons

ein definiertes Tidalvolumen in den Patienten zu bringen. Der für die Realisierung dieses Tidalvolumens erforderliche Beatmungsdruck hängt nun patientenseitig von Compliance und Resistance der Lunge ab. Das Beatmungsgerät passt also den Beatmungsdruck der Notwendigkeit an. Natürlich nur bis zu einer bestimmten Obergrenze, schließlich sollte ein kleiner Verdreher am Stellknopf für das Tidalvolumen keine fatalen Auswirkungen wie z.B. ein Barotrauma haben. Deshalb wird dem Gerät ein maximaler Beatmungsdruck »erlaubt«, der P_{max}, der auf ca. 30 mbar voreingestellt sein sollte. Ein geringerer Druck sollte eigentlich bereits ausreichen, 30 mbar würden jedoch keine unmittelbaren Schäden verursachen. Und darum geht es ja: dem Gerät einen Druckspielraum innerhalb tolerabler Grenzen lassen, sodass ein gewünschtes Tidalvolumen unabhängig (zumindest in einem gesunden Maß) von den Druckvoraussetzungen der Patientenlunge appliziert wird. Wenn der P_{max} erreicht wurde, reagiert das Gerät nicht mit einer weiteren Druckerhöhung. Abhängig vom Fabrikat wird der maximale Druck kurz gehalten, dann aber abgelassen, was natürlich eine Reduktion des eigentlich gewünschten Tidalvolumens bedeutet.

Je nachdem, welches Beatmungsgerät verwendet wird, werden die Werte des Atemwegsdrucks in der Inspirationsphase (P_{AW}) mechanisch per Zeiger auf einer Druckskala oder digital auf einem Display visualisiert (ABB. 8.3). Überschreitungen des P_{max}, aber auch Unterschreitungen eines minimal plausiblen Beatmungsdrucks (z.B. < 10 mbar: schließlich lässt sich auch eine gesunde Lunge nur mit Druck entfalten) lösen darüber hinaus visuelle und akustische Alarme aus, die den Anwender sofort auf das Problem aufmerksam machen.

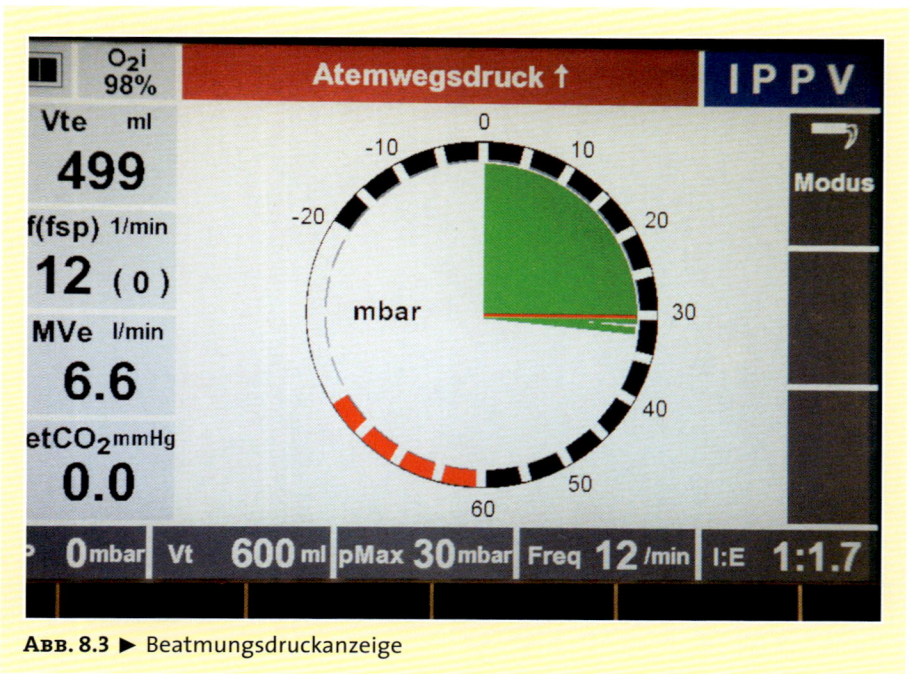

ABB. 8.3 ▶ Beatmungsdruckanzeige

Wer mit dem Beutel beatmet, muss auf die Anzeige des Beatmungsdrucks verzichten. Es wird aber, insbesondere bei sehr hohem Druck, auffallen, dass der Beutel sich sehr viel schwieriger komprimieren lässt. Das ist alles andere als exakt, aber immerhin ein subjektiver Eindruck, der weitere Investigationen anstoßen sollte.

8.3 Erkenntniswert: Welchen Informationsgewinn liefert die Messung des Beatmungsdrucks?

Das Beatmungsgerät piept und zetert: $P_{AW}\downarrow$ oder $P_{AW}\uparrow$. Der Alarm macht auf einen zu niedrigen oder zu hohen Atemwegsdruck in der Inspirationsphase aufmerksam. Und zwar in durchaus schriller Weise. Das kann ganz schön nervig sein, findet Sherlock. Doch der P_{AW}-Alarm hat natürlich einen guten Grund: Ein außerhalb der Alarmgrenzen (z.B. < 10 mbar als $P_{AW}\downarrow$ und > 30 mbar als $P_{AW}\uparrow$) liegender Beatmungsdruck zeigt i.d.R. ein profundes Atemwegs- oder Belüftungsproblem an. Und A- und B-Probleme verlangen eben grundsätzlich die volle Aufmerksamkeit des Teams Also lohnt sich die sofortige Suche nach Ursachen für die Abweichung in jedem Fall.

Ein zu *niedriger Atemwegsdruck* in der Inspirationsphase kann Ausdruck einer Diskonnektion z.B. zwischen Patientenventil und Tubus sein. In diesem Fall wird die Atmosphäre beatmet – und die setzt eben keinen relevanten Gegendruck. Auch ein nicht geblockter Cuff erlaubt einen Rückstrom von Luft nach außen, denn Luft macht es sich grundsätzlich einfach: Sie nimmt immer den Weg des geringsten Widerstands. Ein ähnliches

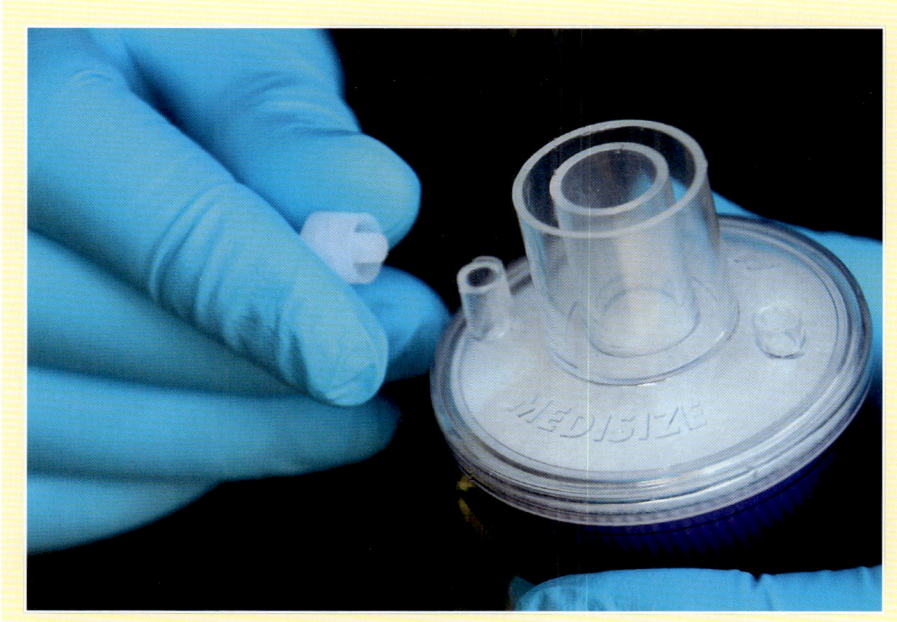

ABB. 8.4 ▶ Beatmungsfilter mit diskonnektiertem Luer-Lock-Anschluss

Problem besteht, wenn der Tubus aus der Trachea herausgerutscht ist und im Rachenraum liegt. Manchmal sitzt der Teufel im Detail: Auch ein Beatmungsfilter kann ein »Luftloch« verursachen. Am Filter gibt es eine kleine Kappe, die den Luer-Lock-Anschluss für ein Nebenstromkapnometer verschließt (ABB. 8.4). Wenn diese Kappe entfernt wird und der Anschluss frei liegt, strömt Beatmungsluft heraus. Darauf muss man erst mal kommen!

Noch eine technische Falle: Einige Beatmungsgeräte führen parallel zum Beatmungsschlauch verschiedene kleinere Schläuche zum Patientenventil, über die CO_2-haltige Exspirationsluft in das geräteinterne Kapnometer abgesaugt oder über die der Druck gemessen oder der PEEP gesteuert wird (ABB. 8.5).

Wenn einer dieser Schläuche diskonnektiert ist, »beatmet« das Gerät die Umgebung. So oder so – das System ist in all diesen Fällen nicht geschlossen. Es besteht eine Leckage. Compliance und Resistance der Lunge müssen nicht mehr überwunden werden, weil die Luft nach außen entweichen kann.

Auch der Patient könnte, trotz oder gerade wegen eines geschlossenen Beatmungssystems, für einen niedrigen oder sogar negativen Druck in der Inspirationsphase des Beatmungsgeräts sorgen, wenn er spontan tief einatmet. Dann fehlt dem Gerät der Gegendruck.

Ein letztes $P_{AW}\downarrow$-Problem kann durch eine falsche Parametereinstellung erklärt werden. Wenn man die Lunge eines Erwachsenen mit einem Tidalvolumen, das für Säuglinge geeignet ist, zu ventilieren versucht, misst das Gerät ebenfalls keinen plausiblen Widerstand, da sich das bisschen Luft einigermaßen druckneutral in der viel zu großen Lunge verliert.

ABB. 8.5 ▶ Schlauchverbindungen zum Patientenventil

Ein zu *hoher Beatmungsdruck* kann auf eine technische Störung hinweisen. Wenn beispielsweise jemand auf dem (Beatmungs-)Schlauch steht, muss er sich nicht wundern, dass die Luft nicht mehr ungehindert strömen kann. Ein ähnliches Problem: Einige Tubushalter neuerer Generation ermöglichen eine feste Fixierung des Tubus nach dem Schraubzwingenprinzip – manchmal so fest, dass sich eine Stenose bildet. Über diese Engstelle knickt der Tubus dann auch schon mal ab, insbesondere wenn das schwere Patientenventil direkt daran hängt und keine Gänsegurgel zwischengeschaltet wurde. Spätestens jetzt ist der Tubus nicht mehr uneingeschränkt passierbar – der Beatmungsdruck steigt.

Wenn technische Probleme ausgeschlossen sind, lohnt sich ein Blick auf die *Beatmungsparameter*. Ein exorbitant überhöhtes Tidalvolumen bringt die Lunge an ihre Ausdehnungsgrenzen und führt folglich zu einer Druckzunahme. Ein lungenschonendes Tidalvolumen liegt bei ca. 6–7 ml/kg Körpergewicht – natürlich erfolgt über diese Grundeinstellung hinaus ein Feintuning mittels Pulsoxymetrie und Kapnografie. Auch die Einstellung des P_{max} verdient jetzt Beachtung. Wenn die Alarmgrenze viel zu niedrig gewählt wurde, gibt das Gerät eben auch dann Alarm, wenn eigentlich eine adäquate Beatmung möglich wäre.

Wenn im Verlauf einer zunächst unproblematischen Beatmung plötzlich $P_{AW}\uparrow$-Alarme ausgelöst werden, sollte bedacht werden, dass die Narkosetiefe nachgelassen haben könnte und der Patient spontan gegen den Beatmungshub atmet oder hustet. Der dabei entstehende exspiratorische Gegendruck erhöht den Inspirationsdruck schlagartig.

Weitere Probleme, die auf Störungen von Compliance (Dehnbarkeit der Lunge) oder Resistance (Atemwegswiderstand) zurückzuführen sind:

▶ massive Schleimproduktion, Schleimhautschwellungen
▶ Bronchospasmus
▶ Lungenödem
▶ Pneumothorax, Hämatothorax, Spannungspneumothorax
▶ Pneumonie
▶ Bolusgeschehen, Aspiration
▶ Atelektasen
▶ Magenüberblähung (z. B. durch Maskenbeatmung vor der Intubation)
▶ intraabdominelle Raumforderung
▶ Thoraxkompressionen im Rahmen der Reanimation.

Die Kunst für das Rettungsteam im Einsatz besteht darin herauszufinden, welches Problem vorliegt und wie es behoben werden kann. Das gelingt natürlich nicht anhand einer isolierten Information – nämlich dem Beatmungsdruck –, sondern durch gezielte Untersuchungen und die Kombination mehrerer Werte (ABB. 8.6). Wie in Sherlocks Einsatz: Ein zu Beginn der Beatmung normaler Beatmungsdruck, der plötzlich massiv ansteigt, zeigt eine akute und keine chronische Veränderung an. Bei gleichzeitig abgeschwächten Beatmungsgeräuschen, Kreislaufinsuffizienz, gestauten Halsvenen und ggf. einem Hautemphysem drängte sich der Verdacht auf einen Spannungspneumothorax auf, der sofort entlastet werden musste. Erst die Behandlung der ursächlichen Störung führte zur Normalisierung der Werte.

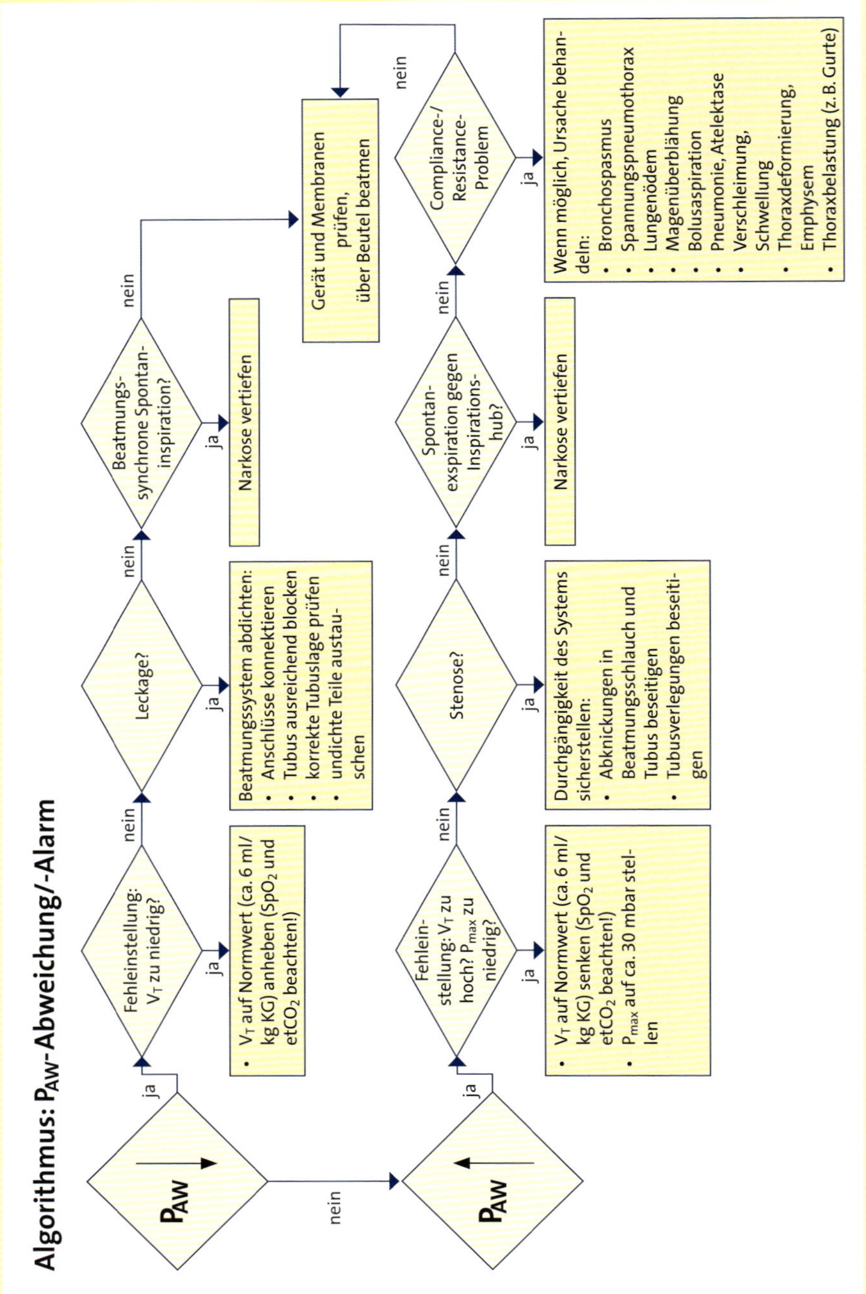

Algorithmus: P~AW~-Abweichung/-Alarm

ABB. 8.6 ▶ Algorithmus P~AW~-Abweichung/-Alarm

Die Therapie der Ursache ist allerdings nicht immer möglich. Wenn eine chronische Lungenerkrankung mit strukturell verändertem Lungengewebe oder eine schwere Deformierung des Thorax vorliegt, hat die Dehnbarkeit der Lunge engere Grenzen und erfordert einen höheren Inspirationsdruck. Diese Druckerhöhung kann innerhalb gewisser Grenzen vorübergehend akzeptabel sein. Möglicherweise kann durch eine schonende Einstellung der Beatmungsparameter oder die Auswahl lungenprotektiver Beatmungsformen eine Reduktion des Beatmungsdrucks erreicht werden.

8.4 Einsatz RTW: Ihre Diagnose, bitte!

Fall 1: Reanimation

Der 58-jährige Patient war während der Arbeit in seinem Büro kollabiert. Zwei Ersthelfer hatten bereits vor dem Eintreffen des Rettungswagens mit der Wiederbelebung begonnen. Dazu wurden Herzdruckmassagen und Mund-zu-Mund-Beatmungen im Verhältnis 30:2 durchgeführt. Die Kollegen vom RTW haben die Ersthelfer eingespannt und konnten innerhalb kurzer Zeit die Mund-zu-Mund-Beatmung durch eine Beatmung über einen Larynxtubus ersetzen. Das EKG zeigte ein Kammerflimmern, das umgehend zu defibrillieren versucht wurde. Es folgte die Anlage eines intravenösen Zugangs. Nach der dritten Defibrillation wurden 1 mg Adrenalin und 300 mg Amiodaron verabreicht. Und dann kam das NEF. Der Larynxtubus musste herausgezogen werden, weil die Notärztin lieber endotracheal intubieren wollte. O.k., hat auch geklappt. Thoraxkompressionen (100/min) und Beatmungen (10/min) wurden bei gesichertem Atemweg gleichzeitig durchgeführt. Dann sollte ein Beatmungsgerät angeschlossen werden. So weit, so gut – nur wurde es ab jetzt doch etwas unruhig, denn das Beatmungsgerät hat fortan permanent visuelle und akustische Alarme gegeben: $P_{AW}\uparrow$. Außerdem bildete sich erst jetzt eine Zyanose heraus. Merkwürdig! Eine Lungenembolie? Die Werte: EKG: Asystolie, SpO$_2$: nicht messbar, etCO$_2$: 26 mmHg, BZ: 204 mg/dl, T: 36,3 °C, IPPV-Beatmung, Tidalvolumen: 500 ml, Beatmungsfrequenz: 10/min, P_{max}: 20 mbar.

Läuft alles gut, oder wird hier gerade ein Fehler gemacht?

Fall 2: Leckgeschlagen

»Einen 7er-Tubus, bitte. O.k. – sitzt. Unter Sicht. Kann losgehen. Tempo! Ab in den RTW.«

Kurzer Rückblick: Ein Hobby-Angler war auf dem See gekentert, weil sein Boot leckgeschlagen war. Eine kurze Zeit lang konnte er sich über Wasser halten, doch dann verließen den Nichtschwimmer die Kräfte. Glücklicherweise konnte ein beherzter Ersthelfer mit Rettungsschwimmerausbildung den Mann aus dem Wasser holen. Sofort wurden Ersthelferrenimationsmaßnahmen eingeleitet, die offensichtlich gefruchtet haben. Denn als das Rettungsteam eingetroffen war, zeigte sich ein Spontankreislauf. Chaos bei der Übernahme auf der Hafenmole. Der Notfallkoffer fällt zu Boden, beinahe ins Wasser. Das Mate-

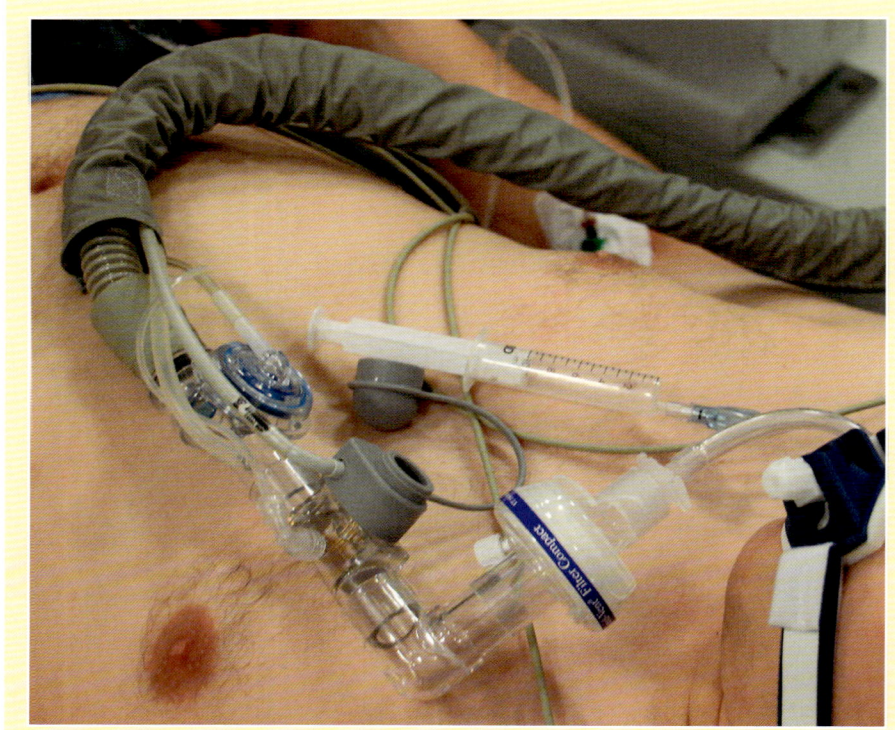

ABB. 8.7 ▶ Beatmungsprobleme trotz geglückter Intubation

rial wird aufgesammelt und zurückgepackt. Aufgrund beginnender Abwehrbewegungen, aber insuffizienter Atmung entschließt sich der Notarzt zur Intubation. Und die hat, wenn man seinen Worten Glauben schenken darf, ja auch funktioniert. Allerdings gibt es da ein kleines Problem: Die Beatmung funktioniert nämlich nicht. Das Beatmungsgerät gibt Alarm: $P_{AW}\downarrow$!

Woran könnte das liegen?

Fall 3: Beatmeter Patient; Z. n. Reanimation

Z. n. Reanimation eines ca. 30-jährigen Patienten: Nach nur zehnminütiger Wiederbelebung stellt sich ein stabiler Spontankreislauf ein. Als ursächlich für den Kreislaufstillstand wird ein Herzinfarkt angenommen, der sich durch typische ST-Strecken-Hebungen im EKG beweisen lässt. Nach dem Transport durch das enge Treppenhaus im RTW angekommen, wird der bislang beutelbeatmete Patient an das Beatmungsgerät angeschlossen.

»Status quo: einmal alle Werte messen, und nach dem Blutdruckmessen noch einen zweiten sicheren Zugang legen«, bittet der Notarzt. »Der andere ist, glaube ich, para!«

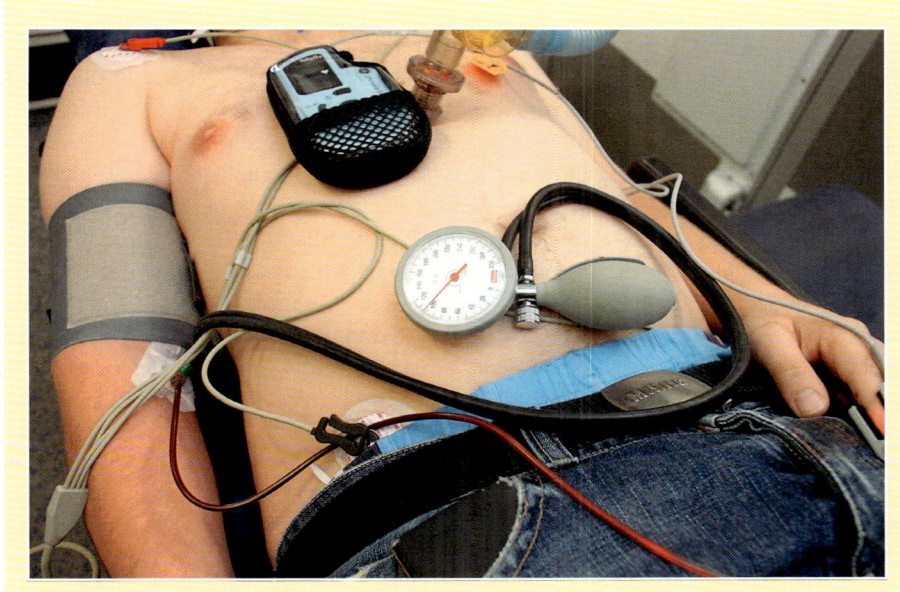

ABB. 8.8 ▶ Beatmeter Patient; Z. n. Reanimation

Wird gemacht: P: 93/min, SpO$_2$: 96%, EKG: Sinusrhythmus mit vereinzelt einfallenden VES und ST-Hebungen in II, III und aVF, RR: 140/75 mmHg, T: 35,8 °C, BZ: 84 mg/dl, etCO$_2$: 48 mmHg, Lunge seitengleich belüftet, keine Rasselgeräusche. CPPV-Beatmung mit PEEP 5 cm H$_2$O.

»Wunderbar! Zugang?«

»Liegt!«

»Klasse! Ich glaube nämlich, der Patient wird langsam wacher. Wir geben ihm mal 0,4 g Fentanyl, 7 mg Midazolam und dann noch 50 mg Rocuronium zur Relaxierung.«

Das geschieht, wie gewünscht. Doch halt! Flötzlich schlägt das Beatmungsgerät Alarm. Merkwürdigerweise ist der Beatmungsdruck mal zu hoch und dann zu niedrig. Der Zeiger wandert teilweise sogar in den negativen Bereich der Skala.

»Ob der wohl wach wird?«, fragt einer der Notfallsanitäter.

»Ausgeschlossen!«, antwortet sein Kollege. »Wir haben doch erst vor zwei Minuten eine Narkose inklusive Relaxierung gemacht! Der kann also gar nicht aufwachen. Da stimmt doch irgendwas nicht!«

Genau, irgendetwas stimmt nicht. Aber was?

Fall 4: Can intubate, but not ventilate!

Das Rettungsteam wird zu einem ca. 25-jährigen Mann gerufen. Er liegt in einem Bett und bietet offensichtliche Zeichen für eine schwere Atemnot. Seine Atmung ist flach, angestrengt und extrem beschleunigt. Er wirkt panisch und kann nicht mehr sprechen.

Seine Lippen sind zyanotisch. Zahlreiche Angehörige – ebenfalls sehr aufgeregt – befinden sich zwar in der Wohnung, können aber aufgrund mangelnder Deutschkenntnisse keine hilfreichen Angaben zum Patienten machen. Auf dem Nachtschrank stehen zwei Schachteln mit Medikamenten, die allerdings nur fremdsprachlich beschriftet sind. Auch ein Fieberthermometer und ein Teller mit Resten eines belegten Brotes befinden sich neben dem Bett. Der junge Mann wirkt zwar schwer akut erkrankt, aufgrund seiner normal erscheinenden körperlichen Konstitution, einer gewöhnlichen Zimmereinrichtung und fehlender Krankenpflegeartikel kann jedoch kein Anhalt für eine schwere Behinderung oder eine das Alltagsleben beeinträchtigende chronische Krankheit entdeckt werden. Auch Verletzungszeichen fallen nicht auf. Da eine Anamneseerhebung nicht möglich ist, wenden sich die Kollegen unverzüglich der körperlichen und gerätegestützten Untersuchung sowie – parallel dazu – der Einleitung ihrer vitalstabilisierenden Maßnahmen zu. Aufgrund des ersten ABCD-Eindrucks konnte bereits ein führendes Atemwegs- und/oder Belüftungsproblem definiert werden, sodass sich die ersten Bemühungen auf die Oxygenierung konzentrieren. Eine kurze Inspektion des Mundraums zeigt keine Schwellungen oder Fremdkörperreste. Zunächst wird der Patient daher über eine Reservoirmaske mit 15 l/min Sauerstoff versorgt. Die Sauerstoffsättigung liegt zu diesem Zeitpunkt bei 72 %. Auskultatorisch können keine verlässlichen Geräusche über der Lunge wahrgenommen werden. Die Halsvenen sind gestaut. Der Puls ist mit 140/min stark beschleunigt tastbar. Eine palpatorische Blutdruckmessung ergibt einen systolischen Wert von 160 mmHg. Glücklicherweise gelingt die Anlage eines i. v. Zugangs.

Aber wofür könnte man den jetzt nutzen? Haben Sie schon eine Idee, was der Patient haben könnte?

Weiter: Trotz eines hohen Sauerstoffflows verschlechtert sich der Zustand rapide. Das Bewusstsein trübt ein, die Atembemühungen lassen nach, im EKG zeigt sich eine Bradykardie. Peripher können nur noch sehr schwache Pulse getastet werden. Die Sauerstoffsättigung ist auf 46 % gesunken. Einer der Kollegen entfernt die Sauerstoffmaske und beginnt mit der assistierten Beatmung. Dabei fällt ihm ein extrem hoher Widerstand auf. Da der Patient mittlerweile auf Umgebungsreize nicht mehr reagiert, führt der Notfallsanitäter vorsichtig ein Laryngoskop ein und inspiziert den Kehlkopfeingang. Es kann jedoch kein Fremdkörper gesehen werden. Der Kehlkopfeingang ist frei und auch nicht gerötet oder geschwollen. Da der Patient die Laryngoskopie uneingeschränkt toleriert hat, wird nun ein 8er-Endotrachealtubus eingebracht. Die Passage durch die Stimmritze und auch innerhalb der Trachea fühlt sich frei an. Selbst ein absichtliches vorsichtiges tiefes Einschieben des Tubus in einen Hauptbronchus, um einen ggf. unterhalb der Kehlkopfebene liegenden Fremdkörper zu mobilisieren, ist ohne Widerstand möglich. Der Tubus wird bis 22 cm Zahnreihe zurückgezogen. Ein Beatmungsgerät wird angeschlossen: Selbst bei einem P_{max} von 60 mbar ist eine Beatmung (IPPV; V_T: 500 ml; AF: 15/min) jedoch nicht möglich. Die Beatmungsversuche werden manuell fortgesetzt, es gelingt aber kaum, den Beutel auszupressen. Allen Beteiligten ist klar, dass jetzt schnell eine Lösung her muss. Es bleiben wahrscheinlich nur noch Sekunden, höchstens wenige Minuten, bis sich ein Kreislaufstillstand einstellen wird.

Was hat der Patient? Wie würden Sie vorgehen?

Fall 5: Bolusgeschehen

Ihr Einsatz führt Sie in die Kantine eines großen Unternehmens. Auch die Kinder des betriebseigenen Kindergartens nehmen hier ihr Mittagessen ein. Ein fünf Jahre alter Junge hat während des Essens – es gab Bratwürstchen – plötzlich zu husten begonnen und sich an den Hals gegriffen. Versuche, den Fremdkörper durch Schläge zwischen die Schulterblätter zu entfernen, schlugen fehl. Daher wurde ein Notruf abgesetzt. Glücklicherweise befindet sich im selben Gebäude die betriebsärztliche Praxis. Parallel zur Alarmierung des Rettungsdienstes lief ein Ersthelfer hin und bat den Arbeitsmediziner, zu Hilfe zu eilen. Diesem Wunsch kam der Arzt natürlich gerne nach. Er traf auf einen mittlerweile nicht mehr effektiv hustenden Jungen, der bereits zyanotisch war. Als weder Schläge auf den Rücken noch ein Heimlich-Manöver zur Besserung des Atemwegproblems führten, und da der kleine Patient mittlerweile bewusstlos geworden war, griff der Arzt zum Notfallkoffer. Er laryngoskopierte den Jungen und konnte das Würstchenstück mit einer Magill-Zange fassen und extrahieren. Um eine ausreichende Ventilation sicherzustellen, wurde sogleich ein zwar altes, aber funktionstüchtiges Beatmungsgerät zum Einsatz gebracht.

Kurz darauf treffen Sie an der Einsatzstelle ein. Die Lage scheint noch nicht völlig unter Kontrolle zu sein, denn das Beatmungsgerät zeigt einen sehr hohen Beatmungsdruck an. Der P_{max} ist schon auf 50 mbar hochgestellt worden. Der Arzt äußert den Verdacht, dass möglicherweise noch Reste des Aspirats im Atemweg zurückgeblieben sind und einen Hauptbronchus abgedichtet haben. Vielleicht haben sich aufgrund der Fremdkörperirritation oder der Manipulation durch die Laryngoskopie auch Schleimhautschwellungen im Bereich von Larynx und Trachea gebildet. Er hält sogar einen Pneumothorax für möglich, da mehrfach das Heimlich-Manöver mit heftigen Oberbauchkompressionen versucht worden sei. Sie erheben folgende Werte: RR: 110/60 mmHG, P: 108/min, SpO_2: 91 % (initial laut Arzt: 54 %), EKG: Sinusrhythmus, $etCO_2$: 30 mmHg; 5er-Tubus mit geblocktem Cuff; Einführtiefe: 19 cm Zahnreihe; IPPV-Beatmung: VT: 350 l, AF: 20/min, Auskultation: linksseitig aufgehobenes Beatmungsgeräusch, rechts normales Beatmungsgeräusch.

Wo liegt das Problem? Was tun Sie?

Fall 6: Under pressure

»Sitzt! Bitte fixieren!«

Der Notarzt ist zufrieden. Narkoseeinleitung und Intubation haben reibungslos funktioniert. Der Patient hat ein Lungenödem und konnte trotz Nitro, Furosemid und CPAP nicht ausreichend stabilisiert werden. Also fiel die Entscheidung zur invasiven Beatmung. Nachdem der Tubus fixiert und das Beatmungsgerät angeschlossen ist, beginnt der Transport zur Klinik mit Sondersignal.

»Hey, nicht so schnell, Mann!« Der Notfallsanitäter kann sich gerade noch festhalten, als sein Kollege etwas zu schnell in die Kurve fährt. Und auch das Beatmungsgerät beschwert sich – sogar über die Kurve hinaus. Es schlägt Alarm: P_{AW}↑. »Nanu, woran liegt das denn jetzt?«, überlegen Notarzt und Notfallsanitäter. Die Narkose ist tief und zuverläs-

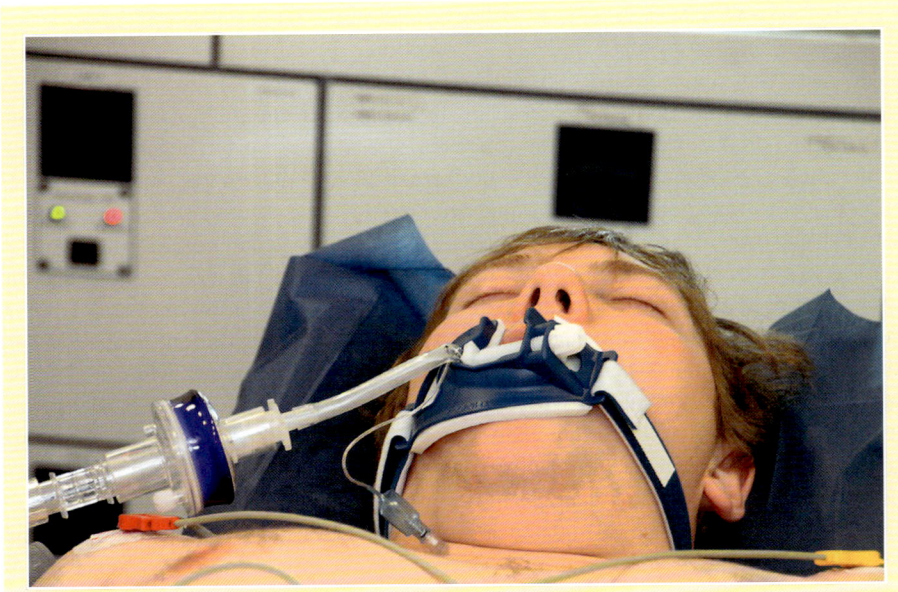

ABB. 8.9 ▶ Sondersignalfahrt mit Beatmungspatient

sig. Die Lage des Patienten auf der Trage hat sich nicht verändert, und die Anschnallgurte schnüren den Thorax nicht ein.

»Vielleicht das Lungenödem?«, fragt der Notfallsanitäter.

»Prinzipiell möglich, aber warum so plötzlich, wo doch bislang alles vollkommen normal war und sich die Lage eigentlich schon gebessert hat?«

Können Sie helfen? Warum ist der Beatmungsdruck gestiegen?

8.5 Lösungen

Fall 1: Reanimation

Wenn das Beatmungsgerät das exspiratorische Minutenvolumen anzeigen würde, dürfte das Ergebnis eine Überraschung für die Helfer sein. Mit einer gewissen Wahrscheinlichkeit stimmt dieser Wert nicht mit dem eingestellten Atemminutenvolumen überein. Warum nicht? Weil bei einem P_{max} von 20 mbar bei jeder einzelnen Thoraxkompression – und das sind nach Leitlinienempfehlungen immerhin bis zu 120/min mit einer Drucktiefe von 5–6 cm – der maximal erlaubte Atemwegsdruck deutlich überschritten wird. Das Beatmungsgerät kann eine Lunge in einem massiv komprimierten Brustkorb nicht mit gleich geringem Druck ausdehnen wie in einem außendruckbefreiten Thorax – ein Compliance-Problem. Die Spitzendrücke dürften deutlich höher liegen. Und was tut das Gerät dann, wenn der eingestellte P_{max} erreicht ist? Die meisten Geräte werden nicht sofort abblasen, sondern den Spitzendruck für kurze Zeit halten, bis die Beatmung aufgegeben wird. Das würde dem Gerät in der Entlastungsphase der Thoraxkompressionen die Chance bieten, die Beatmung fortzusetzen. Diese Entlastungsphase ist allerdings bei einer HDM-Frequenz von 120/min recht kurz. Insofern ist zu befürchten, dass das angeforderte Minutenvolumen tatsächlich nicht realisiert wird. Nun gibt es Geräte, die einen HLW-Modus anbieten. Neben der Aufrechterhaltung des Spitzendrucks wird bei diesen Geräten der P_{max} deutlich nach oben gestellt (> 55 mbar). Das kann funktionieren, wenn der durch die Thoraxkompressionen aufgebaute »Gegendruck« kleiner ist als der Atemwegsdruck oder aber das Gerät das Tidalvolumen zwischen zwei Kompressionen in der Lunge unterbringen kann. Sonst ist es problematisch! Einige Beatmungsgeräte verfügen über Kontrollanzeigen, die man unbedingt im Auge behalten sollte: das exspiratorische Tidalvolumen und das exspiratorische Minutenvolumen. Der Vergleich zwischen dem, was in den Patienten hineingebracht werden sollte, und dem, was tatsächlich herausgekommen ist, kann Hinweise auf die Effektivität der Beatmung geben.

Wenn das Beatmungsgerät bei der Reanimation eingesetzt wird, dann richtig: Mit einem P_{max} von 20 mbar, wie im vorliegenden Fall, war der Patient trotz Einstellung der vom ERC empfohlenen Beatmungsparameter offensichtlich hypoventiliert.

Fall 2: Leckgeschlagen

Leckgeschlagen war in diesem Fall nicht nur das Boot des Patienten, sondern auch der Beatmungsfilter. Möglicherweise bei seinem Sturz aus dem Koffer. Vielleicht ist der Koffer anschließend auf ihn gefallen. Wer weiß? Jedenfalls ist er kaputt: etwas oberhalb der Verbindung zum Tubus zerbrochen, und damit ist das Beatmungssystem kein geschlossenes System mehr! Die Luft entweicht über den Filter, weil das einfacher ist als die Lunge aufzudehnen. Scharfe Augen haben vielleicht auch das zweite Problem erkannt: Der Tubus war nicht geblockt. Die zum Blocken aufgesetzte 10er-Spritze ist noch mit Luft gefüllt – Luft, die eigentlich in den Cuff gehört. Und da zwischen einem 7er-Tubus und der Trachealschleimhaut eines erwachsenen Mannes relativ viel Raum ist, war der Atemweg auch aufgrund der mangelnden Abdichtung des Tubus unzureichend geschlossen und hat einen Rückstrom von Luft erlaubt.

Fall 3: Beatmeter Patient; Z. n. Reanimation

Der Kollege hatte recht: Der Patient wacht auf! Sein Teampartner hat im Prinzip auch recht: Nach der Narkose dürfte sich der Patient eigentlich nicht bewegen können und auch nicht erwachen. Tut er aber! Ein rettungsdiensttypischer Konflikt zwischen Konjunktiv (»hätte, wäre, könnte, dürfte, müsste«) und Realität (»Na, guck doch!«). Und natürlich toppt das tatsächliche Geschehen regelmäßig das, was eigentlich sein müsste. Was ist passiert? In einigen Inspirationsphasen des Beatmungsgeräts hat der Patient gegengeatmet, was den P_{AW} stark ansteigen ließ. In anderen Inspirationsphasen fielen spontane Einatmungen mit dem Beatmungshub zusammen, sodass dem Gerät kein Gegendruck entgegengesetzt wurde, weil der Patient gerade selbstständig Luft angesogen hat – $P_{AW}\downarrow$. Wahrscheinlich werden jetzt auch weitere Spontanbewegungen des Patienten aufgefallen sein. Zudem könnte auch die Kapnografie eine Eigenatmung beweisen. Aber warum hat die Narkose nicht gewirkt? Weil sie nicht angekommen ist! Das Einsatzfoto (ABB. 8.8) zeigt einen auch nach Anlage des i.v. Zugangs per Blutdruckmanschette gestauten Arm. Das rücklaufende Blut ist weit in das Infusionssystem aufgestiegen. Irgendwo darin – und nicht im Gehirn oder in der zu relaxierenden Skelettmuskulatur – sollten sich auch die Narkosemedikamente aufhalten.

Fall 4: Can intubate, but not ventilate!

Nachdem das Bolusgeschehen mehr oder weniger ausgeschlossen oder zumindest für sehr unwahrscheinlich erklärt werden konnte, bleiben nicht mehr viele Akuterkrankungen übrig, die das Problem verursacht haben könnten. Ein differenzialdiagnostischer Durchlauf: Eine Lungenembolie ist kein primäres Ventilationsproblem, sondern eine Kreislaufstörung, also erklärt sie nicht den überhöhten Beatmungsdruck und die fehlenden Atemgeräusche. Außerdem wäre anzunehmen, dass ein so beeindruckend respiratorisch eingeschränkter Patient keine Hypertonie, sondern einen stark gesunkenen Blutdruck bieten würde. Auch bei einem Lungenödem sollten gut vernehmbare Atemgeräusche auskultierbar sein, sie wären wohl auch auffällig verändert. Ein Spontanpneumothorax kann junge Menschen ereilen – richtig! –, und dass sich daraus ein Spannungspneumothorax entwickelt, ist zwar unwahrscheinlich, könnte aber vielleicht auch noch möglich sein. Aber beidseitig keine Atemgeräusche? Ein beidseitiger Spontanspannungspneumothorax? Oder unter Spontanatmung schon so weit fortgeschritten, dass auch die »gesunde« Lungenhälfte überhaupt keine Atemgeräusche mehr produziert? Na ja! Für letzte Zweifler: Ein sogar erhöhter Blutdruck von initial 160 mmHg sollte bei einem solchen desaströsen Bild nicht mehr drin sein. Was bleibt denn da noch? Ein Asthmaanfall! Erklärt alles: Ein massiver Bronchospasmus kann die Durchströmung des Atemwegs derart limitieren, dass sich nur noch sehr leise oder keine Atemgeräusche mehr auskultieren lassen. Das nennt sich *Silent Chest*: Beatmungsversuche stoßen auf einen enorm angewachsenen Atemwegswiderstand. Nicht verwunderlich, dass der Beatmungsdruck stark ansteigen muss. Die Verschlechterung des Patientenzustands nach anfänglichen Kompensationsversuchen muss als Hypoxiefolge interpretiert werden. Es ist in der Tat an der Zeit für eine kausale antiasthmatische Therapie!

Fall 5: Bolusgeschehen

Genau genommen sind es wohl zwei Probleme. Und die heißen höchstwahrscheinlich weder »Hauptbronchusverlegung« noch »Schleimhautschwellung« oder »Pneumothorax«. Eigentlich war die Versorgung hervorragend und sicherlich lebensrettend, aber sie war nicht ganz perfekt. Das Problem heißt »mangelnde Erfahrung bei der Versorgung eines Kindes«! Der weitaus größte Anteil schwerer Notfälle betrifft Erwachsene. Wer baut schon eine Alltagsroutine für die Versorgung von Kindernotfällen auf? Das kann sich dann z.B. in der unangemessenen Auswahl kindgerechter Parameter zeigen. Fünf Jahre alte Kinder sind »Pi mal Daumen« 20 kg schwer. 20 × 7 ml Tidalvolumen sind 140 ml und nicht 350 ml. Das ist also schon mal viel zu viel. Dazu kommt ein zweites Problem, das dieses hohe Tidalvolumen so richtig schlimm macht. Die Einführtiefe des Endotrachealtubus kann man bei Kindern nach der Formel »(Alter : 2) + 12« errechnen. Das würde für den fünfjährigen Patienten eine Einführtiefe von knapp 15 cm bedeuten und nicht 19 cm. Wahrscheinlich liegt der Tubus bereits im rechten Hauptbronchus. Und deshalb kann auch kein linksseitiges Beatmungsgeräusch auskultiert werden. Dafür strömt das gesamte Tidalvolumen nach rechts und belastet den Lungenflügel mit einem gefährlich hohen Volumen. Das findet einen deutlichen Ausdruck im hohen Beatmungsdruck. Die Lösung des Falls liegt in der altersgerechten Anpassung der Beatmungsparameter und in der Korrektur der Einführtiefe des Endotrachealtubus. Wenn das nicht ausreichen sollte, um die Werte in den Normbereich zu bringen, kann man sich immer noch Gedanken über andere Erklärungen machen.

Fall 6: Under pressure

»Under pressure« ist hier nicht nur das fieberhaft nach Lösungen suchende Team, sondern v.a. auch der Tubus. Die Schraubzwinge des Tubushalters – mal davon abgesehen, dass er verkehrt herum angebracht wurde – ist zu fest zugedreht. Über diese Engstelle ist der Tubus durch den Zug des Beatmungsschlauchs abgeknickt worden. Wahrscheinlich ist das passiert, als die schnelle Kurvenfahrt entsprechende Fliehkräfte ausgeübt hat.

Die Taste Off – ein Schlusswort

Einsatzende! Sherlock schaltet ab und lädt die Akkus auf. Seine diagnostischen Geräte haben ihm wieder einmal entscheidende Hinweise geliefert. Doch Sherlock weiß auch, dass die Aussagekraft Grenzen hat. Ein EKG hilft dabei, den Herzinfarkt zu beweisen, aber nicht, ihn sicher auszuschließen. Ein Pulsoxymeter zeigt die prozentuale Sauerstoffsättigung des Hämoglobins, aber nicht, wie viel Hämoglobin und somit Sauerstoff überhaupt verfügbar ist. Diese falschen Schlüsse trotzdem zu ziehen, wäre fatal. Solche Fehler können nicht dem Gerät angelastet werden, denn es hat nie vorgegeben, derartige Differenzierungen vornehmen zu können. Der Anwender muss die Oberhand behalten. Seine Aufgabe besteht darin, eine zur Situation und zum Patienten passende Fragestellung zu definieren und die Geräte einzusetzen, die Antworten auf diese Frage geben können. Die Interpretation der Ergebnisse muss im Bewusstsein der Möglichkeiten und Grenzen einer Messtechnik erfolgen. Auch die umfassendste Gerätediagnostik kann eine körperliche Untersuchung, eine sorgfältige Anamneseerhebung sowie die Erfassung von Unfallmechanismus und Gesamtsituation nicht ersetzen. All diese Informationsquellen sinnvoll zusammenzubringen – das ist die Kunst der rettungsdienstlichen Diagnostik.

Wie wird sich diese geräteunterstützte Diagnostik weiterentwickeln? Pulsoxymeter und Kapnografie im Rettungsdienst – das war vor 30 Jahren noch völlig undenkbar. Heute gehören diese Instrumente zum Standard. Was bringt die Zukunft? Da wäre beispielsweise die Blutgasanalyse. Gerade die Versorgung von Reanimationspatienten ist häufig ein »Ritt durch die Dunkelheit«. Wie ausgeprägt ist die Azidose? Wie steht es um die Elektrolyte? Das zu wissen, wäre interessant und könnte in bestimmten Situationen therapeutische Konsequenzen ergeben. Ob sich die präklinische Sonografie flächendeckend durchsetzen wird, scheint fraglich – zu kompliziert für den unerfahrenen Anwender und zu geringe therapeutische Konsequenzen, sagen die Kritiker. Mehr als beeilen kann man sich halt nicht – ob die intraabdominelle Blutung nun bewiesen ist oder »nur« angenommen wird, macht also keinen großen Unterschied für die rettungsdienstliche Versorgung. »Mitnichten!«, halten die Befürworter dagegen und verweisen auf das Schaffen von Transparenz in unklaren Fällen, Zeitvorteile und Änderungen des Therapieregimes sowie die Auswahl einer geeigneten Zielklinik bei bewiesener freier Flüssigkeit. Außerdem können ggf. auch ein Hämatothorax oder eine Perikardtamponade, vielleicht auch eine Rechtsherzbelastung entdeckt und die Wandbewegungen des Herzens beurteilt werden.

Sherlock ist gespannt, was die Zukunft bringen wird. Er hat schon signalisiert, dass er gerne dabei helfen wird, neue Kapitel zu schreiben. Bis dahin wünscht er alles Gute und bedankt sich beim Leser!

Literatur

Abrahamson LM, Mosesso VN (Hrsg.) (2011) Advanced Medical Life Support. An Assessment-Based Approach. St. Louis: Elsevier Mosby.

Albert MS (2008) In vivo Validierung eines neuen Verfahrens zur Pulsoxymetrie im niedrigen Sauerstoffsättigungsbereich. Eine tierexperimentelle Untersuchung [Dissertation an der Medizinischen Fakultät der Ludwig-Maximilians-Universität München]. Internet: http://edoc.ub.uni-muenchen.de/8888/1/Albert_Maik.pdf. Download: Januar 2013.

Baumstark A, Freckmann G: Messwertabweichungen (2010) CE-Markierung von Blutzuckermessgeräten. Internet: http://endokrinologie.universimed.com/artikel/messwertabweichungen-ce-markierung-von-blutzuckermessger%C3%A4ten. Download: Mai 2012.

Beasley R, Aldington S, Weatherall M et al. (2007) Oxygen Therapy in Myocardial Infarction: An Historical Perspective. In: Journal of the Royal Society of Medicine 100 (3): 130–133. Internet: http://www.ncbi.nlm.nih.gov/pmc/articles/PMC1809170/. Download: Januar 2013.

Böbel M (1997) Leitfaden Kapnometrie. Edewecht: Stumpf + Kossendey.

Bremer F (2010) 1 × 1 der Beatmung. 4. Aufl., Berlin: Lehmanns Media.

Bundesärztekammer, Kassenärztliche Bundesvereinigung, Arbeitsgemeinschaft der Wissenschaftlichen Medizinischen Fachgesellschaften (Hrsg.) (2009) Nationale VersorgungsLeitlinie Asthma. Langfassung. 2. Aufl., Version 5. Internet: http://www.versorgungsleitlinien.de/themen/asthma/pdf/nvl_asthma_lang.pdf. Download: Mai 2012.

Bundesärztekammer, Kassenärztliche Bundesvereinigung, Arbeitsgemeinschaft der Wissenschaftlichen Medizinischen Fachgesellschaften (Hrsg.) (2012) Nationale Versorgungsleitlinie COPD. Langfassung. Version 1.9. Internet: http://www.leitlinien.de/mdb/downloads/nvl/copd/copd-vers1.9-lang.pdf. Download: Januar 2013.

Canto JG, Canto AJ, Goldberg RJ, Hand MM (2009) Symptom Presentation of Women With Acute Coronary Syndromes. In: The Female Patient 34: 26–28.

Chamberlain JM, Terndrup TE (1994) New Light on Ear Thermometer Readings. In: Contemporary Pediatrics 11 (3): 66–76.

Chamberlain JM et al. (1995) Determination of Normal Ear Temperature With an Infrared Emission Detection Thermometer. In: Annals of Emergency Medcine 25 (1): 15–20.

Chandavimol M, Cheung S, Ignaszewski A (2002) Pearls and Perils of Acute Pericarditis. In: British Columbia Medical Journal 44 (1): 20–26. Internet: http://www.bcmj.org/article/pearls-and-perils-acute-pericarditis. Download: Mai 2012.

Deschka M (2011) Laborwerte von A–Z. 4. Aufl., Stuttgart: Kohlhammer.

Deutsche Diabetes Gesellschaft e.V., Arbeitsgemeinschaft für Pädiatrische Diabetologie e.V.(Hrsg.) (2015) Diagnostik, Therapie und Verlaufskontrolle des Diabetes mellitus im Kindes- und Jugendalter. S3-Leitlinie der DDG und AGPD 2015. Aktualisierung 2015. Internet: http://www.deutsche-diabetes-gesellschaft.de/fileadmin/Redakteur/Leitlinien/Evidenzbasierte_Leitlinien/DM_im_Kinder-_und_Jugendalter_20151206.pdf. Download: 15. Juli 2016.

Deutsche Gesellschaft für Kardiologie – Herz- und Kreislaufforschung e.V. (Hrsg.) (2016) ESC Pocket Guidelines. Akutes Koronarsyndrom ohne ST-Hebung (NSTE-ACS). Version 2015. Grünwald: Bruckmeier. Internet: http://leitlinien.dgk.org/files/2016_PLL_ACS_Version_fuer_Internet.pdf. Download: 28. Juli 2016.

Deutsche Gesellschaft für Kardiologie – Herz- und Kreislaufforschung e.V., Deutsche Hochdruckliga e.V. (Hrsg.) (2013) ESC Pocket Guidelines. Leitlinien für das Management der arteriellen

Hypertonie. Grünwald: Bruckmeier. Internet: https://www.hochdruckliga.de/tl_files/content/dhl/downloads/2014_Pocket-Leitlinien_Arterielle_Hypertonie.pdf. Download: 29. Juli 2016.

Deutsche Gesellschaft für Neurologie e.V. (Hrsg.) (2012) Akuttherapie des ischämischen Schlaganfalls. Internet: http://www.dgn.org/leitlinien/2310-ll-22-2012-akuttherapie-des-ischae-mischen-schlaganfalls. Download: 16. Juli 2016.

Deutsche Gesellschaft für Neurologie e.V. (Hrsg.) (2012) Erster epileptischer Anfall und Epilepsien im Erwachsenenalter. Internet: http://www.dgn.org/leitlinien/2302-ll-1-2012-erster-epilep-tischer-anfall-und-epilepsien-im-erwachsenenalter. Download: 01. Februar 2016.

Deutsche Gesellschaft für Neurologie e.V. (Hrsg.) (2012) Status epilepticus im Erwachsenenalter. Internet: http://www.dgn.org/leitlinien/2303-ll-2a-2012-status-epilepticus-im-erwachsenen-alter. Download: 01. Februar 2016.

Deutsche Gesellschaft für Unfallchirurgie e.V. (Hrsg.) (2016) S3–Leitlinie Polytrauma/Schwerver-letzten-Behandlung. Internet: http://www.awmf.org/uploads/tx_szleitlinien/012-019l_S3_Polytrauma_Schwerverletzten-Behandlung_2016-09.pdf. Download: September 2016.

Dietel M, Dudenhausen J, Suttorp N (Hrsg.) (2003) Harrisons Innere Medizin. Bd. 1. 15. Aufl., Berlin: ABW Wissenschaftsverlag.

Eckert S (2006) 100 Jahre Blutdruckmessung nach Riva-Rocci und Korotkoff: Rückblick und Ausblick. In: Journal für Hypertonie – Austrian Journal of Hypertension 10 (3): 7–13. Internet: http://www.kup.at/kup/pdf/6063.pdf. Download: Januar 2013.

Enke K et. al (Hrsg.) (2015) LPN. Lehrbuch für präklinische Notfallmedizin. Bd. 1: Patientenversor-gung und spezielle Notfallmedizin. 5. Aufl., Edewecht: Stumpf + Kossendey.

Flake F, Hoffmann B (Hrsg.) (2016) Leitfaden Rettungsdienst. 5. Aufl. (Sonderausgabe), München: Urban & Fischer bei Elsevier.

Flake F, Runggaldier K (Hrsg.) (2012) Arbeitstechniken A–Z für den Rettungsdienst. Bildatlas Rettungsdienst. 2. Aufl., München: Urban & Fischer bei Elsevier.

Ganschow U (2016) EKG-Kurs. Das strukturierte Lernprogramm mit 55 kommentierten Original-befunden. 3. Aufl. Marburg: KVM.

Garcia TB, Holtz NE (2001) 12-Lead ECG. The Art of Interpretation. Sudbury: Jones & Bartlett.

Global Initiative for Chronic Obstructive Lung Disease (2015) Pocket Guide to COPD Diagnosis, Management and Prevention. A Guide for Health Care Professionals. Updated 2015. Internet: http://www.goldcopd.it/materiale/2015/GOLD_Pocket_2015.pdf. Download: 28. Juli 2016.

Grüne S, Schölmerich J (Hrsg.) (2007) Anamnese, Untersuchung, Diagnostik. Heidelberg: Springer.

Haak T, Kellerer M (im Auftrag der Deutschen Diabetes Gesellschaft) (Hrsg.) (2009) Diagnostik, Therapie und Verlaufskontrolle des Diabetes mellitus im Kindes- und Jugendalter. Mainz: Kirchheim. Internet: http://www.deutsche-diabetes-gesellschaft.de/fileadmin/Redakteur/Leit-linien/Evidenzbasierte_Leitlinien/EBL_Kindesalter_2010.pdf. Download: Januar 2013.

Hampson NN (1998) Pulse Oximetry in Severe Carbon Monoxide Poisoning. In: Chest 114 (4): 1036–1041. Internet: http://www.sciencedirect.com/science/article/pii/S0012369216330033. Download: Januar 2013.

Heymann TD, Culling W (1994) Cardiac Tamponade after Thrombolysis. In: Postgraduate Medical Journal 70: 455–456. Internet: http://www.ncbi.nlm.nih.gov/pmc/articles/PMC2397717/pdf/postmedj00042-0066.pdf. Download: Januar 2013.

Hunter C (2014) Use End-tidal Carbon Dioxide to Diagnose Sepsis. How the Orange County, Fla. EMS System Uses etCO$_2$ for Sepsis Detection.Internet: http://www.jems.com/articles/print/vo-lume-39/issue-3/features/use-end-tidal-carbon-dioxide-to-diagnose-sepsis.html. Download: September 2016.

Kilgannon JH, Jones AE, Shapiro NI et al. (2010) Association Between Arterial Hyperoxia Following Resuscitation From Cardiac Arrest and In-Hospital Mortality. In: The Journal of the American Medical Association 303 (21): 2165–2171. Internet: http://jama.jamanetwork.com/article.asp x?articleid=185969#qundefined. Download: Januar 2013.

Knacke PG, Saur P (2012) Apparatives Monitoring: Die Kapnografie im Rettungsdienst. In: Rettungsdienst 35 (1): 38–42.

Konica Minolta Sensing, Inc. (2006) How to Read SpO_2. Basic Understanding of the Pulse Oximeter. Internet: http://windward.hawaii.edu/facstaff/miliefsky-m/zool%20142l/aboutpulseoximetry.pdf. Download: Januar 2013.

Larsen R (2013) Anästhesie. 10. Aufl., München: Urban & Fischer bei Elsevier.

Lönnecker S, Schoder V (2001) Hypothermie bei brandverletzten Patienten – Einflüsse der präklinischen Behandlung. In: Der Chirurg 72 (2): 164–167.

Lowenstein DH (2002) Anfälle und Epilepsie. In: Dietel M, Ducenhausen J, Suttorp N (Hrsg.) Harrisons Innere Medizin. Bd. 2. 15. Aufl., Berlin: ABW Wissenschaftsverlag. S. 2561–2579.

Madler C et al. (Hrsg.) (2009) Akutmedizin – Die ersten 24 Stunden. Das NAW-Buch. 4. Aufl. München: Urban & Fischer bei Elsevier.

Masimo Corp. (2008) Plethysmographic Waveform Shapes Displayed by Pulse Oximeters. Internet: http://www.masimo.com/pdf/whitepaper/LAB3618B.pdf. Download: Januar 2013.

Mell J (2010) Zuverlässigkeit und Genauigkeit von Pulsoximetern der dritten und vierten Generation unter besonderer Berücksichtigung des Alarmierungsverhaltens im klinischen Gebrauch [Dissertation an der Medizinischen Fakultät der Friedrich-Alexander-Universität Erlangen-Nürnberg]. Internet: http://d-nb.info/1009147757/34. Download: Januar 2013.

Mittendorf J (1997) Grundzüge der Beatmung und Beatmungsformen anhand des Oxylog 2000. Lübeck: Drägerwerk AG & Co. KGaA.

Nellcor Puritan Bennett Inc.: Grundlagen der Pulsoximetrie. Internet: http://www.frankshospital-workshop.com/equipment/documents/pulse_oximeter/background/Nellcor_-_Grundlagen_der_Pulsoximetrie.pdf. Download: Januar 2013.

Nikolaou NI, Arntz HR, Bellou A et al. (2015) Das initiale Management des akuten Koronarsyndroms. Kapitel 8 der Leitlinien zur Reanimation 2015 des European Resuscitation Council. In: Notfall + Rettungsmedizin 8: 984–1002.

Nikolaou NI, Arntz HR, Bellou A et al. (2015) European Resuscitation Council Guidelines for Resuscitation 2015. Section 8. Initial Management of Acute Coronary Syndromes. In: Resuscitation 95: 264–277. Internet: http://www.resuscitationjournal.com/article/S0300-9572(15)00342-1/fulltext. Download: 28. Juli 2016.

Nolan JP, Soar J, Cariou A et al. (2015) Postreanimationsbehandlung. Kapitel 5 der Leitlinien zur Reanimation 2015 des European Resuscitation Council. In: Notfall + Rettungsmedizin 8: 904–931.

OA: Pulse Online. Topics on Remote Monitoring. Internet: http://info.pulseol.com/?p=35. Download: Mai 2012.

Psychari SN, Kolettis TM, Apostolou TS (2002) Hemorrhagic Pericarditis as a Complication of Combined Thrombolytic, Antiplatelet and Anticoagulation Treatment. In: Hellenic Journal of Cardiology 43: 166–169. Internet: www.hellenicjcardiol.com/archive/full_text/2002/5/2002_5_166.pdf. Download: Januar 2013.

Reisner A, Shaltis PA, McCombie D, Asada HH (2008) Utility of the Photoplethysmogram in Circulatory Monitoring. In: Anesthesiology 108 (5): 950–958. Internet: http://anesthesiology.pubs.asahq.org/article.aspx?articleid=1932131. Download: Januar 2013.

Ritter MA, Nabavi DG, Ringelstein EB (2007) Messung des arteriellen Blutdrucks. Bestehende Standards und mögliche Fehler. In: Deutsches Ärzteblatt 104 (20): 1406–1410. Internet: https://www.aerzteblatt.de/archiv/55716/Messung-des-arteriellen-Blutdrucks-Bestehende-Standards-und-moegliche-Fehler. Download: Januar 2013.

Sandner J, Weber M (2010) Blutzucker-Selbstkontrolle: Ungenügendes Wissen ist häufige Fehlerquelle! In: Diabetes-Journal 4/2010. Internet: http://www.schattenblick.de/infopool/medizin/krankhei/mz4dt343.html. Download: Januar 2013.

Scherbaum WA, Kiess W (Hrsg.) (2004) Diagnostik, Therapie und Verlaufskontrolle des Diabetes mellitus im Alter. Evidenzbasierte Diabetes-Leitlinie der Deutschen Diabetes-Gesellschaft (DDG) und der Deutschen Gesellschaft für Geriatrie (DGG). Internet: http://www.deutsche-diabetes-gesellschaft.de/fileadmin/Redakteur/Leitlinien/Evidenzbasierte_Leitlinien/EBL_Alter_2004.pdf. Download: Januar 2013.

Schnelle R (2003) Spezielle EKG-Befunde bei Thoraxschmerz: Schichtinfarkte und mehr ... In: Rettungsdienst 26 (9): 890–895.

Schnelle R (2012) EKG-Serie – Teil 6: Antiarrhythmika. In: Rettungsdienst 35 (7): 682–687.

Schnelle R, Meyer O (2008) Kapnographie bei Reanimationspatienten: Nie auf das Kapnometer verzichten! In: Rettungsdienst 31 (3): 248–251.

Schnelle R, Schmidt J (2009) Wohin gehören Extremitätenableitungen? Falsch geklebte Elektroden verfälschen Standard-EKG. In: Rettungsdienst 32 (11): 1072–1078.

Scholz B, Gliwitzky B, Bouillon B et al. (2010) Mit einer Sprache sprechen. Die Bedeutung des Pre-Hospital Trauma Life Support® (PHTLS®)-Konzeptes in der präklinischen und des Advanced Trauma Life Support® (ATLS®)-Konzeptes in der klinischen Notfallversorgung schwerverletzter Patienten. Notfall + Rettungsmedizin 13 (1): 58–64.

Schünemann A (2006) Hypothermie im OP. http://www.zwai.net/pflege/Anaesthesie/Journal/Anaesthesiepflege/Hypothermie_im_OP/Teil_1/. Download: Januar 2013.

Seibt R, Scheuch K (1999) Blutdruckmessung in der Arbeitsphysiologie [Leitlinie der Deutschen Gesellschaft für Arbeits- und Umweltmedizin e.V.]. Internet: http://www.dgaum.de/fileadmin/PDF/Leitlinien/LL_Blutdruckmessung_in_der_Arbeitsphysiologie.pdf. Download: Januar 2013.

Seymour CW, Liu VX, Iwashyna TJ et al. (2016) Assessment of Clinical Criteria for Sepsis: For the Third International Consensus Definitions for Sepsis and Septic Shock (Sepsis-3). In: The Journal of the American Medical Association 315 (8): 762–774.

Singer M, Deutschman CS, Seymour CW et al. (2016) The Third International Consensus Definitions for Sepsis and Septic Shock (Sepsis-3). In: The Journal of the American Medical Association 315 (8): 801–810. Internet: http://www.ncbi.nlm.nih.gov/pubmed/26903338. Download: September 2016.

Soar J, Nolan JP, Böttiger BW et al. (2015) Erweiterte Reanimationsmaßnahmen für Erwachsene (»Adult Advanced Life Support«). Kapitel 3 der Leitlinien zur Reanimation 2015 des European Resuscitation Council. In: Notfall + Rettungsmedizin 8: 770–832.

Steg G, James SK, Atar D et al. (2012) ESC Guidelines for the Management of Acute Myocardial Infarction in Patients Presenting with ST-Segment Elevation. In: European Heart Journal 33: 2569–2619. Internet: http://www.escardio.org/guidelines-surveys/esc-guidelines/Guidelines-Documents/Guidelines_AMI_STEMI.pdf. Download: 07. März 2013.

Sudowe H (2007) Professionell handeln im Rettungsdienst. Das Trainingsbuch. München: Urban & Fischer bei Elsevier.

Sudowe H (2014) Diagnostik-Hopping: Das EKG auf Abwegen. In: Rettungsdienst 37 (6): 566–568.

Sudowe H (2014) Typisch untypisch: Ein Krankheitsbild maskiert sich. In: Rettungsdienst 37 (1): 66–69.

Sudowe H (2015) Prä-, Post-, Peri-Arrest-Pacing: Ein Einsatz zwischen Bradykardie und Reanimation. In: Rettungsdienst 38 (9): 883–885.

Sudowe H (2015) There is Something in the Air: Sauerstoff und seine Bedeutung im Rettungsdienst. In: Rettungsdienst 38 (9): 830–837.

Sudowe H (2015) Time is Muscle beim STEMI: Von der Diagnose im Rettungsdienst bis zur Therapie in der Klinik. In: Rettungsdienst 38 (12): 1184–1188.

Sudowe H, Böhmer P, Sonntag F (2014) Stimmt das eigentlich? Überprüfung der Zuverlässigkeit diagnostischer Geräte. In: Rettungsdienst 37 (6): 512–516.

Sudowe H, Sonntag F (2015) Alles im Fluss – oder nicht? Probleme bei der C-Diagnostik. In: Rettungsdienst 38 (8): 766–769.

Sudowe H, Wandtke T (2015) Sauerstoffkonzentration bei der Reanimation: Wie stark beeinflusst der Flow die FiO_2? In: Rettungsdienst 38 (9): 812–815.

Thurnheer R (2004) Pulsoximetrie. In: Schweiz Med Forum 4: 1218–1223. Internet: http://medical-forum.ch/index.php?id=644&tx_topiccollection_tccollection%5Baction%5D=show&tx_topic-collection_tccollection%5Bcontroller%5D=Article&cHash=3d7374b2d08e4d103bad161721ed dc30&tx_topiccollection_tccollection%5Barticle%5D=947. Download: Januar 2013.

Tinker JH, Dull DL, Caplan RA et al. (1989) Role of Monitoring Devices in Prevention of Anaesthetic Mishaps: A Closed Claim Analysis. In: Anaesthesiology 71 (4): 541–546.

Trappe H-J, Schuster H-P (2013) EKG-Kurs für Isabel. 6. Aufl., Stuttgart: Thieme.

Truhlár A, Deakin CD, Soar J et al. (2015) Kreislaufstillstand in besonderen Situationen. Kapitel 4 der Leitlinien zur Reanimation 2015 des European Resuscitation Council. In: Notfall + Rettungsmedizin 8: 833–903.

Twerenbold R, Zehnder A, Breidthardt T et al. (2010) Limitations of Infrared Ear Temperature Measurement in Clinical Practice. In: Swiss Medical Weekly (online). Internet: http://www.smw.ch/scripts/stream_pdf.php?doi=smw-2010-13131. Download: Januar 2013.

World Health Organization, International Diabetes Federation (Hrsg.) (2006) Definition and Diagnosis of Diabetes Mellitus and Intermediate Hyperglycemia. Report of a WHO/IDF Consultation. Internet: http://whqlibdoc.who.int/publications/2006/9241594934_eng.pdf. Download: Januar 2013.

Und natürlich:

www.wikipedia.de

http://flexikon.doccheck.com

Abbildungsnachweis

Alle hier nicht aufgeführten Abbildungen wurden vom Autor zur Verfügung gestellt.

Dr. med. Dirk Amelingmeyer
Osnabrück
Kap. 2 Abb. 2.1 a+b, 2.41, 2.42, 2.49 a+b, 2.50 a+b

Dr. med. Markus Böbel
Le tfaden Kapnometrie (1997)
Stumpf + Kossendey, Edewecht
Kap. 3 Abb. 3.1, 3.5

HeartWare Inc.
Framingham (MA), USA
Kap. 4 Abb. 4.9

Herzzentrum Leipzig
Kap. 2 Abb. 2.29

Timo Kalinsky
Osnabrück
Kap. 2 Abb. 2.56

Dr. med. Ralf Schnelle
Stuttgart
Kap. 1 Abb. 1.2; Kap. 2 Abb. 2.9, 2.28, 2.36, 2.62,
Ta3. 2.1; Kap. 4 Abb. 4.3; sämtliche Sherlock-
Ze chnungen

Dr. med. Ralf Schnelle/Hendrik Sudowe
Stuttgart/Osnabrück
Kap. 1 Abb. 1.1; Kap. 2 Abb. 2.10, 2.43

Stefan Schnitker
Osnabrück
Kap. 2 Abb. 2.4, 2.5, 2.6, 2.45 a; Kap. 3 Abb. 3.2,
3.3, 3.4; Kap. 4 Abb. 4.4; Kap. 5 Abb. 5.2, 5.3, 5.4,
5.5, 5.6; Kap. 6 Abb. 6.2, 6.3, 6.4, 6.6;
Kap. 7 Abb. 7.1, 7.2; Kap. 8 Abb. 8.3, 8.4, 8.5, 8.7,
8.8, 8.9

Mathias Wosczyna
Grafik-Designer/Illustrator
Wandlitz
Kap. 2 Abb. 2.2, 2.39; Kap. 4 Abb. 4.1

Der Autor

HENDRIK SUDOWE, geboren 1976, ist Notfallsanitäter und Diplom-Gesundheitslehrer. Erste Berührungspunkte mit dem Rettungsdienst hatte er ab 1995 als Erste Hilfe-Ausbilder im Zivildienst. Es folgten eine Rettungssanitäter- und kurz darauf eine Rettungsassistentenausbildung. Parallel zur hauptamtlichen Stelle im Rettungsdienst der Malteser in Osnabrück absolvierte er ein Lehramtstudium der Gesundheits- und Sportwissenschaften für Berufsbildende Schulen an der Universität Osnabrück, das er mit einer Arbeit über die Handlungskompetenz des Rettungsassistenten und methodische Aspekte eines Handlungsorientierten Unterrichts in der Ausbildung abschloss. Heute arbeitet Hendrik Sudowe als Notfallsanitäter und freiberuflich als Dozent für notfallmedizinische und didaktische Themen. Als Redaktionsmitglied unterstützt er die Fachzeitschriften »Rettungsdienst« und »BOS-Leitstelle Aktuell«.

Dank

Der Weg von der ersten Idee bis zum fertigen Buch ist lang. Mein Dank gilt den Personen, die mich irgendwo auf diesem Weg unterstützt und begleitet haben:

- ▶ Greta, Jost, Emma und Pea waren die ganze Zeit dabei und haben zugehört, beraten, Freiräume verschafft und auch mal abgelenkt und aufgemuntert.
- ▶ Herrn Detlef Dahlstrom danke ich für die Realisierung des Projekts und Frau Sonja Hinte sowie bei der zweiten Auflage Herrn Matthias Schäfer für das konstruktive Lektorat,
- ▶ Herrn Dr. Ralf Schnelle für die tollen Sherlock-Cartoons, einige Tipps im EKG-Kapitel und ein ziemlich seltenes EKG,
- ▶ Herrn Stefan Schnitker und Herrn Philipp Böhmer für die Fotosession und
- ▶ Herrn Dr. Dirk Amelingmeyer sowie Herrn Timo Kalinsky für einige spezielle und nicht alltägliche EKG-Streifen.

Register